"十四五"职业教育国家规划教材

U0656102

工业机器人编程与调试
（ABB）第2版

主　编｜熊　隽　文清平

副主编｜吴兴江　陈　林　杨金鹏　童月红

参　编｜李世彬　谭小渝　周正啟　赵南琪　薛邵文　李庭贵

主　审｜陈运军

机械工业出版社

CHINA MACHINE PRESS

本书以 ABB 工业机器人为教学对象，划分为搬运机器人编程与调试、涂胶机器人编程与调试、码垛机器人编程与调试 3 个学习情境。每一学习情境基于工作过程划分为数据创建、信号创建、程序编写、程序调试 4 个典型工作任务，让读者在完成每个任务的过程中，不仅能学习工业机器人基本操作、工业机器人编程指令应用、工业机器人程序调试运行、工业机器人日常维护等相关知识，还能充分将理论与实践结合起来，最终掌握机器人操作、编程、调试、运行等相关技能，成为重意识、守准则、会编程、精调试的高技术技能型人才。

为充分实现"做中学""做中教"，本书配有学习情境对应的活页式任务工单，引导读者自主完成编程与调试工作。本书适合高等职业院校自动化类专业学生使用，也适合从事工业机器人编程与调试岗位工作人员，特别是刚接触 ABB 工业机器人的工程技术人员学习使用。

本书配有动画、视频等资源，可扫描书中二维码直接观看，还配有电子课件等，需要的教师可登录机械工业出版社教育服务网 www.cmpedu.com 免费注册后下载，或联系编辑索取（微信：13261377872，电话：010-88379739）。

图书在版编目（CIP）数据

工业机器人编程与调试：ABB / 熊隽，文清平主编.
2 版. --北京：机械工业出版社，2025.5. --（"十四五"职业教育国家规划教材）. -- ISBN 978-7-111
-78007-6

Ⅰ. TP242.2

中国国家版本馆 CIP 数据核字第 20256PH706 号

机械工业出版社（北京市百万庄大街 22 号　邮政编码 100037）
策划编辑：曹帅鹏　　　　　　　责任编辑：曹帅鹏　王华庆
责任校对：李　杉　薄萌钰　　　责任印制：单爱军
北京中兴印刷有限公司印刷
2025 年 6 月第 2 版第 1 次印刷
184mm×260mm · 15.75 印张 · 381 千字
标准书号：ISBN 978-7-111-78007-6
定价：59.80 元（含任务工单）

电话服务　　　　　　　　　网络服务
客服电话：010-88361066　　机 工 官 网：www.cmpbook.com
　　　　　010-88379833　　机 工 官 博：weibo.com/cmp1952
　　　　　010-68326294　　金 书 网：www.golden-book.com
封底无防伪标均为盗版　机工教育服务网：www.cmpedu.com

前　言

党的二十大报告指出，要"培养造就大批德才兼备的高素质人才"，要"努力培养造就更多大师、战略科学家、一流科技领军人才和创新团队、青年科技人才、卓越工程师、大国工匠、高技能人才"。本书落实《教育部办公厅关于加快推进现代职业教育体系建设改革重点任务的通知》要求，对接新型工业化国家战略和先进制造产业紧缺的工业机器人编程调试岗位需求，专注于机器人参数设置、程序编写、调试运行等职业能力培养，将工程实践贯穿始终。同时，本书有机结合课程思政，培养具有"安全意识、规范意识、标准意识、质量意识、责任意识"五个岗位意识和"爱岗敬业、严谨细致、执着专注、精益求精、守正创新、团结协作"六个工作准则，会编程、精调试的高素质技术技能人才。

本书对接机器人系统操作员、工业机器人应用编程职业技能等级标准，基于岗位需求，将机器人职业技能大赛国赛项目融入教学案例和拓展任务，实现"岗课赛证"四融合。本书遴选企业典型的生产案例并将其转化为教学案例，同时，基于工作过程系统化重构课程，形成能力需求递进的 3 个学习情境。学习情境 1 选择汽车轮毂搬运案例，旨在培养编程调试基本实践能力；学习情境 2 选择风窗玻璃涂胶案例，旨在温故知新，强化理论基础；学习情境 3 选择汽车零件码垛案例，旨在强化编程，提升综合能力。依据"学以致用"原则，将工业机器人编程与调试相关知识、技能解构重构到各典型任务中，融入新技术、新工艺、新规范，真正实现产教融合。

本书借鉴"双元制"教学模式，使用活页式任务工单搭配主教材的形式编写，并在智慧职教 MOOC 平台开设省级精品在线开放课程，配合各类数字教学资源、虚拟仿真系统等，既满足自主学习需求，也满足线上线下混合教学需求。

本书由学校与行业、企业人员合作编写。泸州职业技术学院熊隽、四川信息职业技术学院文清平担任主编；泸州职业技术学院吴兴江、陈林，四川信息职业技术学院杨金鹏，费德自动化技术（重庆）有限公司童月红担任副主编；泸州职业技术学院陈运军担任主审。文清平、童月红、陈林、赵南琪共同编写学习情境 1 的主教材及配套任务工单；熊隽、吴兴江、谭小渝、薛邵文共同编写学习情境 2 的主教材及配套任务工单；杨金鹏、李世彬、周正启、李庭贵共同编写学习情境 3 的主教材及配套任务工单。

北京华航唯实机器人科技股份有限公司、成都卡诺普机器人技术股份有限公司、费德自动化技术（重庆）有限公司为本书编写提供了案例、素材及宝贵的意见和建议。在本书编写过程中，参考了企业文献资料及相关书籍内容，在此向这些文献资料和书籍的作者表示诚挚的感谢。由于编者水平有限，书中难免存在不妥之处，恳请读者批评指正。

编　者

二维码资源索引

目　录

学习情境 1　搬运机器人编程与调试

在世界工业革命前，我国机械制造长期处于世界领先地位，后期逐渐落后于西方。新中国成立后，我国迅速补上工业革命、电力革命、信息革命落下的课，很快开始智能革命，目前已在某些领域处于世界领先地位。随着先进制造产业不断发展，工业机器人应用领域也在不断扩展，现已在汽车、电子、冶金、轻工、石化、医药等多个行业中广泛应用。

搬运机器人是工业机器人最基础、最简单的应用之一，广泛应用于食品饮料、汽车制造、物流运输、仓储等多个领域，如图 1-1 所示。采用工业机器人搬运取代人工搬运，可大幅度提高生产率，节约劳动成本，提高定位精度，降低搬运过程中的产品损坏率。

图 1-1　工业机器人搬运场景

我国汽车制造产业蓬勃发展，汽车智能生产线成为工业机器人应用的重要领域。本情境将如图 1-2 所示的汽车轮毂自动搬运企业案例进行改造，搭建出如图 1-3 所示的搬运机器人教学实践场景。按搬运工艺要求，完成搬运机器人现场编程与调试工作。通过"做中学""做中教"，学习机器人编程基础知识与操作技能，实现搬运机器人手动调试与运行，并养成良好的劳动态度、安全意识、规范意识、标准意识和质量意识等。

图 1-2　汽车轮毂搬运企业案例　　　　图 1-3　搬运机器人教学实践场景

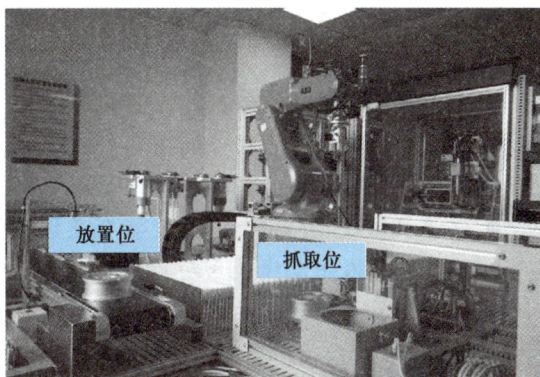

搬运工艺有如下几点要求：

1）搬运前、搬运后机器人均处于安全位置。机器人以一个正常的姿态停滞在设备上方，并尽量远离所有设备，手爪最好保持竖直状态。

1-1　搬运任务要求

2）搬运系统外部设置有启动按钮，只有按下该按钮，机器人收到启动信号后，才开始运行。

3）机器人启动运行后，抓取轮毂放置在传送带上，通知PLC运行传送带。

职业素养——如何做好工业机器人编程调试工作

我国工业机器人技术正蓬勃发展，随着数字化、信息化、智能化技术与机器人的深度融合，工业机器人系统已应用于各行各业。工业机器人编程调试员扎根于中国制造事业，在复杂的工作中保持严谨细致、久久为功的工作态度，凭借精湛的工作技艺，

1-2　如何做好工业机器人编程调试工作

完成一项又一项智能制造任务。他们的存在，折射的是许许多多中国"制造者"怀抱强国梦想，从懵懂新人逐渐成长为祖国的栋梁。那么，要编写与调试工业机器人系统，使其安全稳定、高质高效地完成各项工作任务，需要机器人编程调试员付出怎样的努力？工业机器人编程调试员的职业素养应如何炼成？

首先，要有心。树立正确的劳动态度，增强安全意识、规范意识、标准意识和责任意识。用心坚守岗位，脚踏实地做好本职工作。其次，要有行。精业务，勤技能，用行动践行爱岗敬业、精益求精、协作共进、追求卓越的工匠精神，久久为功，善作善成，尽力把每件工作做到尽善尽美。最后，要有情。树立正确的价值观和人生观，对国家尽忠，对企业尽责，对自己尽心。守正创新，有情怀地追求卓越。

素质目标

- 养成良好的劳动习惯和劳动意识。
- 树立正确的职业态度。
- 培养安全、规范、标准、责任和协作意识。

知识目标

- 掌握机器人虚拟仿真软件基本使用方法。
- 掌握示教器基本操作方法。
- 掌握机器人点位数据创建方法。
- 掌握板卡及数字信号创建方法与步骤。
- 掌握数字输入输出信号的查看与快捷键设置方法。
- 掌握机器人程序的概念、结构等基础知识。
- 掌握机器人MoveJ、MoveL指令及数字信号常用指令。
- 掌握机器人手动线性运动、关节运动及增量的使用方法。
- 掌握机器人手动单步运行与连续运行方法。

能力目标

- 能严格按机器人安全操作规范操作机器人。

- 能进行备份系统、设置语言和时间等示教器基本操作。
- 能根据需求创建机器人点位数据。
- 能根据需求创建机器人数字信号。
- 能查看和仿真数字信号并创建快捷按键。
- 能编写搬运机器人程序并检验其语法正确性。
- 能快速、准确地调试机器人点位。
- 能手动先单步再连续运行机器人。

任务 1.1 创建机器人数据

任务描述

依据如图 1-4 所示的搬运工作流程，将汽车轮毂从打磨工位搬运到传送带上，并通知 PLC 运行传送带。分析该搬运工作站的工作流程，规划搬运机器人运动路径，绘制搬运机器人工作流程图，并创建搬运机器人所需要的点位数据。

搬运机器人工作流程如下：

1）搬运机器人到达安全原点等待启动信号。

2）收到启动信号后，逐步到达打磨台抓取汽车轮毂。

3）按规划路径将汽车轮毂放置到传送带上，通知 PLC 运行传送带。

4）返回安全原点准备下一次搬运。

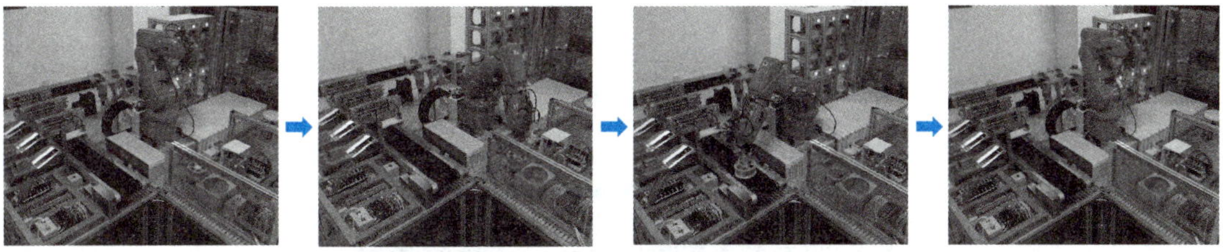

到达安全原点　　　　打磨台抓取轮毂　　　　传送带放置轮毂　　　　回到安全原点

图 1-4 搬运工作流程

新知探究

1.1.1 机器人通用操作规范

1）操作人员必须有意识地对自身安全进行保护，必须主动穿戴安全工作服、安全鞋，留有长发的必须佩戴安全帽。

2）操作者在饮酒、服用某些特定药品后不得使用工业机器人。

3）操作者要确保自己有足够的后退空间，且后退空间无障碍物。

4）禁止戴手套操作，避免误操作按键。

5）操作机器人时，确保机器人运动空间内没有其他人员。

6）操作员必须保持正面观察机器人进行操作，禁止不拿示教器的人员通过呼喊等方式指挥拿示教器的人员进行操作。

7）检查、维修、维护机器人时必须保证机器人处于断电状态。

1.1.2　开关与重启机器人

1-3　机器人开机操作

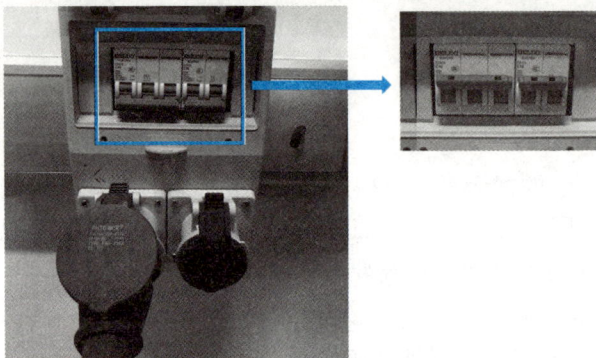

1. 机器人开机

1）将线路总电源开关由"OFF"置为"ON"。注意要先打开380V电源，再打开220V电源，如图1-5所示。

图1-5　打开线路总电源

2）将机器人系统电源开关由"OFF"置为"ON"，如图1-6所示。

图1-6　打开机器人系统电源

3）将机器人控制柜电源开关由"OFF"置为"ON"，如图 1-7 所示。待示教器完全启动后，系统启动完毕。

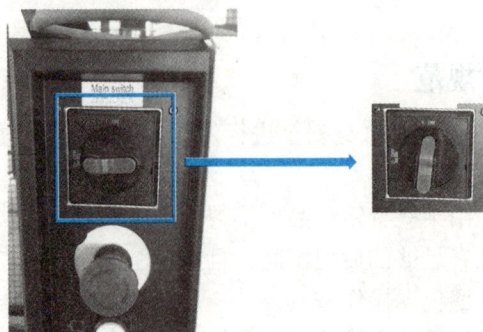

图1-7　打开机器人控制柜电源

📝 **温馨小提示：**

1）开机前需要检查控制柜及工业机器人本体的电缆、气管有无破损，接线是否有松动。

2）对工业机器人进行编程、调试等工作时，须将工业机器人置于手动模式下。

3）在工业机器人启动之后，调试人员进入工业机器人工作区域时，必须随身携带示教器，以防他人误操作。

2. 机器人系统重新启动

ABB 机器人系统是可以长时间进行工作的，无须定期反复重新启动运行。但出现以下情况时需要重新启动机器人系统。

1-4　机器人重新启动操作

1）安装了新硬件。

2）更改了机器人系统配置参数，如更改了系统信号、网络 IP 等。

3）机器人出现了系统故障。

4）机器人程序出现了故障。

ABB 机器人的重新启动类型有以下 5 种（图 1-8）：

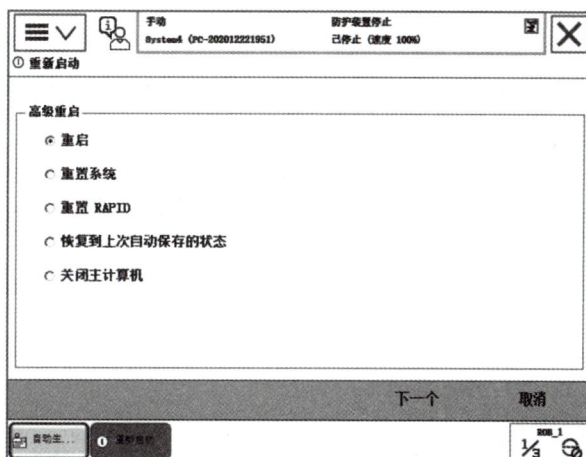

图 1-8　机器人重启的 5 种类型

1）重启：机器人使用当前的设置重新启动系统，类似计算机重启。

2）重置系统：机器人系统将丢弃当前的系统设置和机器人程序，恢复为原始的系统设置。

3）重置 RAPID：机器人将丢弃当前的程序和数据，但系统参数设置会保留不变。

4）恢复到上次自动保存的状态：机器人将回到上一次自动保存的系统状态。

5）关闭主计算机：关闭机器人控制系统，如同关闭计算机一样。

📝 **温馨小提示：**

1）重启时，一定要想好选择哪种重启类型，避免误操作导致机器人程序、参数或数据的丢失。

2）"恢复到上次自动保存的状态"重启类型，可在机器人系统崩溃时用于系统恢复。

机器人系统重新启动的具体操作步骤如下：

1）单击 ABB"主菜单"按钮，在菜单界面中选择"重新启动"选项，如图 1-9 所示。

2）在弹出的界面中单击"高级"，如图 1-10 所示。

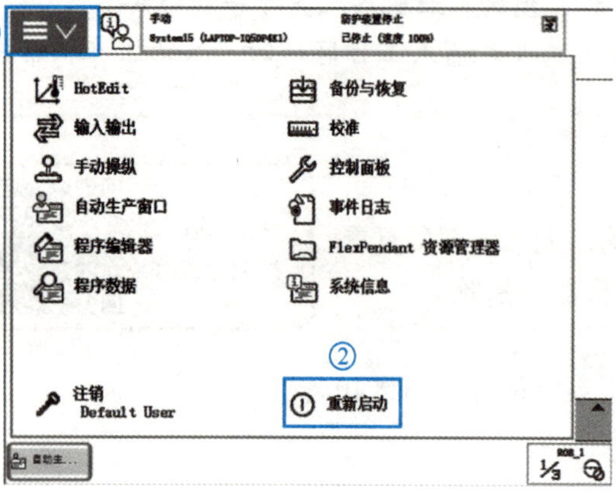

图 1-9　菜单界面中选择"重新启动"选项

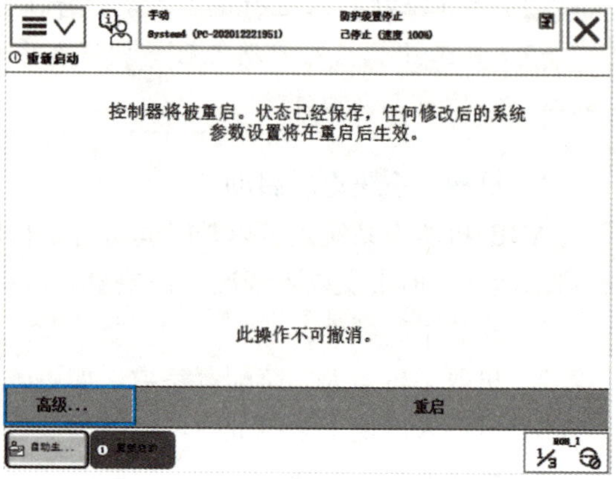

图 1-10　单击"高级"

3）选择其中一种重启类型，单击下方"下一个"按钮，如图 1-11 所示。

4）在弹出的界面中单击右下角的"重启"，或用其他重新启动方式，如图 1-12 所示，等待机器人系统重新启动。

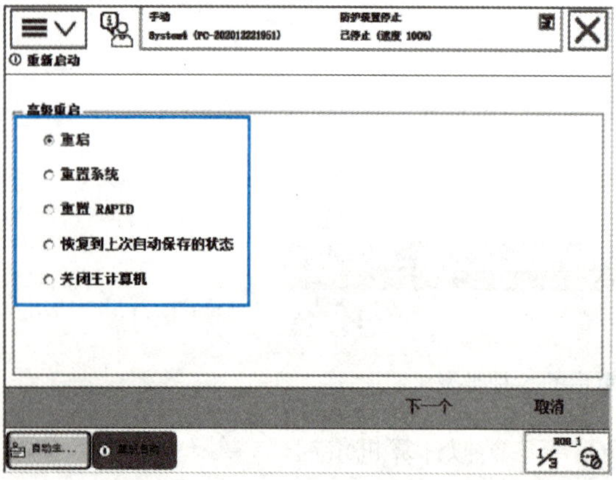

图 1-11　选择重启类型

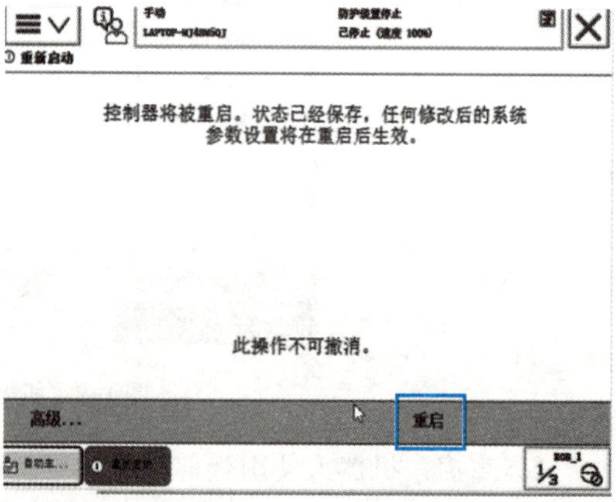

图 1-12　单击"重启"

3. 机器人关机

1）确定防护装置已停止后，单击 ABB"主菜单"按钮，在菜单界面中选择"重新启动"选项，如图 1-13 所示。

2）在弹出的界面中单击"高级"，如图 1-14 所示。

3）选择"关闭主计算机"选项，单击"下一个"，如图 1-15 所示。

4）单击"关闭主计算机"，等待机器人系统关闭，如图 1-16 所示。

1-5　机器人关机操作

图 1-13 选择"重新启动"选项（关机操作）

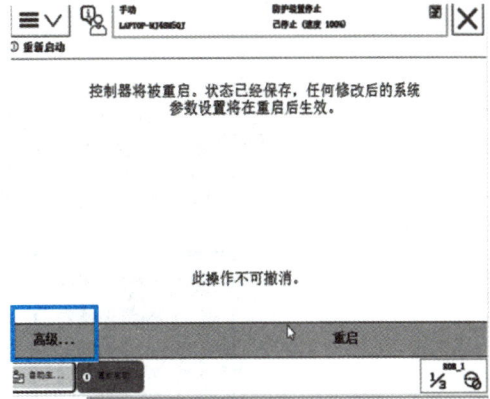

图 1-14 单击"高级"（关机操作）

图 1-15 选择"关闭主计算机"选项

图 1-16 单击"关闭主计算机"

5）待机器人系统完全关闭后，将机器人控制柜电源开关由"ON"置为"OFF"，如图 1-17 所示。

图 1-17 关闭机器人控制柜电源

6）将机器人系统电源开关由"ON"置为"OFF"，如图 1-18 所示。

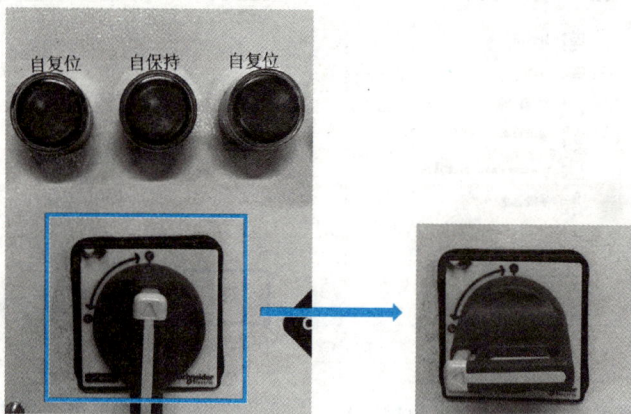

图 1-18　关闭机器人系统电源

7）将线路总电源开关由"ON"置为"OFF"，注意要先关闭 220V 电源，再关闭 380V 电源，如图 1-19 所示。

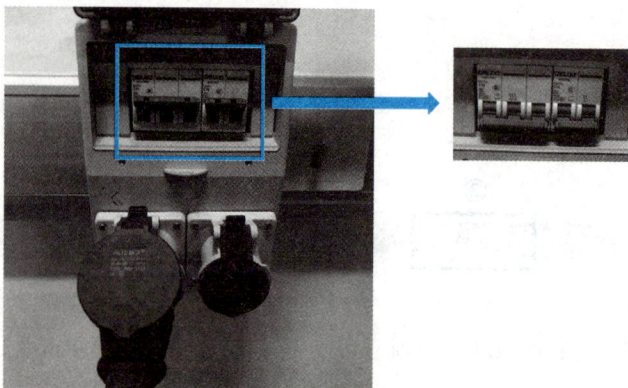

图 1-19　关闭线路总电源

温馨小提示：

1）工业机器人系统关机前需要使工业机器人恢复到合适的安全姿态。
2）工业机器人关机前，夹具上不应放置物体，必须空机。
3）关机后重新开启电源需要间隔至少 2min。

1.1.3　切换工作模式

1-6　机器人工作模式切换

工业机器人有两大工作模式，分别为手动模式与自动模式，如图 1-20 和图 1-21 所示。

在手动模式下，机器人的移动处于人工控制状态，必须按下示教器的使能按键来启动伺服电动机，否则无法移动机器人。手动模式用于编程和程序调试。某些型号的 ABB 机器人有手动减速和手动全速两种手动模式。

图 1-20　工业机器人手动模式

图 1-21　工业机器人自动模式

在自动模式下，启用装置的安全功能会停用，以便机器人在没有人工干预的情况下移动。自动模式是由 ABB 机器人的控制系统根据任务程序的操作模式，使用控制器上的 I/O 信号等来实现机器人的运行控制。自动模式下无法编辑程序和手动控制机器人运行，许多机器人的设置都被禁止。如要进行这些操作，必须切换到手动模式。

要切换到手动模式，只需要将机器人控制柜上的模式旋钮，由如图 1-21 所示的自动模式档位转到如图 1-20 所示的手动模式档位即可。

1.1.4　设置示教器语言

1-7　机器人示教器语言设置

示教器出厂时，默认的显示语言为英文，为了方便操作，下面介绍把显示语言设定为中文的操作步骤。

1）将机器人工作模式设为"手动模式"，单击 ABB "主菜单"按钮，进入如图 1-22 所示界面，选择"Control Panel"选项，选择"Language"，如图 1-23 所示。

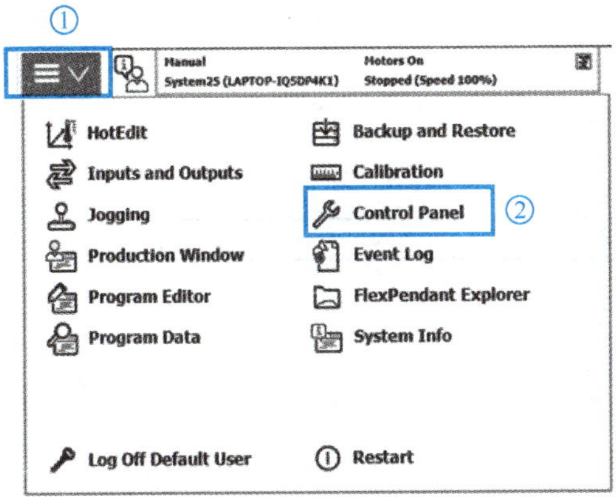

图 1-22　选择"Control Panel"选项

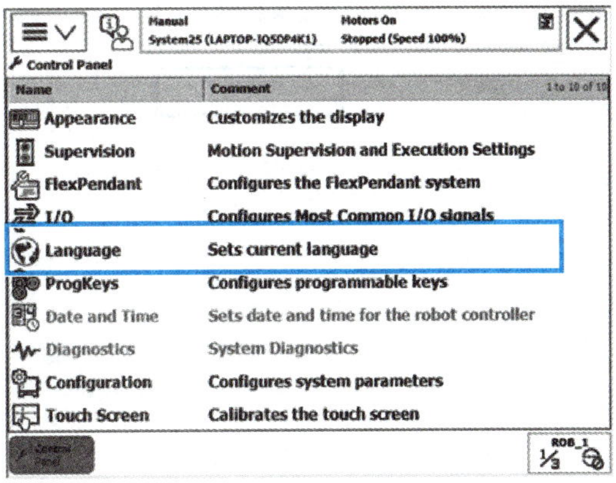

图 1-23　选择"Language"

2）选择"Chinese"后，单击"OK"，如图1-24所示。

3）系统弹出对话框，提示需要重启系统后才能生效，单击"Yes"按钮重新启动系统，如图1-25所示。

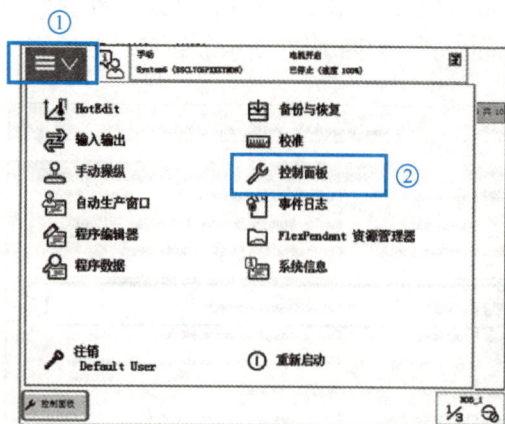

图1-24 选择中文语言

图1-25 单击"Yes"重启系统

4）重启后，再单击ABB"主菜单"按钮即可看到系统已切换到中文界面。

1.1.5 设置机器人系统的日期和时间

为了方便进行文件的管理和故障的查阅与管理，在进行各种操作之前要将机器人系统的时间设定为本地的时间，操作步骤如下。

1）在手动模式下，单击ABB"主菜单"按钮，选择"控制面板"选项，如图1-26所示。

2）进入控制面板后，选择"日期和时间"，进行日期和时间的修改，如图1-27所示。

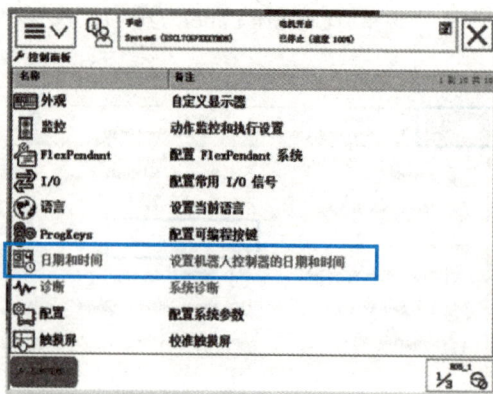

图1-26 选择"控制面板"选项

图1-27 修改日期和时间

3）日期和时间修改完成后，单击"确定"，如图1-28所示。

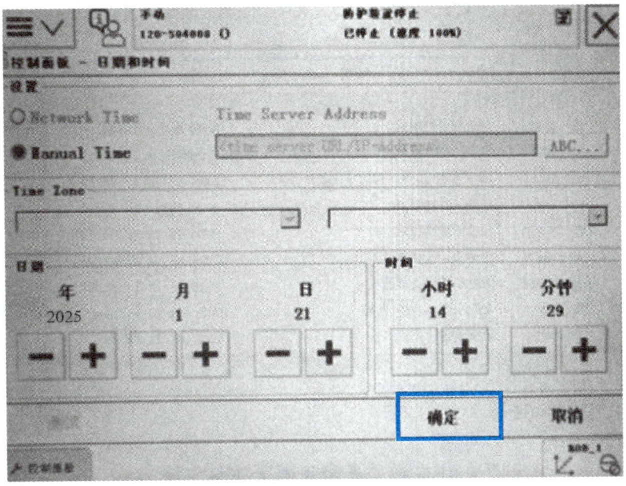

图1-28　修改日期和时间后单击"确定"

1.1.6　查看机器人状态与事件日志

示教器操作界面上的状态栏可显示 ABB 机器人常用信息，通过这些信息就可以了解到机器人当前所处的状态及存在的一些问题，具体内容如图1-29所示，主要包括：

1）机器人当前工作模式，显示内容为手动、全速手动、自动3种模式中的一种。

2）机器人当前系统信息。

3）机器人使能状态。手动模式下，使能按键第一档按下时会显示"电机开启"，松开或第二档按下时会显示"防护装置停止"，此时无法移动机器人。

4）机器人程序运行状态，显示程序的运行或停止，以及设定的机器人运行速度。

5）机器人外轴的使用状态。

机器人当前工作模式

机器人外轴的使用状态

机器人使能状态

机器人程序运行状态

机器人当前系统信息

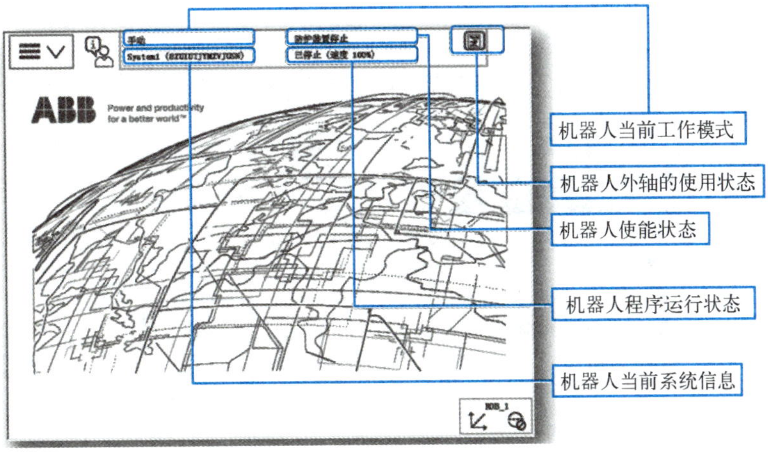

图1-29　示教器状态栏信息

另外，在示教器的操作界面上单击状态栏任意位置，就可以查看机器人的事件日志，如图1-30所示，以便为分析相关事件提供准确的时间。单击状态栏任意位置，可关闭此日志。

图 1-30　显示机器人事件日志

1.1.7　备份和恢复机器人系统数据

定期对 ABB 工业机器人的数据进行备份，是保证 ABB 工业机器人正常操作的良好习惯。ABB 工业机器人数据备份的对象是所有正在系统内存中运行的 RAPID 程序和系统参数。当机器人系统出现错误或重新安装系统后，可以通过备份快速地把机器人恢复到备份时的状态。

进行机器人系统的备份与恢复操作时，无论是将机器人系统数据备份到 USB 存储设备中，还是从 USB 存储设备恢复到机器人系统中，都需要先将 USB 存储设备（如 U 盘）插入示教器的 USB 端口，如图 1-31 所示。

1. 系统数据备份

1）在示教器主菜单的下拉菜单中，选择"备份与恢复"选项，如图 1-32 所示。

2）进入如图 1-33 所示备份与恢复界面，单击"备份当前系统..."。

1-8　机器人系统备份和恢复操作

图 1-31　示教器的 USB 端口

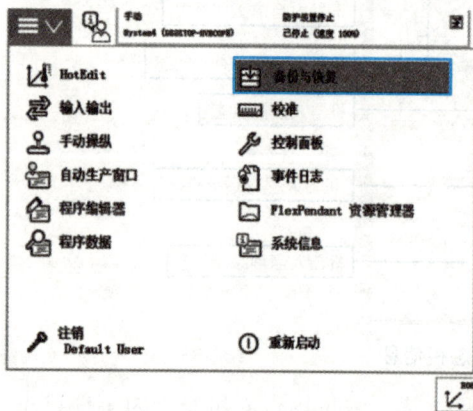

图 1-32　选择"备份与恢复"选项（数据备份）

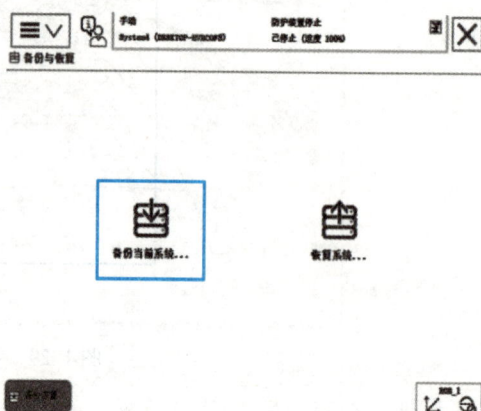

图 1-33　单击"备份当前系统..."

3）进入如图 1-34 所示备份当前系统界面中，单击"ABC..."，设置系统备份文件的名称。

4）继续在此界面单击"…"，弹出如图 1-35 所示界面。通过单击相应的按钮，选择存放备份文件的位置（机器人系统的硬盘或 USB 存储设备）。

①：单击此按钮可在当前路径中新建文件夹。

②：单击此按钮进入上一级路径。

③：显示当前选定的存放路径。

图 1-34　设置备份文件名

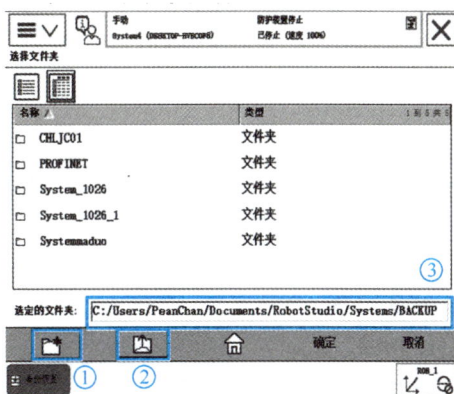

图 1-35　设置备份路径

5）文件名和存放路径设置完成后，单击"确定"以保存存放路径，如图 1-36 所示。

6）如图 1-37 所示单击"备份"，开始进行机器人系统的备份。

图 1-36　单击"确定"

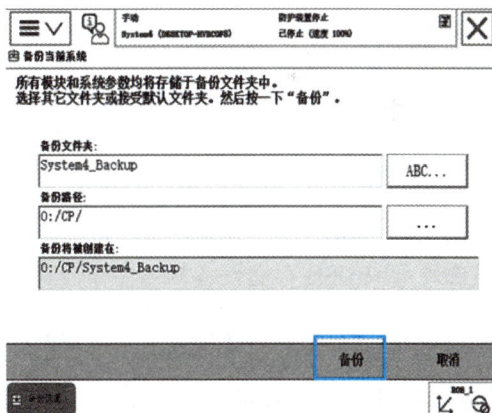

图 1-37　单击"备份"

7）等待文件备份，界面会显示"创建备份。请等待！"的提示，如图 1-38 所示。

8）备份完成后的界面如图 1-39 所示。单击"关闭"按钮关闭备份与恢复界面，至此完成机器人系统的备份。

2. 系统数据恢复

1）在示教器主菜单的下拉菜单中，选择"备份与恢复"选项，如图 1-40 所示。

2）进入如图 1-41 所示备份与恢复界面，单击"恢复系统…"。

图1-38 等待文件备份

图1-39 备份完成

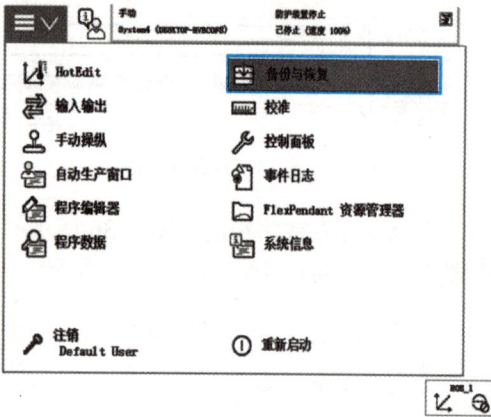

图1-40 选择"备份与恢复"选项（数据恢复）

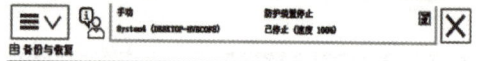

图1-41 单击"恢复系统…"

3）进入如图1-42所示界面，单击"…"。

4）进入如图1-43所示界面，通过单击相应的按钮，选择存放备份文件的位置（机器人系统的硬盘或USB存储设备）。

图1-42 选择恢复路径

图1-43 选择存放备份文件的位置

①：单击此按钮可在当前路径中新建文件夹。

②：单击此按钮进入上一级路径。

③：显示当前选定的文件路径。

5）选择需要恢复的系统文件，单击"确定"，如图1-44所示。

6）如图1-45所示，单击"恢复"，开始进行机器人系统的恢复。

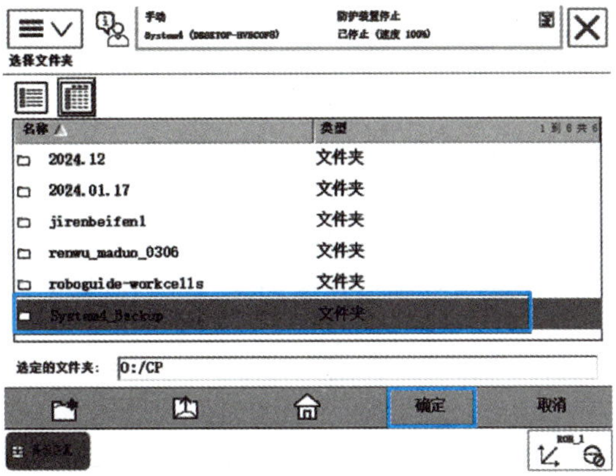

图1-44　选择要恢复的系统文件

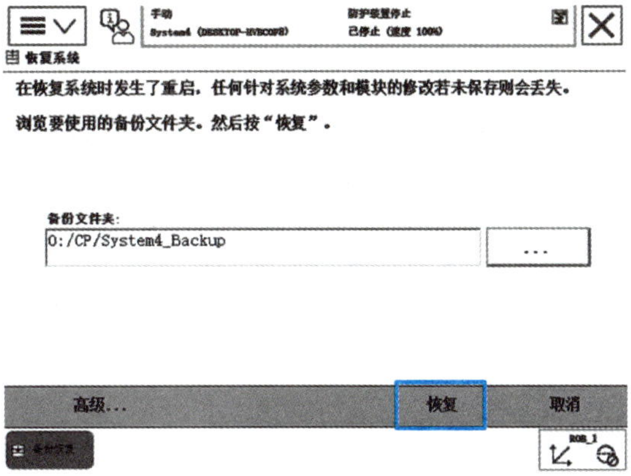

图1-45　单击"恢复"

7）如图1-46所示，在弹出的对话框中单击"是"，以继续系统数据的恢复。

8）如图1-47所示，界面会显示"正在恢复系统。请等待！"的提示。等待过程中，示教器会重新启动，重新启动后即完成机器人系统数据的恢复。

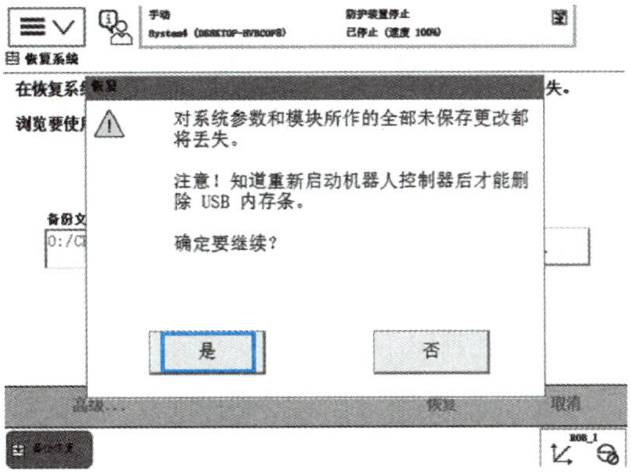

图1-46　确定恢复

图1-47　等待系统数据恢复

📝 温馨小提示：

备份的机器人系统，只能恢复到同一台机器人中，否则会引起系统报错。若要将程序或信号复制到其他机器人中，应单独导入程序或信号。

1.1.8　创建机器人点位数据

ABB机器人移动时的目标位置可以通过两种方式进行记

1-9　点位数据创建操作

录。一种是直角坐标点位数据，记录机器人目标位置的 X、Y、Z 坐标值及姿态等，数据名称为 robtarget；另一种是关节坐标点位数据，记录机器人目标位置处 6 个关节轴各自的旋转角度，数据名称为 jointtarget。其中，最常用的点位数据类型为 robtarget，它主要包含 4 组参数，如点位"p10"，其参数为[[0,100,150],[1,0,0,0],[0,1,0,1],[9E9,9E9,9E9,9E9,9E9,9E9]]。

1）第一组参数（trans）：[0,100,150]，依次为机器人工具中心点（Tool Center Point，TCP）的 X、Y、Z 位置数据。

2）第二组参数（rot）：[1,0,0,0]，为定义 TCP 姿态的数据。

3）第三组参数（robconf）：[0,1,0,1]，为机器人目标位置的轴配置数据。

4）第四组参数（extax）：[9E9,9E9,9E9,9E9,9E9,9E9]，为机器人外部轴数据。

进行机器人 robtarget 点位数据创建时，具体操作步骤如下。

1）在示教器主菜单的下拉菜单中，选择"程序数据"选项，如图 1-48 所示。

2）如图 1-49 所示，选择右下角"视图"中的"全部数据类型"选项，以显示机器人的所有程序数据类型。

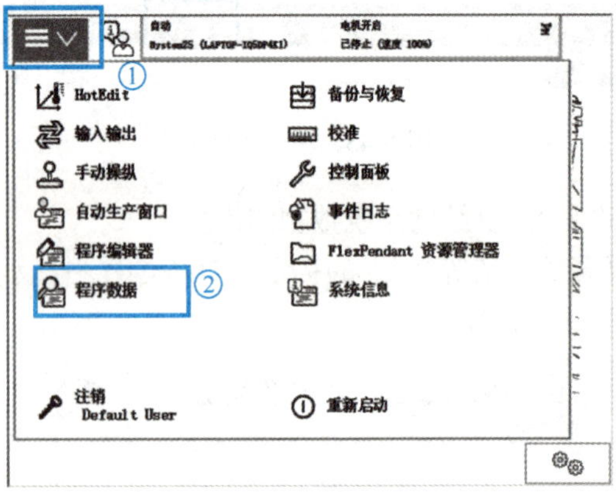

图 1-48 选择"程序数据"选项

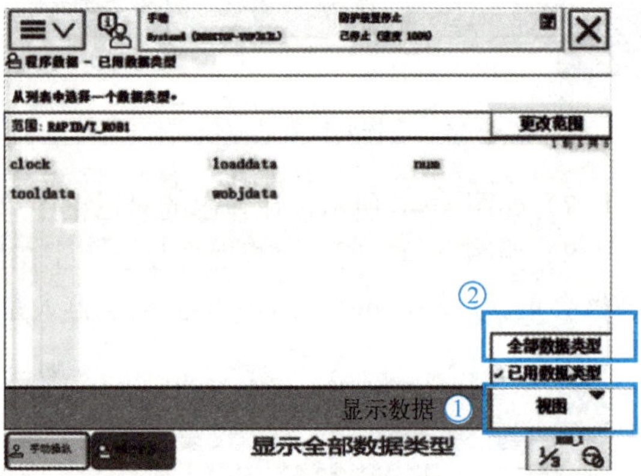

图 1-49 显示全部数据类型

3）在显示的所有程序数据类型中，找到 robtarget 数据类型，如图 1-50 所示，单击该数据类型。

4）单击界面下方的"新建…"按钮新建数据，如图 1-51 所示。

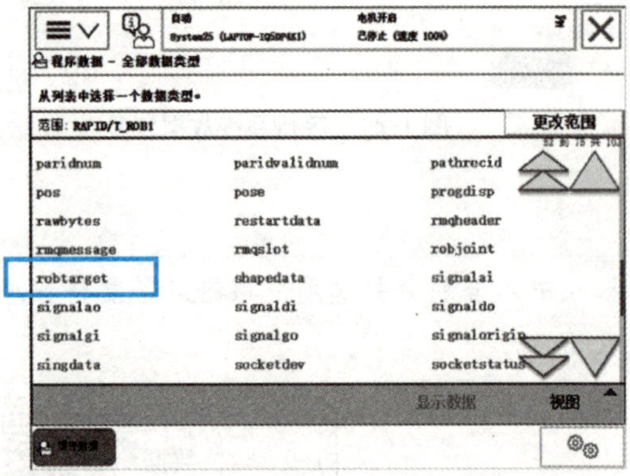

图 1-50 单击"robtarget"

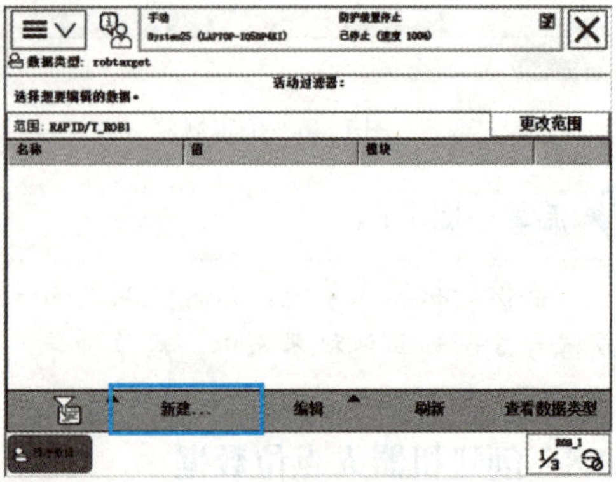

图 1-51 新建 robtarget

5）进入新建的 robtarget 数据界面后，单击"…"，设置点位数据名称，如图 1-52 所示。

6）输入点位数据名称，最好以字母"p"开头，以便以后看见该名称就知道是点位数据。如图 1-53 所示，输入完成后单击"确定"按钮，确认数据名称。注意名称只能由字母、数字、下画线构成。

图 1-52　修改点位数据名称

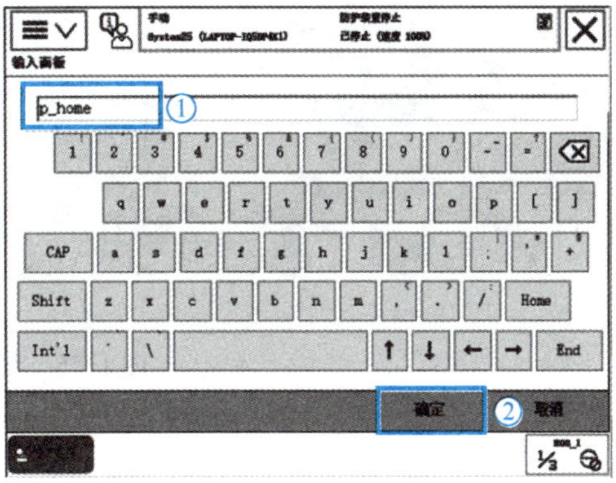

图 1-53　输入名称并确认

7）确认点位数据后，单击"确定"按钮，即该点位数据创建完成，显示框中显示已创建的点位，如图 1-54 所示。

图 1-54　确定所创建的点位数据并查看

🦭 实施引导

1.1.9　搬运机器人路径规划与工作流程

1. 搬运机器人路径规划

在确定机器人工作流程前，需要规划机器人运行路径。路径规划中，常出现以下问题：

1）抓取、放置路径未规划正上方点。如图 1-55a 所示机器人，缺少抓取正上方点位，机器人手爪不是竖直向下运动到达抓取位置，容易导致手爪与工件发生碰撞。抓取、放置路径规划正上方点时，如图 1-55b 所示。

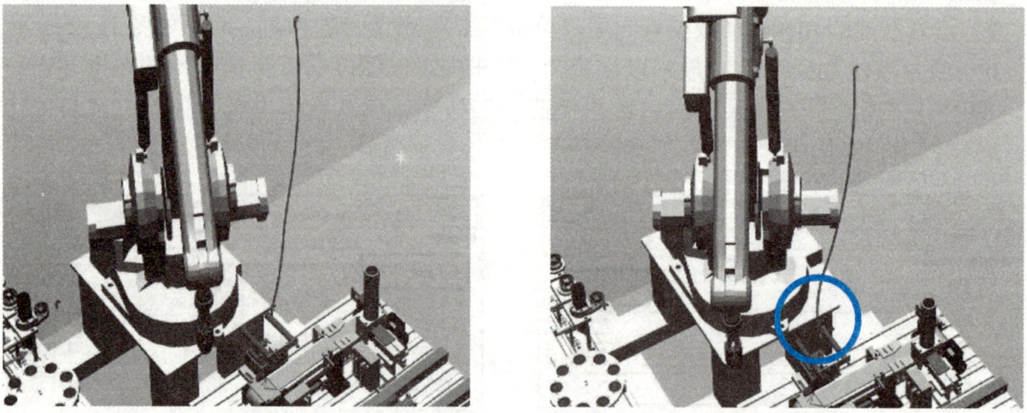

图 1-55　是否规划正上方点

a) 未规划正上方点　b) 规划正上方点，竖直到达抓取点

2）过渡点未采用圆弧过渡，造成电机反复启停。如图 1-56a 所示机器人过渡点位，没有设置圆弧过渡，既不利于机器人本体保养，也影响生产率。在过渡点采用圆弧过渡的情况，如图 1-56b 所示。

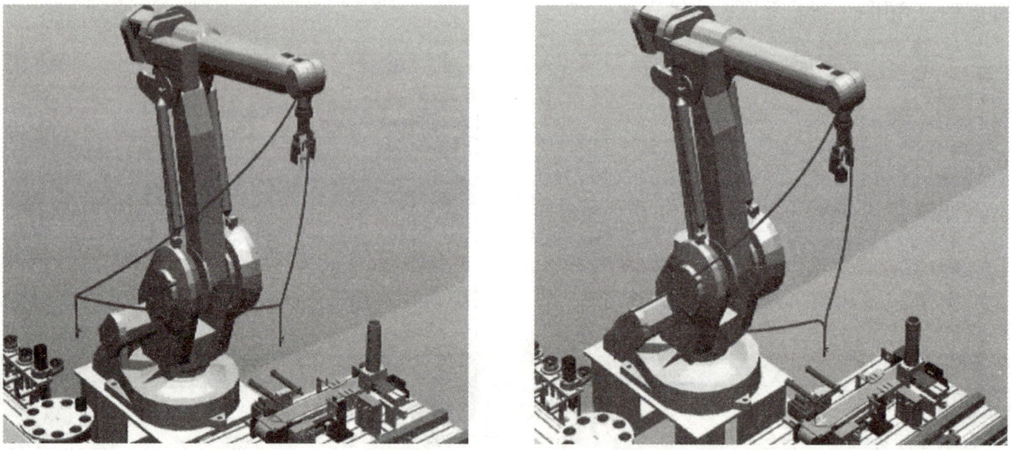

图 1-56　过渡点是否采用圆弧过渡

a) 过渡点未采用圆弧过渡　b) 过渡点采用圆弧过渡

3）抓取点与放置点之间行程范围过大，降低生产率。如图 1-57a 所示机器人，从抓取点上方到达放置点上方行程范围过大，使得机器人运行时间较长。两点之间行程合适的情况如图 1-57b 所示。

4）机器人抬起高度过低，容易造成碰撞。机器人运行轨迹必须保证与任何设备、工件、工具均无干涉、碰撞现象才算合格，不能有任何安全隐患。如图 1-58a 所示机器人，抓取工件后，抬起高度过低，与围栏发生碰撞。机器人抬起高度合适的情况，如图 1-58b 所示。

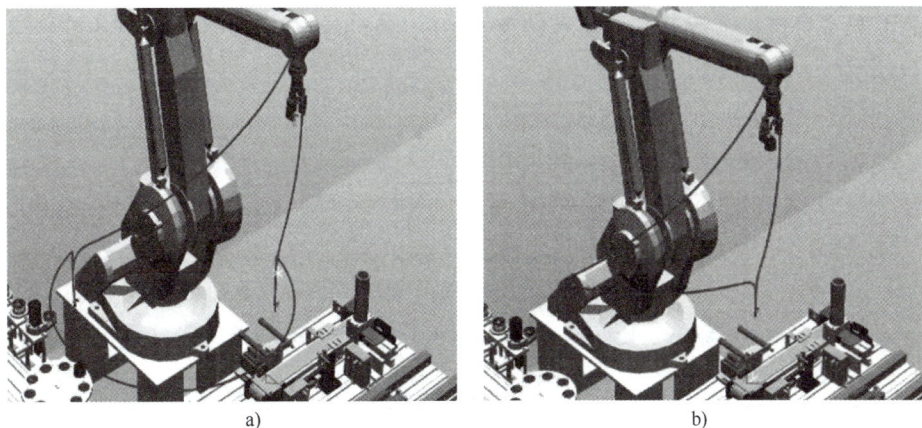

图 1-57 抓取点与放置点之间行程规划

a) 行程过大　b) 行程合适

图 1-58 机器人抬起高度设置

a) 机器人抬起高度过低　b) 机器人抬起高度合适

针对本情境，规划机器人搬运路径如图 1-59 所示。图中①～⑦为搬运机器人运行顺序。

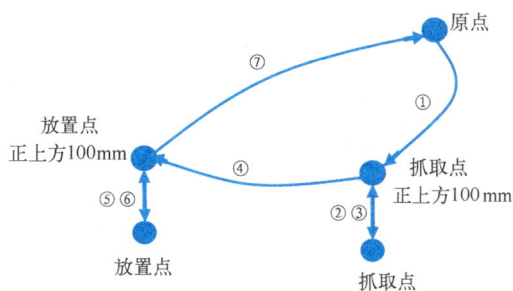

图 1-59 机器人搬运路径规划

2. 搬运机器人工作流程

程序流程图可以帮助技术人员厘清机器人工作流程，是后期所有任务执行的依据。绘制流程图的主要符号包括流程开始、流程结束、中间步骤或操作、条件判断，各符号绘制方法如图 1-60 所示。

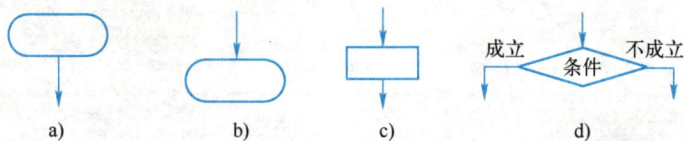

图 1-60 流程图主要符号

a) 流程开始符号 b) 流程结束符号 c) 中间步骤或操作符号 d) 条件判断符号

针对本搬运工作站，可参考如图 1-61 所示流程图绘制，但要根据实际设备及工作情况进行相应调整。

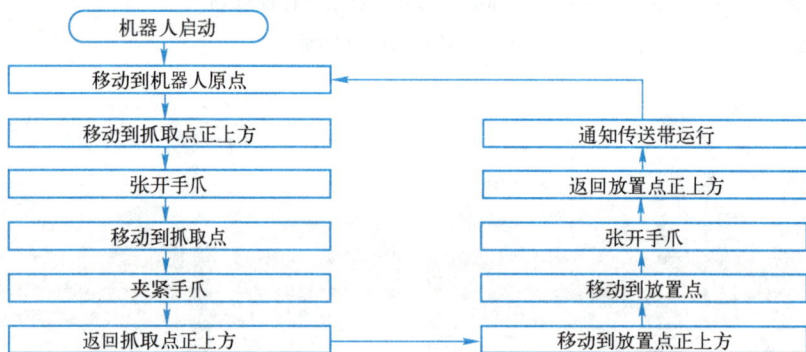

图 1-61 搬运机器人工作流程

1.1.10 搬运机器人点位数据创建

根据图 1-61 所示的搬运机器人工作流程图，机器人需要移动到达的点位包括：机器人原点、抓取点正上方点、抓取点、放置点正上方点、放置点。其中，抓取点正上方点和放置点正上方点分别可通过抓取点、放置点偏移获得，因此必须创建的点位有 3 个，见表 1-1。创建后示教器显示如图 1-62 所示。

1-10 搬运机器人点位数据创建

表 1-1 点位数据列表（参考用）

序　号	数据名称	数据类型	存储类型	备　注
1	p_home	robtarget	常量	机器人原点
2	p_pick	robtarget	常量	抓取点
3	p_place	robtarget	常量	放置点

温馨小提示：

点位名称、点位个数应根据个人习惯和实际工作情况进行相应调整，不是固定的，但必须符合命名规范。表 1-1 只作为参考。

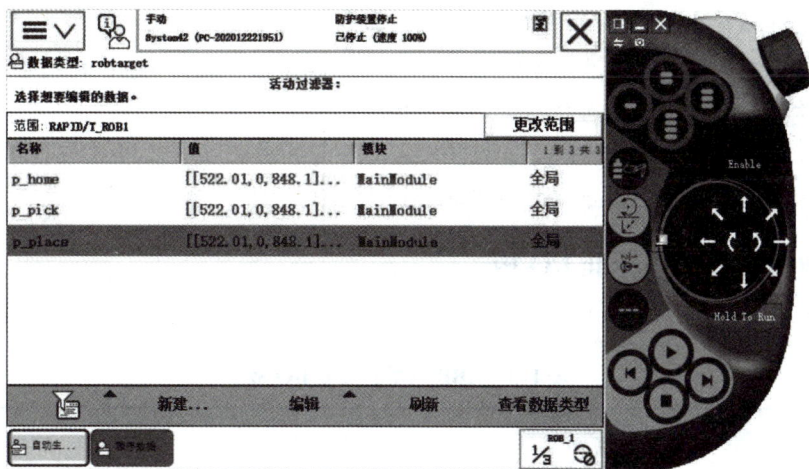

图 1-62 搬运机器人点位创建

任务 1.2 创建机器人信号

任务描述

根据任务 1.1 绘制的搬运机器人工作流程图，分析该搬运机器人与外部设备之间需要哪些数字通信信号，绘制出机器人标准 I/O 板的 I/O 信号接线图，在机器人系统中创建这些信号并验证其正确性。

新知探究

1.2.1 工业机器人通信

ABB 机器人提供了丰富的 I/O 通信接口，可以轻松地与周边设备进行通信，机器人支持的通信方式见表 1-2。RS232 通信、OPC Server、Socket Message 是机器人与 PC（即计算机）通信时支持的通信协议，PC 通信接口需要选择"PC-INTERFACE"选项时才可以使用。DeviceNet、PROFIBUS、PROFIBUS-DP、PROFINET、EtherNet IP 等是不同厂商推出的各种现场总线协议，可用于工业网络中各种外部设备之间的通信。但使用何种现场总线，要根据需求进行选配。如果两设备之间支持的总线协议不一致，还需要使用网关进行协议的转换。对于标配的 ABB 机器人 I/O 板，都具有 DeviceNet 总线，而其他总线则需要购买时进行添加。

表 1-2 ABB 工业机器人支持的通信方式

与 PC 间的通信协议	支持的现场总线协议	ABB 标准通信
RS232 通信	DeviceNet	标准 I/O 板
OPC Server	PROFIBUS	PLC
Socket Message	PROFIBUS-DP	
	PROFINET	
	EtherNet IP	

另外，关于 ABB 机器人 I/O 通信接口的说明如下：

1）ABB 标准 I/O 板提供的常用信号有数字输入 DI、数字输出 DO、模拟输入 AI、模拟输出 AO 及输送链跟踪，后面会依次介绍和使用。

2）ABB 机器人可以选配标准 ABB 的 PLC，省去了原来与外部 PLC 进行通信设置的麻烦，并且在机器人示教器上就能实现与 PLC 相关的操作。

1-11　ABB 标准 I/O 板结构

1.2.2　工业机器人常用标准 I/O 板

ABB 常用的标准 I/O 板（即板卡）见表 1-3。

表 1-3　ABB 常用的标准 I/O 板

序　号	型　号	说　明
1	DSQC651	分布式 I/O 模块 DI8、DO8、AO2
2	DSQC652	分布式 I/O 模块 DI16、DO16
3	DSQC653	分布式 I/O 模块 DI8、DO8 带继电器
4	DSQC355A	分布式 I/O 模块 AI4、AO4
5	DSQC377A	输送链跟踪单元

1. 标准 I/O 板 DSQC652

IRB1200 配置的标准 I/O 板为 DSQC652。它提供了 16 个数字输入端子和 16 个数字输出端子。其结构如图 1-63 所示，分为 A、B、C、D、E、F 共 6 个部分，有 X1、X2、X3、X4、X5 这 5 个模块接口。A 部分是数字输出信号指示灯；B 部分 X1、X2 模块接口是机器人数字输出接口，共 16 个输出端子；C 部分 X5 模块接口是 DeviceNet 接口；D 部分是模块状态指示灯；E 部分是数字输入信号指示灯；F 部分 X3、X4 模块接口是机器人数字输入接口，共 16 个输入端子。

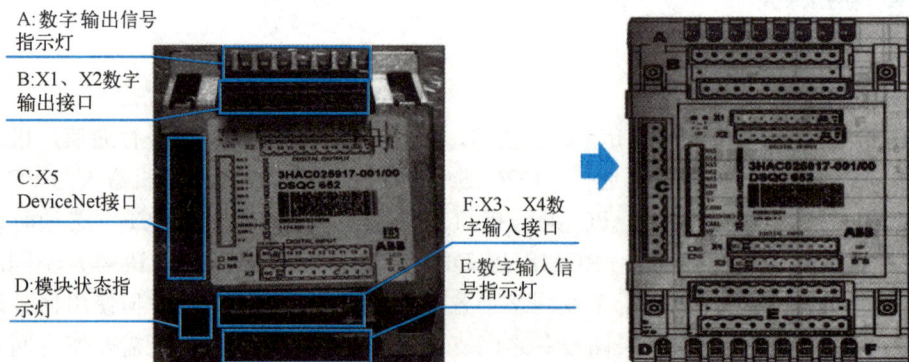

图 1-63　标准 I/O 板 DSQC652

针对各模块接口的应用说明如下。

（1）X1、X2 模块接口

共两排数字输出接口，每排数字输出接口有 10 个端子，从左向右看，前 8 个端子为数字输出信号接口，第 9 个端子接 0V，第 10 个端子接 24V 直流电源。

信号地址分配方面，X1、X2 地址从 0 开始，X1 中 8 个输出信号接口地址分别为 0～7，X2 中 8 个输出信号接口地址分别为 8～15。X1、X2 模块接口的具体使用及地址分配见表 1-4、表 1-5。

表1-4　X1模块接口使用及地址分配

端子编号	使用定义	地址分配
1	OUTPUT CH1	0
2	OUTPUT CH2	1
3	OUTPUT CH3	2
4	OUTPUT CH4	3
5	OUTPUT CH5	4
6	OUTPUT CH6	5
7	OUTPUT CH7	6
8	OUTPUT CH8	7
9	0V	
10	24V	

表1-5　X2模块接口使用及地址分配

端子编号	使用定义	地址分配
1	OUTPUT CH9	8
2	OUTPUT CH10	9
3	OUTPUT CH11	10
4	OUTPUT CH12	11
5	OUTPUT CH13	12
6	OUTPUT CH14	13
7	OUTPUT CH15	14
8	OUTPUT CH16	15
9	0V	
10	24V	

（2）X3、X4模块接口

共两排数字输入接口，每排数字输入接口有10个端子，从左向右看，前8个端子为数字输入信号接口，第9个端子接0V，第10个端子不使用。

信号地址分配方面，X3、X4地址从0开始，X3中8个输入信号接口地址分别为0～7，X4中8个输入信号接口地址分别为8～15。X3、X4模块接口的具体使用及地址分配见表1-6、表1-7。

表1-6　X3模块接口使用及地址分配

端子编号	使用定义	地址分配
1	INPUT CH1	0
2	INPUT CH2	1
3	INPUT CH3	2
4	INPUT CH4	3
5	INPUT CH5	4
6	INPUT CH6	5
7	INPUT CH7	6
8	INPUT CH8	7
9	0V	
10	不使用	

表1-7　X4模块接口使用及地址分配

端 子 编 号	使 用 定 义	地 址 分 配
1	INPUT CH9	8
2	INPUT CH10	9
3	INPUT CH11	10
4	INPUT CH12	11
5	INPUT CH13	12
6	INPUT CH14	13
7	INPUT CH15	14
8	INPUT CH16	15
9	0V	
10	不使用	

（3）X5模块接口

X5模块接口是DeviceNet总线接口，从标准I/O板下方向上看，每个端子的使用定义见表1-8。端子1~5用于DeviceNet总线通信；端子6为GND地址选择公共端；端子7~12用于决定板卡的地址，设置地址范围为10~63。

表1-8　X5模块接口使用

端 子 编 号	使 用 定 义
1	0V（BLACK）
2	CAN信号线（low）（通信终端低位）（BLUE）
3	屏蔽线
4	CAN信号线（high）（通信终端高位）（WHITE）
5	24V（RED）
6	GND地址选择公共端
7	模块ID bit0
8	模块ID bit1
9	模块ID bit2
10	模块ID bit3
11	模块ID bit4
12	模块ID bit5

ABB标准I/O板是挂在DeviceNet网络上的，所以要设定板卡在网络中的地址。X5模块接口中端子7~12的跳线可以用来决定板卡的地址。如想要获得10的地址，可将第8脚和第10脚上的跳线剪去，如图1-64所示，2+8=10就可以获得10的地址了。

2. 标准I/O板DSQC651

标准I/O板DSQC651除提供了8个数字输入信号、8个数字输出信号以外，还提供了2个模拟输出信号。其结构如图1-65所示，分为A、B、C、D、E、F、G共7个部分，有X1、X3、X5、X6这4个模块接口。A部分是信号输出指示灯；B部分X1模块接口是机器人数字输出接口，共 8 个输出端子；C 部分 X6 模块接口是机器人模拟输出接口；D 部分 X5 模块接口是 DeviceNet 接口；E 部分是模块状态指示灯；F 部分 X3 模块接口是机器人数字输入接口，共 8 个输入端子；G 部分是信号输入指示灯。

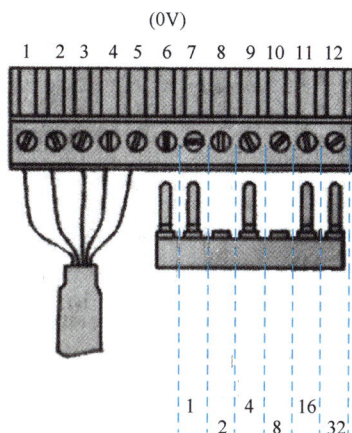

图 1-64　X5 模块接口接线实例图

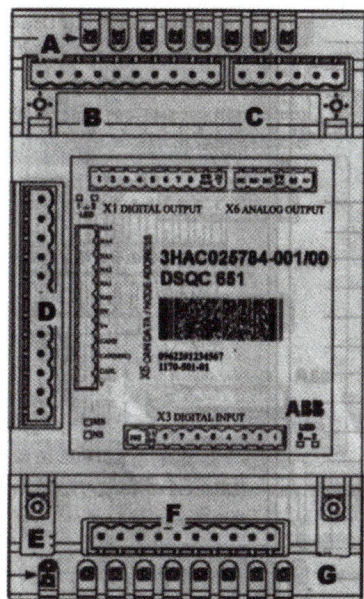

图 1-65　标准 I/O 板 DSQC651

针对各模块接口的应用说明如下。

（1）X1 模块接口

有一排数字输出接口，共有 10 个端子，从左向右看，前 8 个端子为数字输出信号接口，第 9 个端子接 0V，第 10 个端子接 24V 直流电源。

信号地址分配方面，X1 地址从 32 开始，8 个输出信号地址分别为 32～39。X1 模块接口的具体使用及地址分配见表 1-9。

表 1-9　X1 模块接口使用及地址分配

端 子 编 号	使 用 定 义	地 址 分 配
1	OUTPUT CH1	32
2	OUTPUT CH2	33
3	OUTPUT CH3	34
4	OUTPUT CH4	35
5	OUTPUT CH5	36
6	OUTPUT CH6	37
7	OUTPUT CH7	38
8	OUTPUT CH8	39
9	0V	
10	24V	

（2）X3 模块接口

有一排数字输入接口，共有 10 个端子，从左向右看，前 8 个端子为数字输入信号接口，第 9 个端子接 0V，第 10 个端子不使用。

信号地址分配方面，X3 地址从 0 开始，信号地址分别为 0～7。X3 模块接口的具体使用及地址分配见表 1-10。

表 1-10　X3 模块接口使用及地址分配

端 子 编 号	使 用 定 义	地 址 分 配
1	INPUT CH1	0
2	INPUT CH2	1
3	INPUT CH3	2
4	INPUT CH4	3
5	INPUT CH5	4
6	INPUT CH6	5
7	INPUT CH7	6
8	INPUT CH8	7
9	0V	
10	不使用	

（3）X6 模块接口

有一排模拟输出接口，包括两个模拟输出信号，每个模拟信号占 16 个地址，地址从 0 开始。第 1 个模拟信号地址为 0～15，第 2 个模拟信号地址为 16～31。X6 模块接口的具体使用及地址分配见表 1-11。

表 1-11　X6 模块接口使用及地址分配

端 子 编 号	使 用 定 义	地 址 分 配
1	未使用	
2	未使用	
3	未使用	
4	0V	
5	模拟输出信号 1（AO1）	0～15
6	模拟输出信号 2（AO2）	16～31

（4）X5 模块接口

与标准 I/O 板 DSQC652 的 X5 使用方法一致，请查看本节前面的介绍。

1.2.3　应用标准 I/O 板数字接口

1. 数字输出接口应用

以 DSQC652 的 X1 模块接口为例，其接线实例如图 1-66 所示。数字输出接口不能直接与执行元件相连，必须通过中间继电器进行转接，避免短路或电流过大而损坏接口。中间继电器一端连接数字输出接口，另一端连接 0V。第 9 个端子接 0V，第 10 个端子接 24V 直流电源（可以使用控制柜提供的内部 24V 电源）。

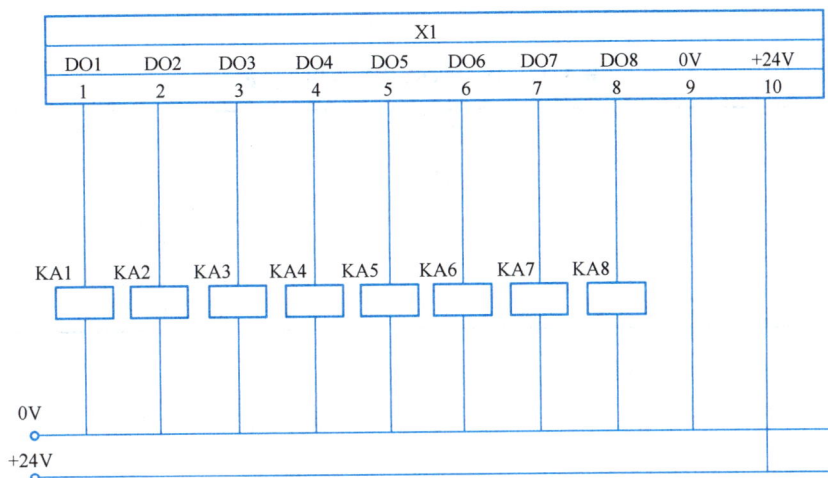

图 1-66　数字输出接口接线实例

2. 数字输入接口应用

以 DSQC652 的 X3 模块接口为例，其接线实例如图 1-67 所示。数字输入接口可直接与按钮、行程开关、传感器、PLC 输出接口等相连接，在图 1-67 中，第 1 个端子与按钮 SB1 一端连接，第 7 个端子与光电传感器 SP1 信号端连接。该端子排第 9 个端子接 0V，第 10 个端子不使用。

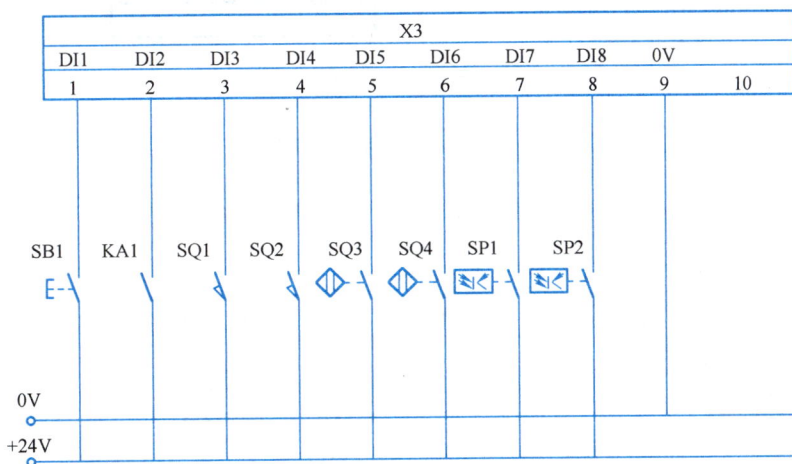

图 1-67　数字输入接口接线实例

1.2.4　创建标准 I/O 板

1-12　标准 I/O 板创建

ABB 常用的标准 I/O 板配置方法基本是一致的。下面以 DSQC652 板为例，介绍标准 I/O 板配置方法。

ABB 标准 I/O 板配置时的主要参数见表 1-12，包括 Name、Type of Unit、DeviceNet Address 三个。一定要注意的是：这里配置的地址必须与硬件设置的地址，也就是 X5 模块接口设置的地址完全一致，否则不能正常通信。如在 1.2.2 节的实例中，X5 模块接口设置的地址为 10，那么这里设置的地址也必须为 10。

表 1-12　DSQC652 板配置相关参数

参　数　名　称	设　定　值	说　　　明
Name	board10	设定 I/O 板在系统中的名字，可以以 "board+地址" 进行命名
Type of Unit	DSQC652	设定 I/O 板的类型
DeviceNet Address	10	设定 I/O 板在工业网络中的地址，注意必须与 X5 模块接口设置的地址一致

下面来介绍具体操作步骤。

1）在手动模式下，进入 ABB 主菜单，选择"控制面板"后选择"配置"选项，如图 1-68 所示。

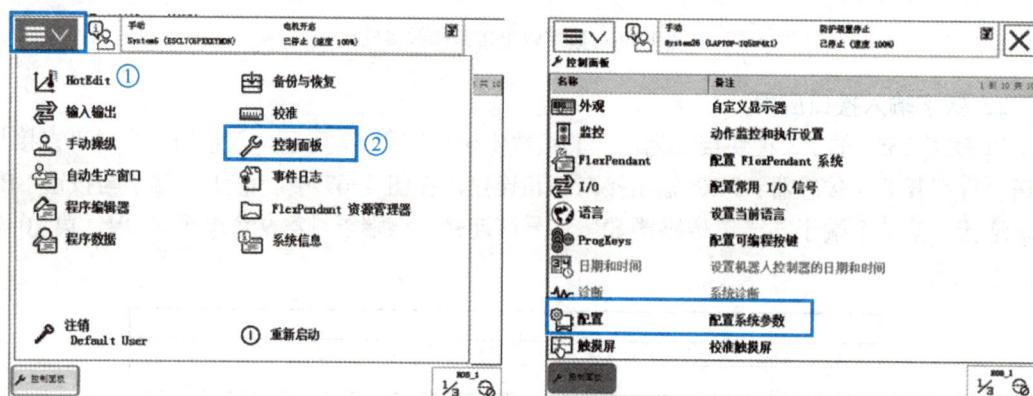

图 1-68　选择"配置"选项

2）双击"DeviceNet Device"，进入添加 I/O 板的界面，如图 1-69 所示，单击界面下方"添加"按钮。

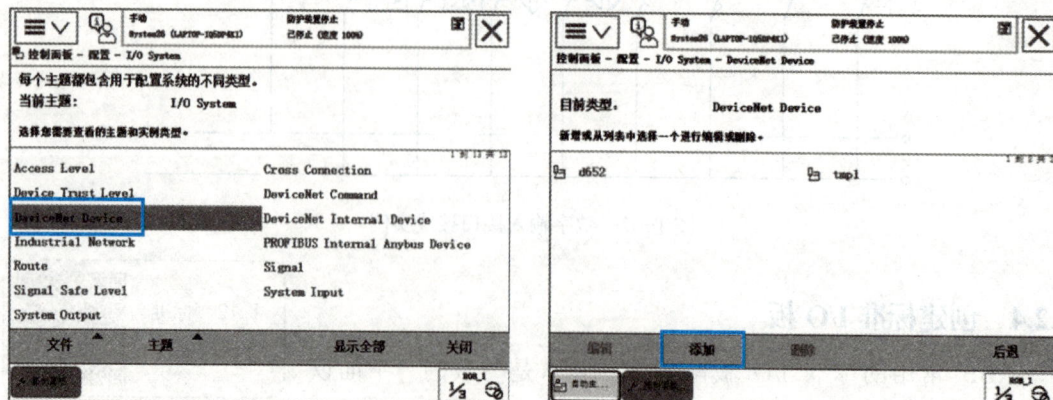

图 1-69　添加 I/O 板

3）在"使用来自模板的值"下拉列表中，选择所配置板卡的类型，本实例即选择"DSQC 652 24 VDC I/O Device"，如图 1-70 所示。

4）如图 1-71 所示，单击"Name"参数，进入 I/O 板命名界面。

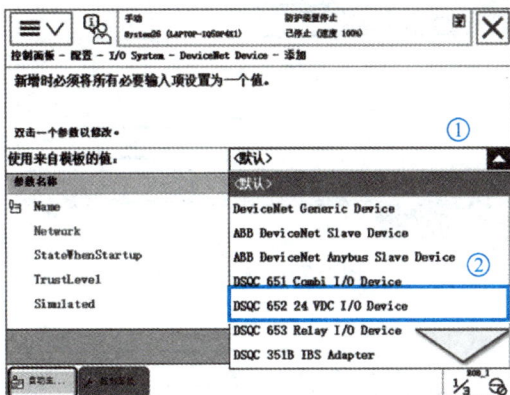

图 1-70　选择 I/O 板类型

图 1-71　I/O 板命名

5）输入该实例所设定的 I/O 板名称"board10"，单击"确定"，如图 1-72 所示。

6）单击如图 1-73 所示的"下翻页"或"下翻行"图标，找到并单击"Address"参数，进入设置 I/O 板在工业网络中地址的界面，如图 1-74 所示。

图 1-72　输入 I/O 板名称并确认

图 1-73　下翻并找到"Address"参数

7）在界面中输入 I/O 板在工业网络中的地址（本实例为 10），单击地址输入键盘上的"确定"，再单击下方"确定"按钮返回板卡配置界面，如图 1-75 所示。

8）参数设定完毕，单击"确定"按钮，确认 I/O 板配置，如图 1-76 所示。

9）I/O 板配置必须在系统重新启动后才能生效，因此会弹出提示是否重启的对话框。由于紧接着还要进行信号配置，可以在信号配置完成后再重新启动，这里可以先单击"否"，表示暂时不重启，如图 1-77 所示。

10）I/O 板配置完成后，可在界面中看到所配置的 I/O 板，如图 1-78 所示。

图 1-74 单击"Address"参数

图 1-75 输入地址并确认

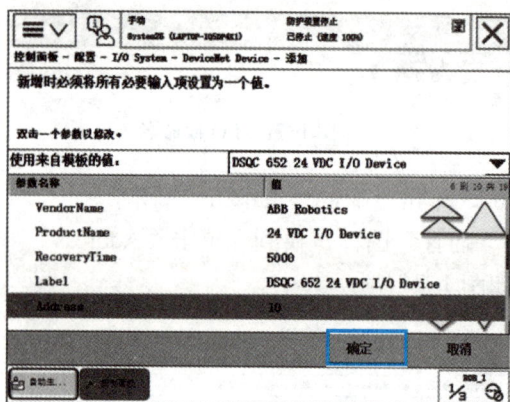

图 1-76 确认 I/O 板配置

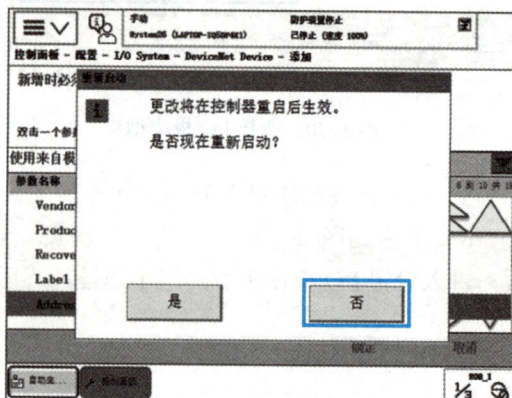

图 1-77 选择暂时不重启

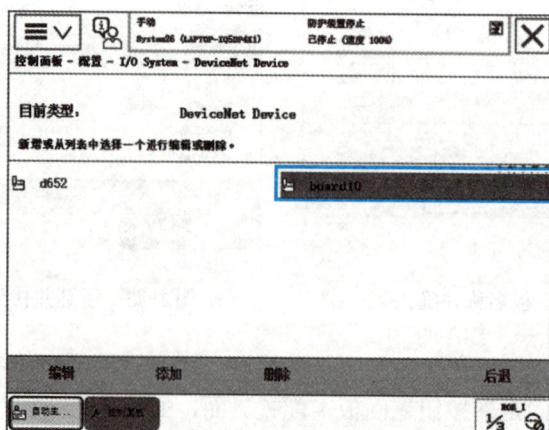

图 1-78 配置完成的 I/O 板

📝 温馨小提示：

1）一台机器人可以连接多张标准 I/O 板，但每张 I/O 板的地址必须不一致，设置范围为 10～63。

2）示教器创建板卡时设置的地址必须与 X5 端子硬件设置地址保持一致。

3）板卡创建后需要重启才能生效，在之后需要创建信号的情况下，可一起创建完再重启。

1.2.5 创建数字信号

在标准 I/O 板配置成功后，还需要配置程序所需要的信号。下面利用 1.2.4 节配置好的 I/O 板，按照图 1-66 连接第一个数字输出信号，按照图 1-67 连接第一个数字输入信号，分别介绍数字输入信号和输出信号的配置方法。

1. 数字输入信号配置

配置数字输入信号时的相关参数见表 1-13，包括 Name、Type of Signal、Assigned to Device、Device Mapping 4 个。一定要注意的是：这里所配置的地址与板卡类型和信号口位置有关，如本实例中配置的信号属于 DSQC652 板，其第 1 个数字输入信号地址应为 0（每个信号口地址见 1.2.2 节）。

1-13 数字信号配置

表 1-13 数字输入信号相关参数

参 数 名 称	设 定 值	说 明
Name	di1	设定数字输入信号在系统中的名称，可以以"di+序号或信号功能"进行命名
Type of Signal	Digital Input	设定信号类型为数字输入信号
Assigned to Device	board10	设定信号所在的 I/O 板名称
Device Mapping	0	设定信号所占用的地址，具体见 1.2.2 节地址分配

下面来介绍具体配置操作。

1）在手动模式下，进入 ABB 主菜单，选择 "控制面板"后单击"配置"选项，如图 1-79 所示。

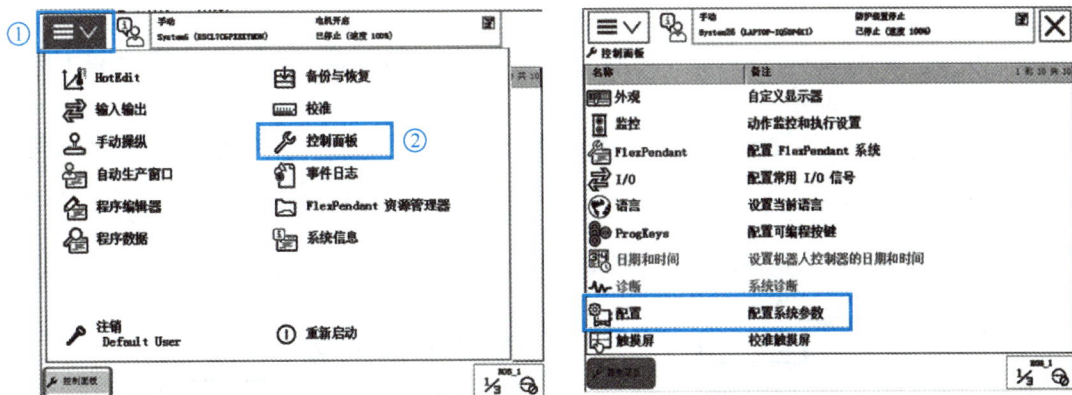

图 1-79 选择"配置"选项（配置数字输入信号）

2）双击"Signal"，进入添加信号的界面，单击界面下方的"添加"按钮，如图 1-80 所示。

图1-80　添加信号（配置数字输入信号）

3）进入信号配置界面后，单击"Name"参数，进入信号名称设置界面，修改信号名称为"di1"并单击界面下方的"确定"按钮，如图1-81所示。

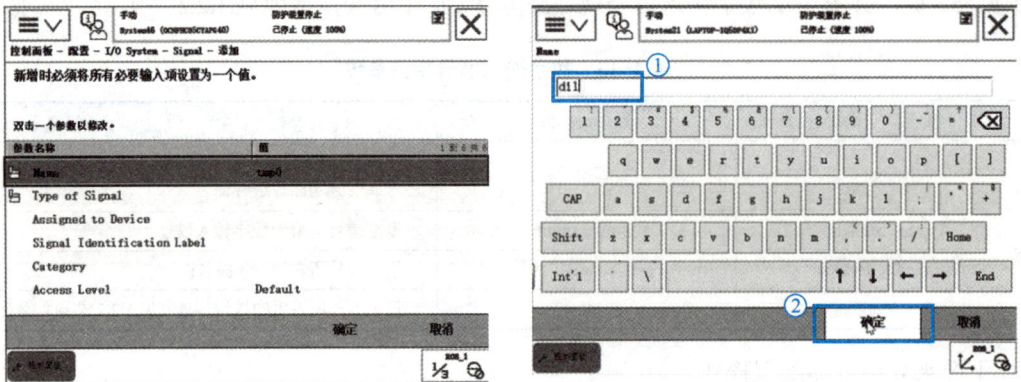

图1-81　设置信号名称（配置数字输入信号）

4）单击"Type of Signal"参数，设定信号类型，在下拉菜单中选择数字输入信号"Digital Input"作为信号的类型，如图1-82所示。

5）单击"Assigned to Device"参数，设定信号所在的I/O板的名称，在下拉菜单中选择"board10"，如图1-83所示。

图1-82　设置信号类型
（配置数字输入信号）

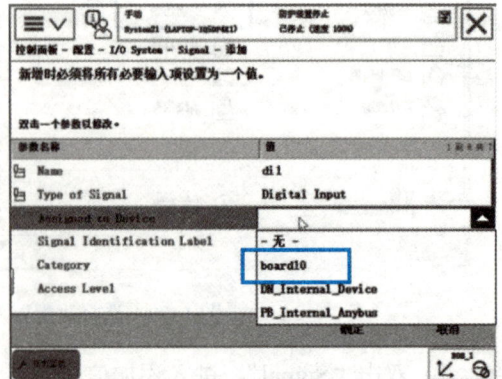

图1-83　设定信号所在的I/O板
（配置数字输入信号）

6）单击"Device Mapping"参数，进入信号地址设置界面，修改信号地址为"0"并单击界面下方的"确定"按钮，如图1-84所示。

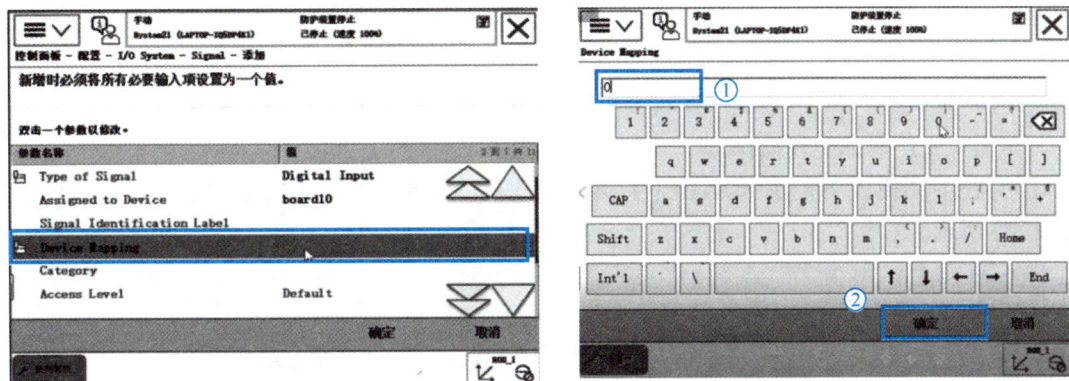

图1-84　设置信号地址（配置数字输入信号）

7）单击"确定"以确认所配置的信号参数，如图1-85所示。

8）信号配置必须在系统重新启动后才能生效，因此会弹出提示是否重启的对话框。如果不再配置信号，则单击"是"以重新启动系统；如果还要进行信号配置，可以在信号配置完成后再重新启动，这里可以先单击"否"，表示暂时不重启，如图1-86所示。

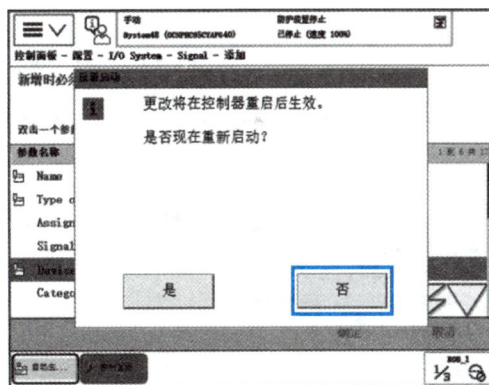

图1-85　确认信号（配置数字输入信号）　　　图1-86　选择信号是否重启

2. 数字输出信号配置

配置数字输出信号时的相关参数见表1-14，包括Name、Type of Signal、Assigned to Device、Device Mapping 4个。一定要注意的是：这里配置的地址与板卡类型和信号口位置有关，如本实例中配置的信号属于DSQC652板，其第1个数字输出信号地址应为0（每个信号口地址请回顾1.2.2节）。

表1-14　数字输出信号相关参数

参 数 名 称	设 定 值	说　　明
Name	do1	设定数字输出信号在系统中的名称，可以以"do+序号或信号功能"进行命名

（续）

参 数 名 称	设 定 值	说 明
Type of Signal	Digital Output	设定信号类型为数字输出信号
Assigned to Device	board10	设定信号所在的I/O板名称
Device Mapping	0	设定信号所占用的地址，具体见1.2.2节地址分配

下面来介绍具体配置操作。

1）在手动模式下，进入 ABB 主菜单，选择"控制面板"后单击"配置"选项，如图 1-87 所示。

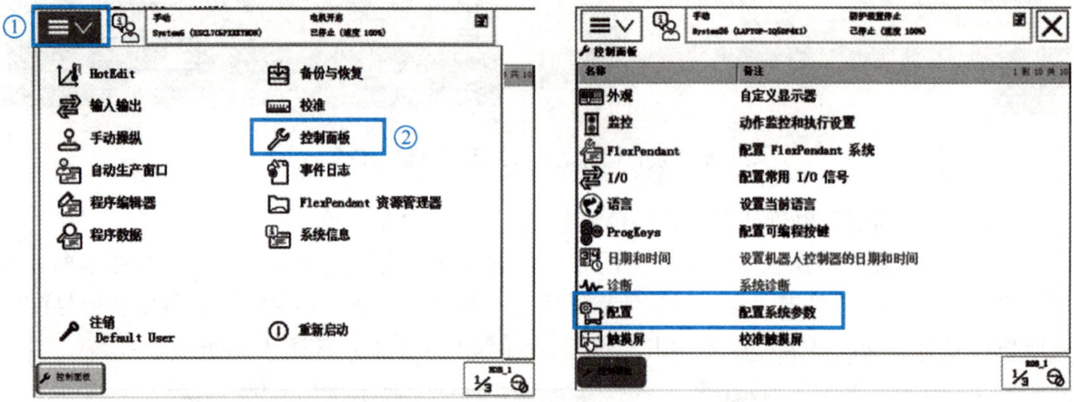

图 1-87　选择"配置"选项（配置数字输出信号）

2）双击"Signal"，进入添加信号的界面，单击界面下方的"添加"按钮，如图 1-88 所示。

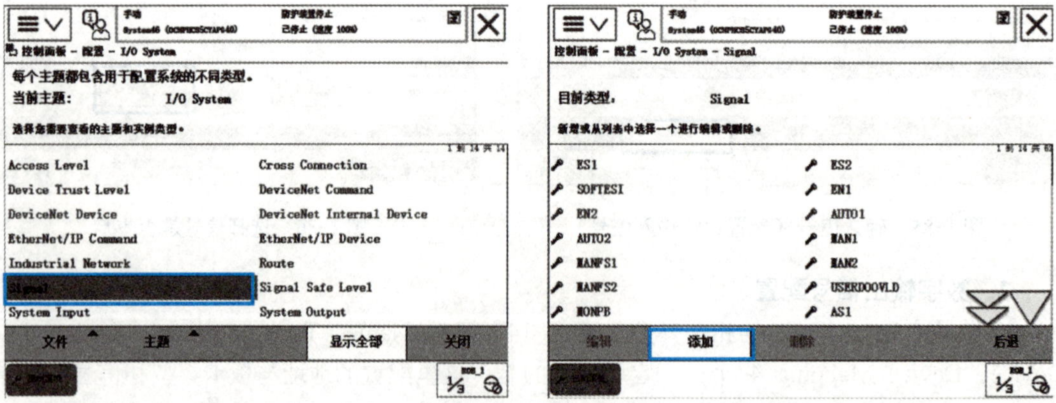

图 1-88　添加信号（配置数字输出信号）

3）进入信号配置界面后，单击"Name"参数，进入信号名称设置界面，修改信号名称为"do1"并单击界面下方的"确定"按钮，如图 1-89 所示。

4）单击"Type of Signal"参数，设定信号类型，在下拉菜单中选择数字输出信号"Digital Output"作为信号的类型，如图 1-90 所示。

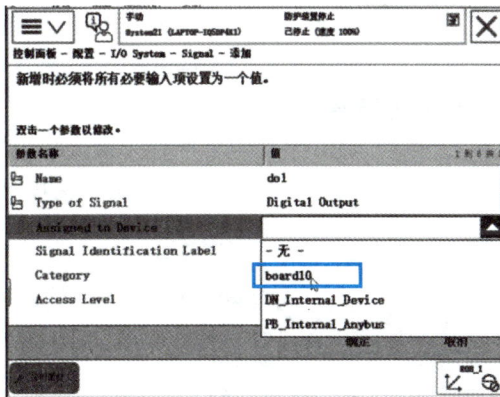

图 1-89　设置信号名称（配置数字输出信号）

5）单击"Assigned to Device"参数，设定信号所在的 I/O 板的名称，在下拉菜单中选择 "board10"，如图 1-91 所示。

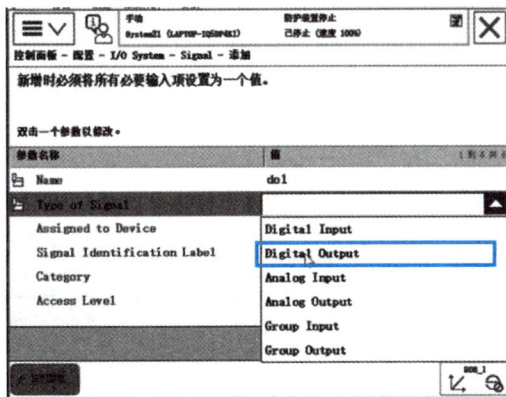

图 1-90　设置信号类型

（配置数字输出信号）

图 1-91　设定信号所在的 I/O 板

（配置数字输出信号）

6）单击"Device Mapping"参数，进入信号地址设置界面，修改信号地址为"0"并单击界面下方的"确定"按钮，如图 1-92 所示。

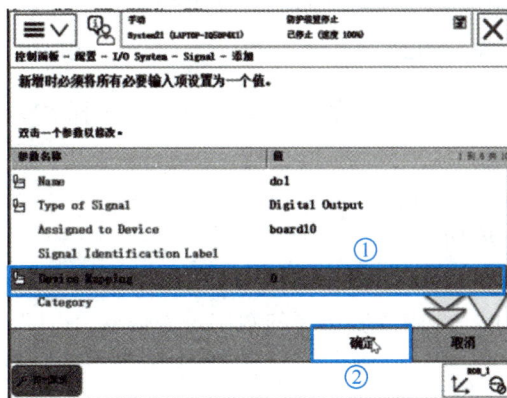

图 1-92　设置信号地址（配置数字输出信号）

7）后面的操作与数字输入信号创建一致，单击"确定"以确认所配置的信号参数。信号配置必须在系统重新启动后才能生效，因此会弹出提示是否重启的对话框。如果不再配置信号，则单击"是"以重新启动系统，如果还要进行信号配置，可以在信号配置完成后再重新启动。

温馨小提示：

1）创建信号时，信号命名一定要符合规范，数字输入信号以"di"开头，数字输出信号以"do"开头，名称只能包含数字、字母、下画线。

2）创建信号前应正确区分该信号为输入信号，还是输出信号。

3）信号地址要输入正确，硬件地址与软件地址保持一致。

1.2.6　查看、仿真与修改数字信号

信号创建完成并重新启动系统后，可查看创建的所有信号，并且可以在查看界面实现数字输入信号的仿真与数字输出信号的修改操作，以便于在机器人调试和检修时使用。具体操作如下。

1-14　信号查看、仿真与修改

1. 信号查看

1）进入 ABB 主菜单，选择"输入输出"，如图 1-93 所示。

2）单击右下角的"视图"菜单，选择"IO 设备"，如图 1-94 所示。

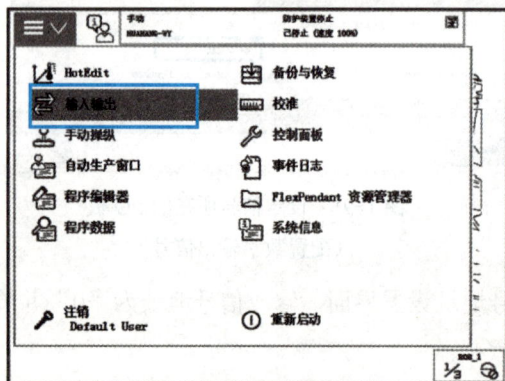

图 1-93　选择"输入输出"　　图 1-94　选择"IO 设备"

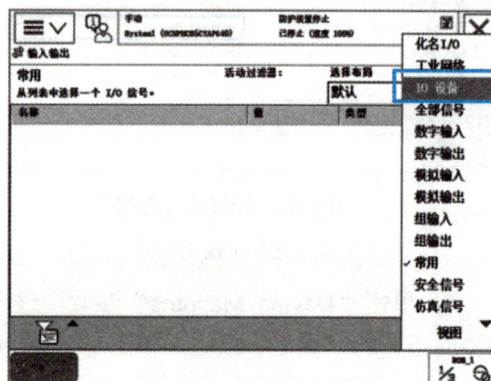

3）在界面中选择需要查看与仿真的 I/O 板，如这里选择"board10"，单击下方的"信号"按钮，如图 1-95 所示。

4）此时界面中显示出"board10"所定义的所有信号，并可查看每个信号的当前值、类型及所属 I/O 板，如图 1-96 所示。

2. 数字输入信号仿真

1）在查看操作基础上，选中需要仿真的数字输入信号"di1"，单击"仿真"按钮，如图 1-97 所示。

2）通过单击"0"或"1"可以将数字信号"di1"的仿真状态设置为 0 或 1，如图 1-98 所示。

图 1-95　选择需要查看的 I/O 板

图 1-96　信号信息

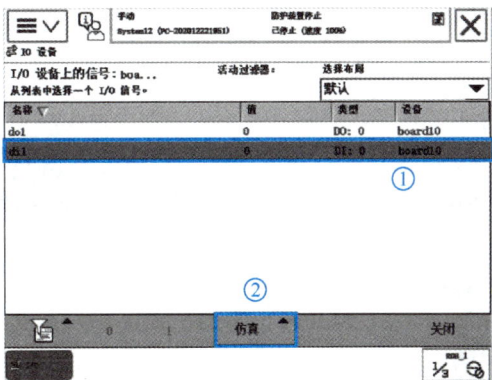

图 1-97　选择数字输入信号仿真

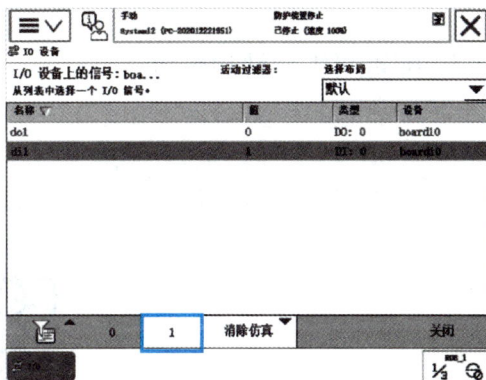

图 1-98　信号仿真为 1

3）需要结束仿真时，单击"清除仿真"即可取消仿真，如图 1-99 所示。

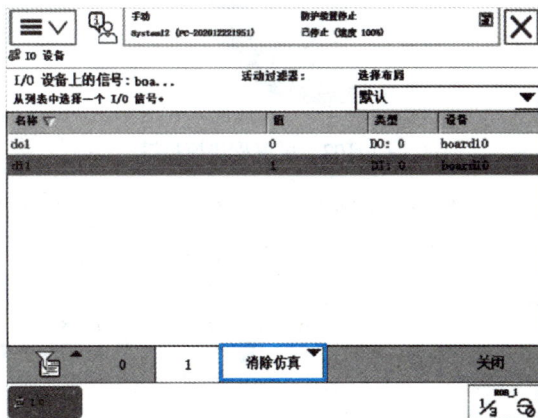

图 1-99　清除仿真

3. 数字输出信号修改

1）在查看操作基础上，选择需要修改的数字输出信号"do1"，如图 1-100 所示。

2）通过单击"0"或"1"，可直接将数字信号"do1"的信号值修改为 0 或 1，如图 1-101 所示。

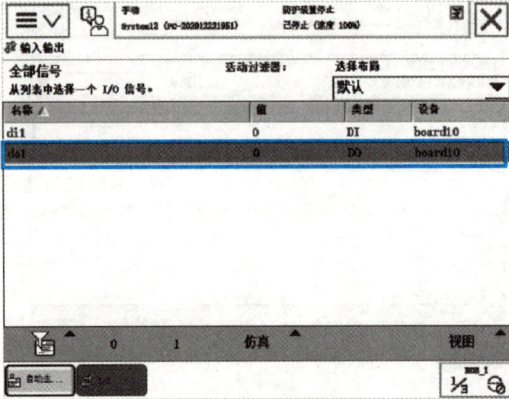

图 1-100　选择数字输出信号

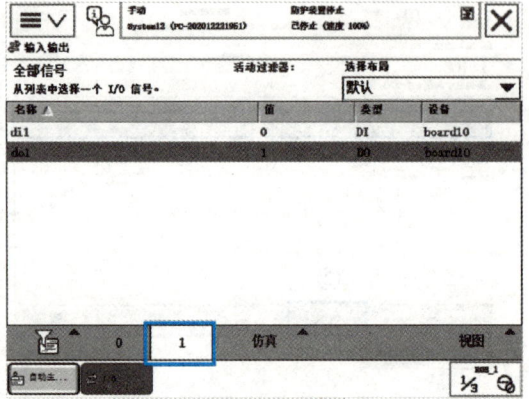

图 1-101　输出信号修改为 1 或 0

1.2.7　配置可编程快捷按键

示教器可编程按键为如图 1-102 所示方框内的 4 个按键，分别为按键 1~4。在操作时，可以为可编程按键分配想快捷控制的 I/O 信号，以方便对 I/O 信号进行修改与仿真操作。具体操作如下。

1-15　可编程
快捷按键配置

图 1-102　可编程快捷按键

1）进入 ABB 主菜单，选择"控制面板"，单击"ProgKeys"，如图 1-103 所示。

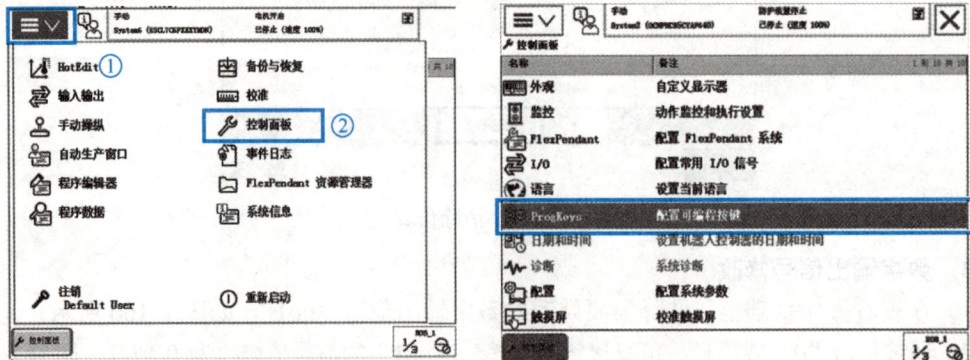

图 1-103　单击"ProgKeys"

2）进入配置可编程按键界面后，可以选择对按键 1～4 进行配置，配置类型包括"无""输出""输入"和"系统"。以输出信号"do1"为例，选中"按键 1"，在"类型"中选择"输出"，如图 1-104 所示。

3）在"按下按键"中选择"按下/松开"，如图 1-105 所示，也可以根据实际需要选择按键的其他动作特性。

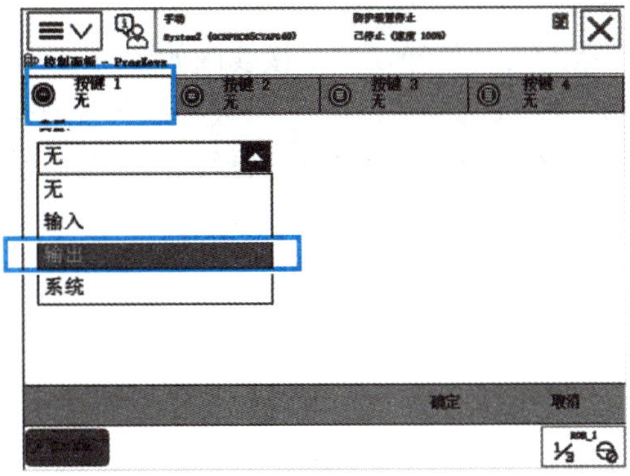

图 1-104　按键 1 的配置输出信号

图 1-105　选择切换方式

4）在"数字输出"中选中"do1"，再单击"确定"，如图 1-106 所示。

图 1-106　选择"do1"后确认

5）完成设置。配置后就可以通过可编程按键 1 在手动状态下对数字输出信号"do1"进行修改操作，按键 2～4 可重复以上步骤进行其他信号配置。

温馨小提示：

1）可编程按键一般用于配置调试时常用到的数字输出信号，以便程序调试。

2）可编程按键配置数字输入信号时，按下按键，虽然信号查看界面看不到输入信号变化，但对应的输入信号值实际是发生了变化的，在程序运行中可以体现出来。

3）信号地址要与标准 I/O 板设置地址保持一致。

实施引导

1.2.8 搬运机器人信号分析

这里采用 ABB IRB1200 机器人，其标准 I/O 板 DSQC652 的 X5 端子设置硬件地址为 10。若搬运机器人工作流程如图 1-107 所示，需要创建的信号如下。

1）数字输入信号：启动按钮按下时传递的机器人启动信号，信号接线图如图 1-108 所示。该数字输入信号由启动按钮控制。机器人标准 I/O 板 X3 端口第 1 个数字输入接口与启动按钮串联，当启动按钮按下时，该串联线路接通，数字信号状态由 0 转换为 1，也就是接收到了启动信号。

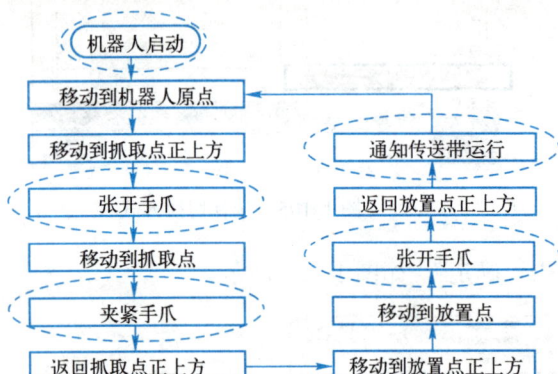

图 1-107　搬运流程需要信号的环节

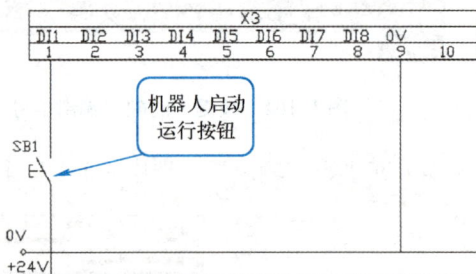

图 1-108　机器人数字输入信号接线图

2）数字输出信号：机器人控制手爪张开与夹紧的信号、通知 PLC 运行传送带的信号，信号接线图如图 1-109 所示。

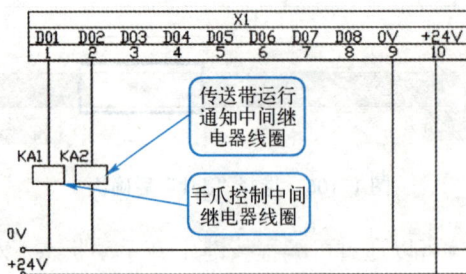

图 1-109　机器人数字输出信号接线图

① 手爪张开与夹紧的信号：机器人控制手爪的数字输出信号连接 X1 端子的第 1 个数字输出接口，使用中间继电器 KA1 线圈进行控制。而该继电器的常开触点与控制气缸的电磁阀线圈串联，如图 1-110 所示。当机器人的第 1 个数字输出接口信号为 1 时，中间继电器 KA1 线圈得电，KA1 常开触点闭合，电磁阀 YV1 线圈得电，控制手爪气缸实现夹紧动作。

② 通知 PLC 运行传送带的信号：机器人通知 PLC 运行传送带的信号连接 X1 端子的第 2 个数字输出接口，使用中间继电器 KA2 的线圈进行控制。该继电器的常开触点与 PLC 的

数字输入接口串联，如图 1-111 所示。当该数字输出接口信号为 1 时，中间继电器 KA2 线圈得电，KA2 常开触点闭合，PLC 数字输入信号为 1，通过 PLC 程序控制传送带实现入库动作。

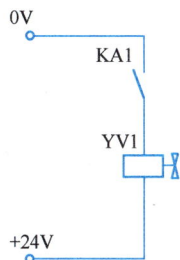

图 1-110 手爪电磁阀接线图　　图 1-111 PLC 对应输入接口接线图

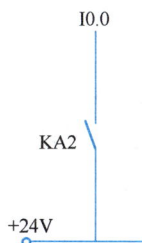

1.2.9 搬运机器人信号创建

板卡配置表实例见表 1-15，信号配置表实例见表 1-16。根据配置表，即可按配置步骤完成 I/O 板与信号的配置（图 1-112），并且可以利用信号仿真操作检查信号是否能正常运行。为方便后期调试，还可为手爪控制信号配置可编程快捷按键。

1-16 搬运机器人信号创建

表 1-15 板卡配置表实例

序号	板卡类型	板卡名称	地址	板卡所提供信号个数			
				数字输入	数字输出	模拟输入	模拟输出
1	DSQC652	board10	10	16	16	0	0

表 1-16 信号配置表实例

序号	信号名称	信号类型	所属板卡	地址	备注
1	di_star	数字输入信号	board10	0	运行启动信号
2	do_tool	数字输出信号	board10	0	手爪控制信号
3	do_trans	数字输出信号	board10	1	传送带运行通知信号

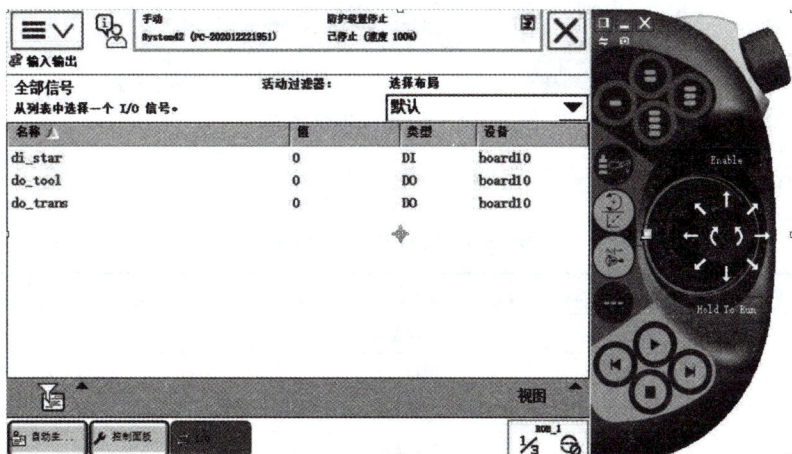

图 1-112 搬运机器人信号

任务 1.3 编写机器人程序

任务描述

依据任务 1.1 所绘制的搬运机器人工作流程图，利用前两个任务创建的点位数据和数字信号，分析与学习该搬运机器人控制程序所需的运动指令与信号指令，在机器人示教器中编写搬运机器人运行程序。

新知探究

1.3.1 认识工业机器人程序

不同的机器人都有各自的程序名称和编程语言。ABB 机器人使用的控制程序为 RAPID 程序，是一种近似于 C 语言的程序，由特定词汇和语法编写而成。RAPID 是一种英文编程语言，所包含的指令可以移动机器人、设置输出、读取输入，还能实现决策、重复其他指令、构造程序、与系统操作员交流等功能。

RAPID 程序包含了一连串控制机器人的指令，执行这些指令可以实现对 ABB 工业机器人的控制操作，其程序格式如图 1-113 所示。

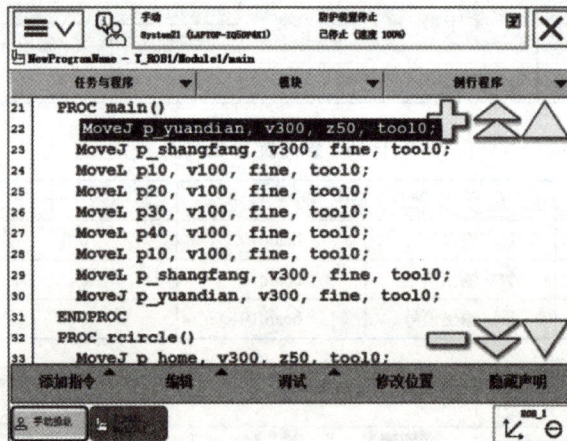

图 1-113 RAPID 程序指令

RAPID 程序框架实例见表 1-17，结构特点如下。

表 1-17 RAPID 程序框架

程序模块 1	程序模块 2	程序模块 3	……	系统模块 n
程序数据	程序数据	程序数据	……	程序数据
主程序 main()	例行程序	例行程序	……	例行程序
例行程序	中断程序	中断程序	……	中断程序
中断程序	功能程序	功能程序	……	功能程序
功能			……	

1）RAPID 程序是由程序模块与系统模块组成的，如图 1-114 所示。一般只通过新建程序模块来构建机器人程序，而系统模块多用于系统方面的控制。

名称 ▲	类型	更改
BASE	系统模块	
computer	程序模块	
MainModule	程序模块	
robot	程序模块	
user	系统模块	

图 1-114　RAPID 程序模块与系统模块

2）可以根据不同的用途创建多个程序模块，如专门用于主控制的程序模块、用于位置计算的程序模块、用于存放数据的程序模块等，这样便于归类管理不同用途的程序与数据。

3）每一个程序模块包含了例行程序、中断程序和功能程序 3 种对象（见图 1-115），但不一定在每一个模块中都有这 3 种对象，程序模块之间的数据、例行程序、中断程序和功能程序是可以互相调用的。

名称 ▲	模块	类型	1 到 6	
home()	MainModule	Procedure		
jiance()	MainModule	Function		功能程序
main()	MainModule	Procedure		
pick()	MainModule	Procedure		例行程序
place()	MainModule	Procedure		
stop	MainModule	Trap		中断程序

图 1-115　RAPID 程序的 3 种对象

4）在 RAPID 程序中，必须有且只有一个主程序 main()，它可以存在于任意一个程序模块中，并且作为整个 RAPID 程序执行的起点，如图 1-115 所示。

1-17　RAPID 程序的创建与编辑

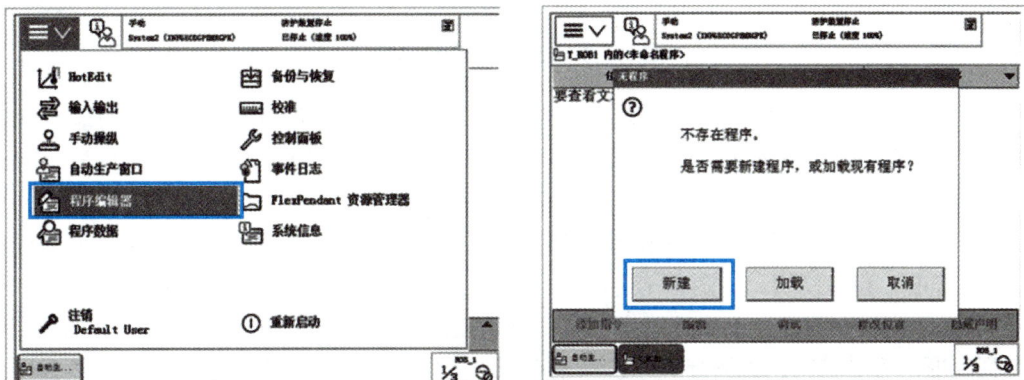

1.3.2　创建与编辑机器人程序

1. 创建 RAPID 程序

创建 RAPID 程序的操作方法如下。

1）进入 ABB 主菜单，选择"程序编辑器"，在弹出的提示对话框中单击"新建"按钮，如图 1-116 所示，即可自动新建一个主程序。

图 1-116　选择"程序编辑器"

2）在主程序界面中，单击右上角的"例行程序"按钮，如图 1-117 所示。

3）此时进入例行程序列表界面，可对例行程序进行新建与编辑操作。单击左下方"文件"上拉菜单中的"新建例行程序"，如图 1-118 所示。

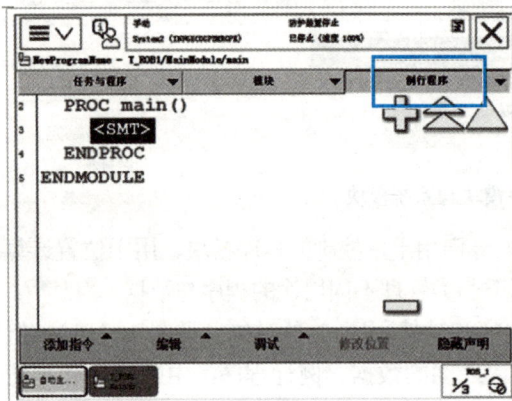

图 1-117 单击"例行程序"

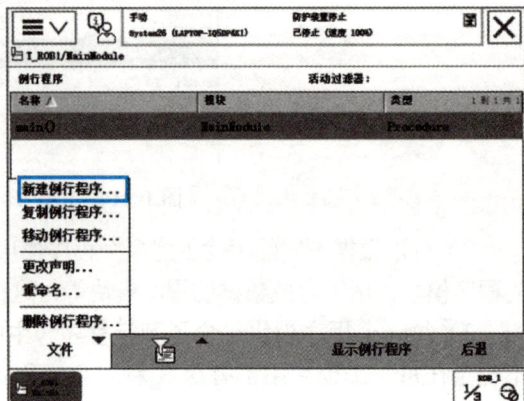

图 1-118 单击"新建例行程序"

4）在弹出的例行程序声明界面中，单击"ABC…"按钮进行例行程序名称的设置，如本实例设置例行程序名称为"r_pick"。设置完名称之后，单击下方的"确定"按钮，如图 1-119 所示。

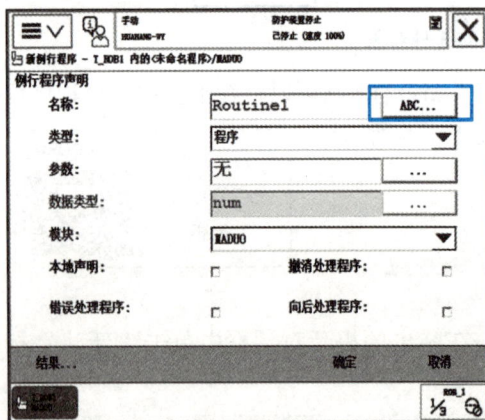

图 1-119 设置例行程序名称

5）在"类型"下拉菜单中设置该程序的类型，可选择创建例行程序、功能程序和中断程序中的一种，本实例创建普通例行程序，因此选择"程序"选项，如图 1-120 所示。

6）在"模块"下拉菜单中设置该程序属于已存在的哪个程序模块。本实例选择"MainModule"程序模块，如图 1-121 所示。

7）程序声明完成后，单击"确定"按钮确认创建，如图 1-122 所示。此时界面返回到程序列表框，可看到新建的例行程序已存在于列表框中，如图 1-123 所示。

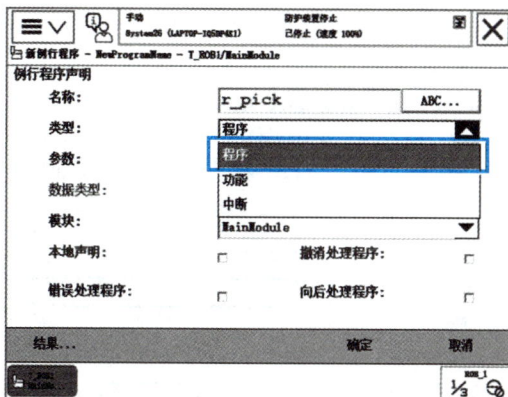

图 1-120 选择程序类型

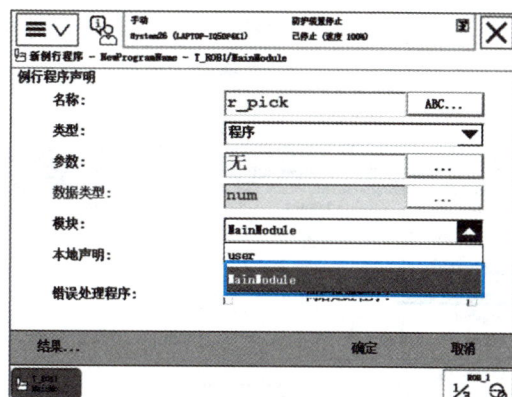

图 1-121 选择程序所属模块

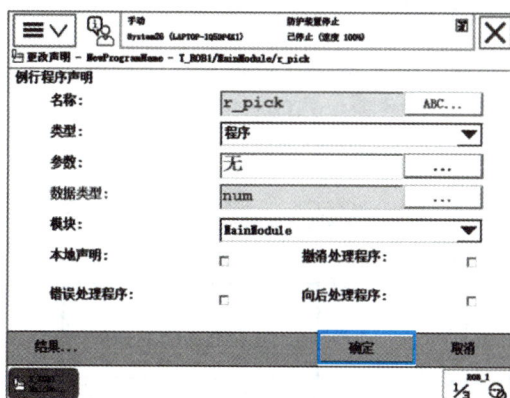

图 1-122 程序创建确认

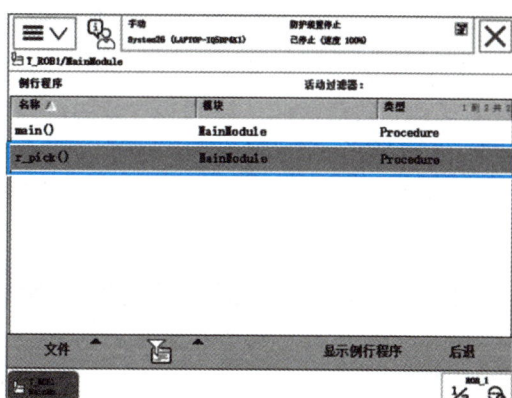

图 1-123 创建好的例行程序

2. 编辑例行程序

1）复制：在例行程序列表框中，选中需要复制的目标例行程序，单击"文件"，选择"复制例行程序…"。设置复制后的新名称、类型及所属程序模块等参数，单击"确定"按钮，如图 1-124 所示。

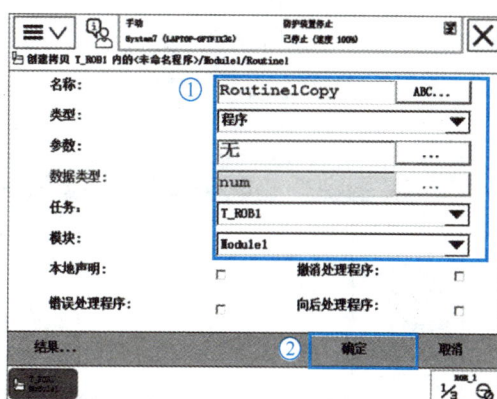

图 1-124 复制例行程序

2）移动：在例行程序列表框中，选中需要移动的目标例行程序，单击"文件"，选择

"移动例行程序…"。选择移动后所属的程序模块，单击"确定"按钮，如图 1-125 所示。

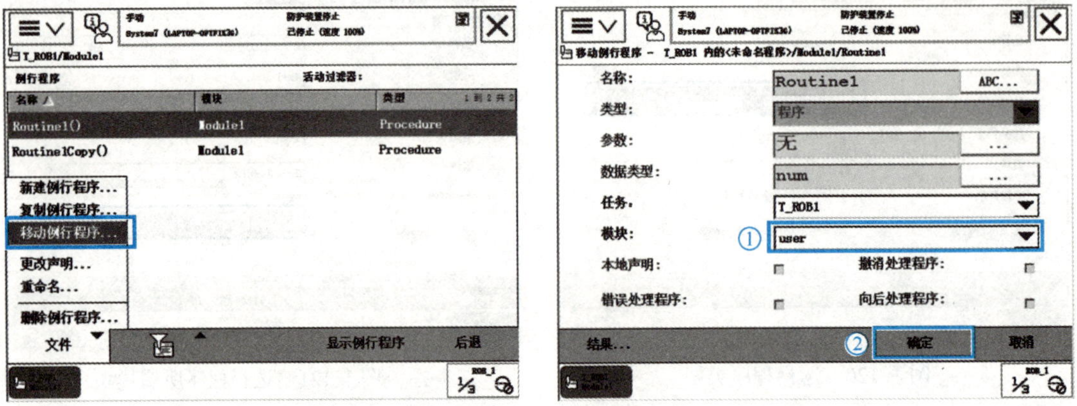

图 1-125　移动例行程序

3）更改声明：在例行程序列表框中，选中需要更改声明的目标例行程序，单击"文件"，选择"更改声明…"。可以更改当前例行程序的参数选项，完成后单击"确定"按钮，如图 1-126 所示。

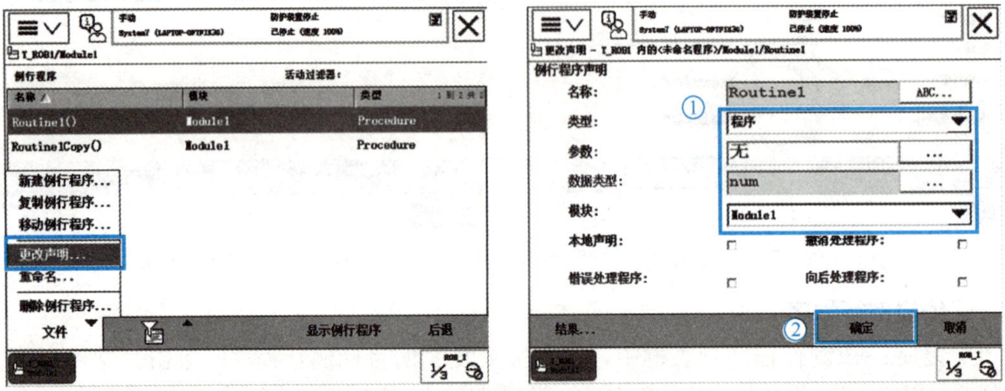

图 1-126　例行程序更改声明

4）重命名：在例行程序列表框中，选中需要重命名的目标例行程序，单击"文件"，选择"重命名"。设置例行程序新名称后，单击"确定"按钮，如图 1-127 所示。

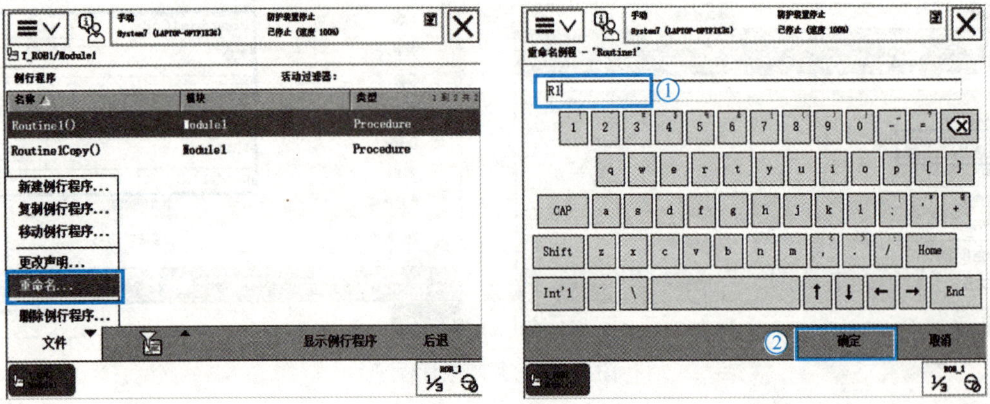

图 1-127　例行程序重命名

5）删除：在例行程序列表框中，选中需要删除的目标例行程序，单击"文件"，选择"删除例行程序"。在弹出的对话框中，单击"确定"按钮即可删除该例行程序，如图 1-128 所示。

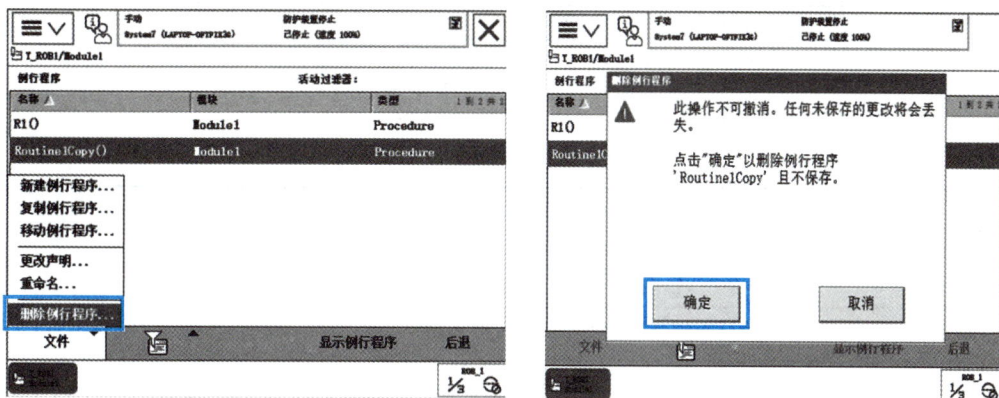

图 1-128　删除例行程序

1.3.3　关节运动与线性运动指令

所谓运动指令，是指以指定的移动速度和移动方法使机器人向作业空间内的指定位置进行移动的控制语句。ABB 机器人在空间中的运动主要包括以下 4 种方式：

1）关节运动（MoveJ）。

2）线性运动（MoveL）。

3）圆弧运动（MoveC）。

4）绝对位置运动（MoveAbsJ）。

本学习情境只需要应用其中两种方式：关节运动（MoveJ）和线性运动（MoveL）。下面分别进行这两种运动指令的介绍。

1. 关节运动——MoveJ

【作用】关节运动是指在路径精度要求不高的情况下，工业机器人的工具中心点（TCP）从一个点快速运动到另一个点。

1-18　关节运动指令

【特点】关节运动时，机器人以最快捷的方式运动至目标点，机器人运动轨迹不完全可控，也不一定为直线，但运动路径唯一，如图 1-129 所示。关节运动适合机器人大范围运动时使用，不容易在运动过程中出现关节轴进入机械死点的问题。

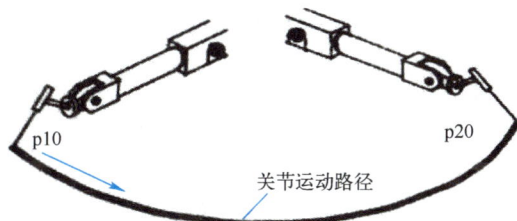

图 1-129　关节运动路径

47

【格式】关节运动指令格式如图 1-130 所示，MoveJ 指令后所接的各数据说明见表 1-18。

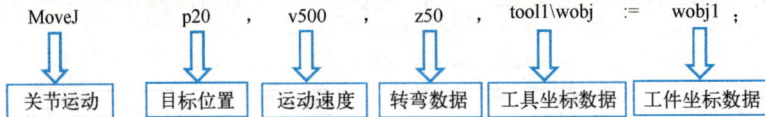

MoveJ　　p20 ，　v500 ，　z50 ，　tool1\wobj ：= wobj1 ；

关节运动　目标位置　运动速度　转弯数据　工具坐标数据　工件坐标数据

图 1-130　关节运动指令格式

表 1-18　关节运动各数据说明

数　据	定　义
目标位置	定义机器人 TCP 的运动目标点位
运动速度	定义速度（mm/s），在手动状态下，所有运动速度被限定在 250mm/s
转弯数据	定义转弯区的大小（mm）。如果设置为"z0"，表示机器人 TCP 会准确到达目标点但不降速停在该点；如果设置为"fine"，表示机器人 TCP 会准确到达目标点，且降速停在该点
工具坐标数据	定义当前指令使用的工具坐标
工件坐标数据	定义当前指令使用的工件坐标，如果使用 wobj0，该数据可省略不写

温馨小提示：

1）定义的机器人 TCP 运动目标点位只能是 robtarget 类型，可以选择以前定义好的，也可以新建。

2）机器人编程时有多种速度供用户选择，必要时还可以新建其他速度。

3）转弯半径的解释如图 1-131 所示，机器人从 p10 经过 p20 最终到达 p30。如果从 p10 运动到 p20 时使用"fine"，机器人会从 p10 加速达到设定速度，然后匀速运行，当快要达到 p20 时开始减速，最终速度降为 0 到达 p20，再以相同运行方式从 p20 到达 p30。如果从 p10 运动到 p20 时使用"z50"作为转弯半径，则机器人不会先停于 p20 再到达 p30，而是在与 p20 相距 50mm 处以设定的运行速度按如图 1-131 中虚线所示轨迹匀速到达 p30，避免多次停机造成电机损耗。

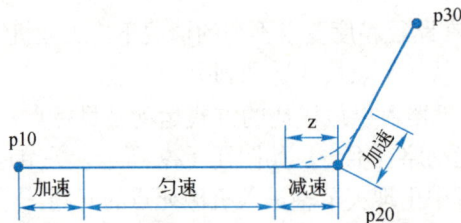

图 1-131　关节运动中转弯半径的含义

2. 线性运动——MoveL

【作用】线性运动是指机器人 TCP 以线性方式运动至目标点。

【特点】线性运动时，当前点与目标点决定一条直线，如图 1-132 所示。机器人运动状态可控，运动路径唯一，两点不能离得太远，否则可能会出现死点。常用于机器人工作状态移动，如焊接、涂胶等对路径要求高的场合或从某一点正上方准确运行到该点的场合。

图 1-132　线性运动路径

【格式】线性运动指令格式如图 1-133 所示，各数据说明与关节运动（MoveJ）一致，见表 1-18。

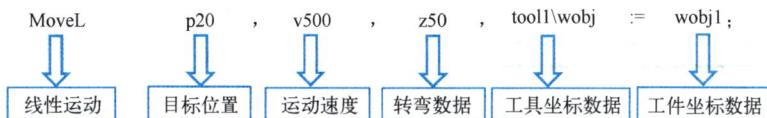

图 1-133　线性运动指令格式

3. 添加运动指令

下面以添加线性运动（MoveL）指令为例，讲解运动指令的添加操作。

1）进入 ABB 主菜单，选择"程序编辑器"，打开需要添加运动指令的例行程序，单击选中添加位置，单击"添加指令"，如图 1-134 所示。

2）在右边弹出的指令列表中单击需要添加的指令"MoveL"，如图 1-135 所示。

图 1-134　单击"添加指令"

图 1-135　选择添加 MoveL

3）弹出添加指令位置的询问对话框，单击"下方"，如图 1-136 所示。

4）此时指令添加成功，如图 1-137 所示。指令中的数据是默认值，需要根据实际情况进行更改。

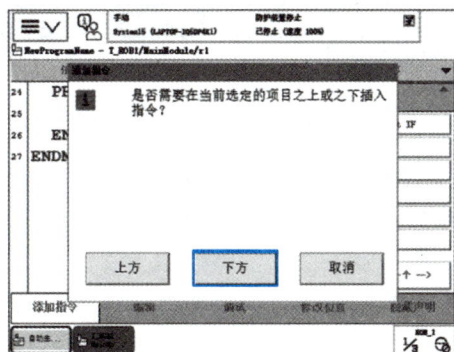

图 1-136　单击"下方"添加指令

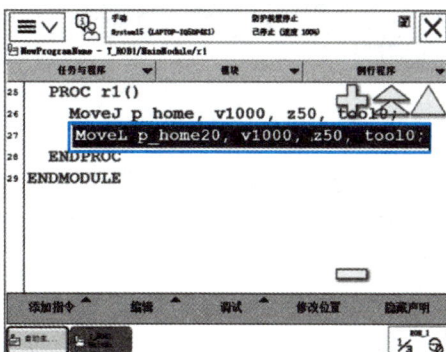

图 1-137　添加的 MoveL

5）选中并单击该行指令，弹出如图 1-138 所示指令数据列表界面。单击指令中的第 1 个数据"ToPoint"，进行目标位置更改，弹出如图 1-139 所示对话框，其中列出了所有已存在的 robtarget 类型点位数据。可在这些已建立的点位数据中选择一个点位为目标位置，也可单击"新建"重新建立一个点位数据作为目标位置。本实例选择"p_pick"点位为目标位置。

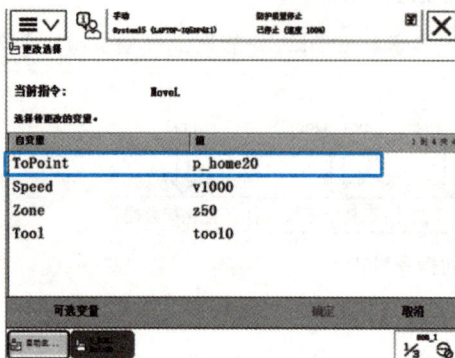

图 1-138　单击 MoveL 数据

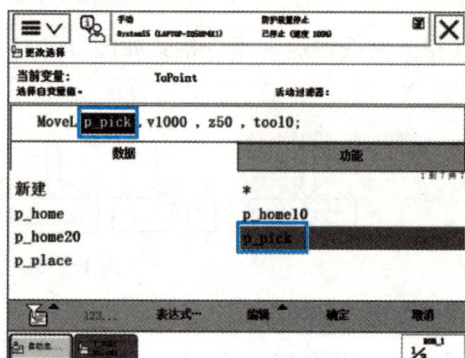

图 1-139　选择目标位置

6）在上方的指令中选中并单击第 2 个速度数据，下方显示出了所有已存在的速度数据，供用户根据需求选择不同的 TCP 运行速度。本例将运行速度设置为"v300"，如图 1-140 所示。

7）在上方的指令中选中并单击第 3 个转弯数据，下方显示出了所有已存在的转弯数据，供用户根据需求选择不同的转弯半径。本例选择"fine"，要求机器人准确到达并停止在目标位置，如图 1-141 所示。

图 1-140　设置速度数据

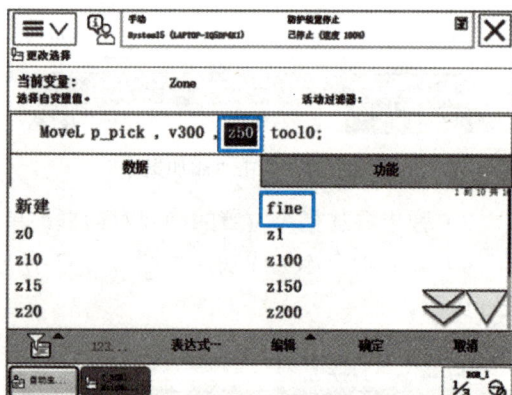

图 1-141　设置转弯数据

8）在上方的指令中选中并单击第 4 个工具数据，下方显示出了所有已存在的工具坐标。本例选择系统默认的工具坐标"tool0"，如图 1-142 所示。数据设定完成后，单击"确定"。

9）在弹出的界面中再次单击"确定"，如图 1-143 所示。

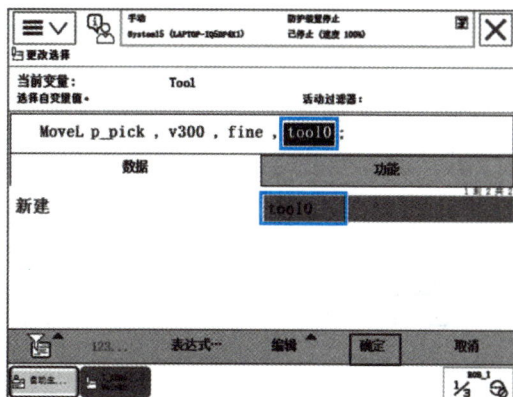

图 1-142 设置工具数据

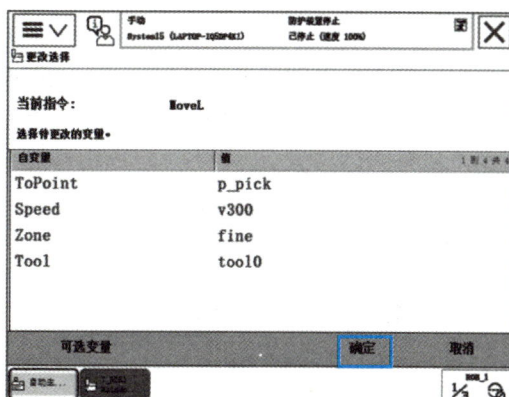

图 1-143 确认设置

10) 指令数据更改完成, 显示指令如图 1-144 所示。

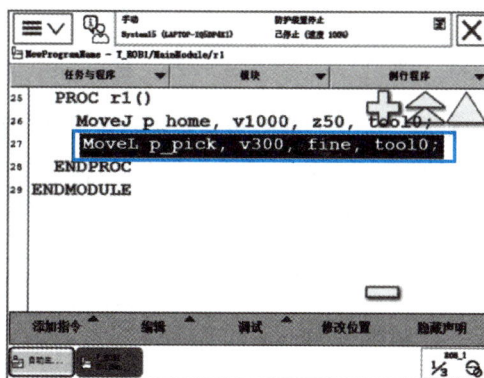

图 1-144 添加并设置成功的指令

1.3.4 偏移功能

偏移功能配合关节运动 (MoveJ)、线性运动 (MoveL) 指令的使用, 以运动指令选定的目标点为基准, 可使实际目标位置在目标点的基础上沿着选定工件坐标系的 X、Y、Z 轴方向偏移一定距离。

【格式】Offs([Point] , [Xoffset] , [Yoffset] , [Zoffset])

Point: robtarget 点位数据。

Xoffset: 工件坐标系 X 方向偏移值 (mm)。

Yoffset: 工件坐标系 Y 方向偏移值 (mm)。

Zoffset: 工件坐标系 Z 方向偏移值 (mm)。

【实例】MoveL Offs(p_pick, 0, 0, 100), v1000, z50, tool0;

　　　　//将机械臂移动至 p_pick 点 Z 轴方向正上方 100mm 的位置。

【添加操作】

1) 在完成关节运动 (MoveJ) 或线性运动 (MoveL) 指令的添加后, 单击相应的指令进入指令数据修改界面, 单击"功能"选项, 选择下方显示的"Offs"功能选项, 如图 1-145 所示。

1-19 偏移功能

2）进入 Offs 功能参数设置界面，选中第 1 个参数"EXP"，在下方弹出如图 1-146 所示对话框，对话框中列出了所有已存在的 robtarget 类型的点位数据。可在这些已建立的点位数据中选择一个点位作为目标位置基准，也可单击"新建"重新建立一个点位数据作为目标位置基准。本实例选中"p_pick"点位作为目标位置基准。

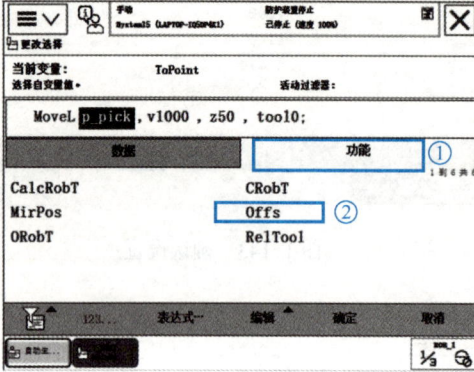

图 1-145　选择 Offs 功能

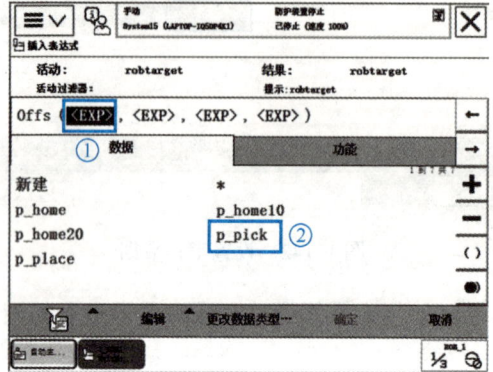

图 1-146　选择目标位置基准点位

3）选中第 2 个参数"EXP"，在第 1 个参数选定的目标点位基础上，设定 X 方向的偏移量。单击下方"编辑"菜单中的"仅限选定内容"，如图 1-147 所示。

4）输入 X 方向的偏移量"0"，单击"确定"，如图 1-148 所示。

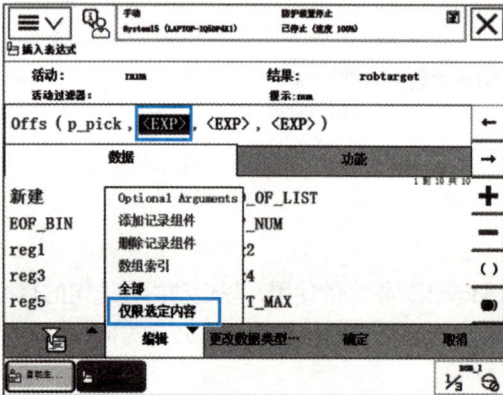

图 1-147　选择设置 X 方向偏移量

图 1-148　设置 X 方向偏移量为 0

5）选中第 3 个参数"EXP"，在第 1 个参数选定的目标点位基础上，设定 Y 方向的偏移量。单击下方"编辑"菜单中的"仅限选定内容"，如图 1-149 所示。输入 Y 方向的偏移量"0"，单击"确定"。

6）选中第 4 个参数"EXP"，在第 1 个参数选定的目标点位基础上，设定 Z 方向的偏移量。单击下方"编辑"菜单中的"仅限选定内容"，如图 1-150 所示。输入 Z 方向的偏移量"100"，单击"确定"。

7）参数设置完成，单击"确定"，如图 1-151 所示。

8）Offs 功能添加完成，显示目标位置数据如图 1-152 所示。

图 1-149　设置 Y 方向偏移量为 0

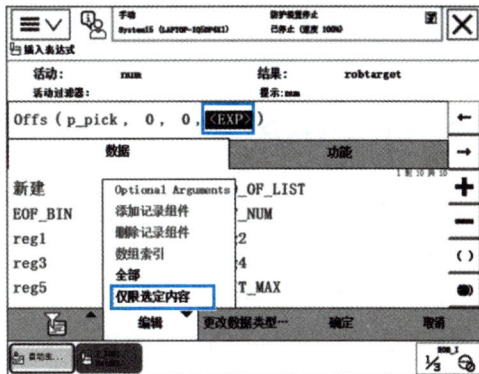

图 1-150　设置 Z 方向偏移量为 100

图 1-151　确认设置

图 1-152　设置后的 Offs 功能

1.3.5　数字信号通信指令

1. 读取输入信号状态的指令

（1）等待数字输入信号指令——WaitDI

【作用】等待一个数字输入信号状态为设定值。

【实例】WaitDI Di1 , 1; //等待数字输入信号 Di1 为 1 之后，才执行下面的指令。

【常用功能】添加"\MaxTime"，可设置允许等待的最长时间，单位为 s，如：

WaitDI Di1,1\ MaxTime:= 0.2; //如果在 0.2s 内 Di1 还未为 1，则将调用错误处理器，错误代码为 ERR_WAIT_MAXTIME。

（2）等待各类信号或数据指令——WaitUntil

【作用】等待指令后面的条件为 True 之后，继续执行下面的指令。

【实例】WaitUntil Di1=1; //等同于"WaitDI Di1, 1;"，等待数字输入信号 Di1 为 1 之后，才执行下面的指令。

📱 温馨小提示：

　　WaitUntil 比 WaitDI 应用范围更广，不仅可用于信号的条件判断，还可用于各类数据条件判断，如：

1-20　数字信号通信指令

```
WaitUntil bRead=False;
WaitUntil num1=1;
```

2．置位复位指令

（1）置位指令——Set

【作用】将数字输出信号置为1。

【实例】Set Do1; //将数字输出信号 Do1 置为1。

（2）复位指令——Reset

【作用】将数字输出信号置为0。

【实例】Reset Do1; //将数字输出信号 Do1 置为0。

（3）设置数字输出信号指令——SetDO

【作用】将数字输出信号置为1或置为0。

【实例】SetDO Do1,1; //等同于"Set Do1;"，即将数字输出信号 Do1 置为1。

SetDO Do1,0; //等同于"Reset Do1; "，即将数字输出信号 Do1 置为0。

【注意】SetDO 还可设置延迟时间，如：

SetDO \SDelay := 0.2,Do1,1; //延迟 0.2s 后将 Do1 置为1。

3．延时指令——WaitTime

【作用】机器人等待给定的时间。

【实例】WaitTime 0.5; //程序执行等待 0.5s。

4．数字信号指令添加操作

各种数字信号指令的添加操作步骤是相似的，下面以 Set 指令和 WaitTime 指令的添加为例，讲解信号指令的添加操作步骤。

（1）Set 指令添加操作

① 进入 ABB 主菜单，选择"程序编辑器"，打开需要添加信号指令的例行程序，选中要添加的位置，单击"添加指令"，选择右列的"Set"指令，如图 1-153 所示。

② 在弹出的指令设置界面中，选择需要置位的数字输出信号，本例选择"do1"，如图 1-154 所示。

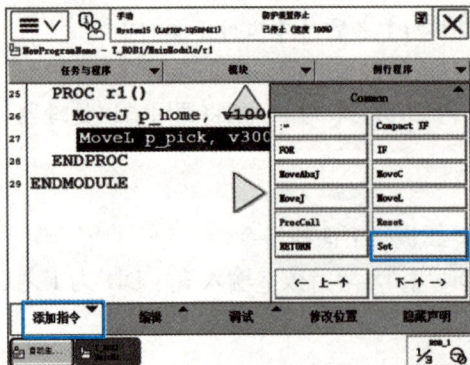

图 1-153　添加 Set 指令　　　　　　图 1-154　选择置位的信号

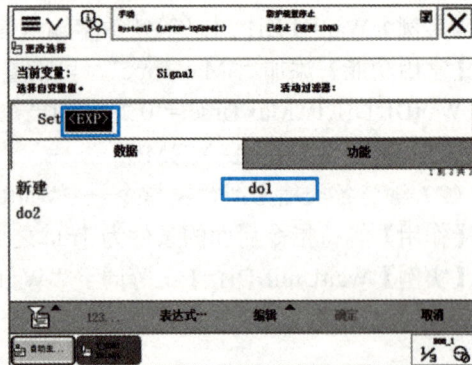

③ 单击"确定"按钮，如图 1-155 所示。

④ 信号指令添加完成后，指令将会显示在程序中，如图 1-156 所示。

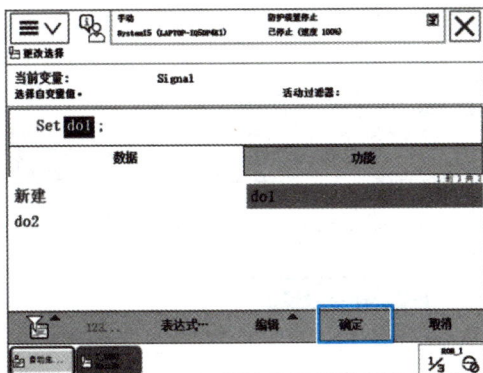

图 1-155 确认添加 Set 指令

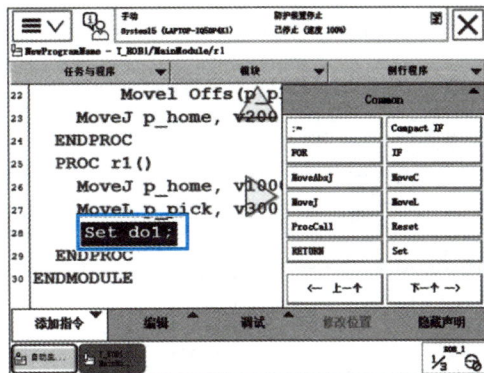

图 1-156 添加成功的 Set 指令

（2）WaitTime 指令添加操作

① 进入 ABB 主菜单，选择"程序编辑器"，打开需要添加信号指令的例行程序，选中要添加的位置，单击"添加指令"，单击右列下方的"下一个"按钮，如图 1-157 所示。

② 选择"WaitTime"指令，如图 1-158 所示。

图 1-157 下翻页找到 WaitTime 指令

图 1-158 添加 WaitTime 指令

③ 在弹出的指令设置界面中，单击下方的"123…"，设置延迟时间为"0.5"，单击"确定"，如图 1-159 所示。

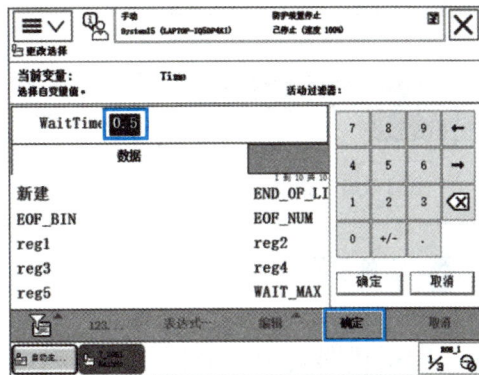

图 1-159 设置延迟时间

④ 再次单击"确定"，确认延时指令添加完成，指令将会显示在程序中，如图1-160所示。

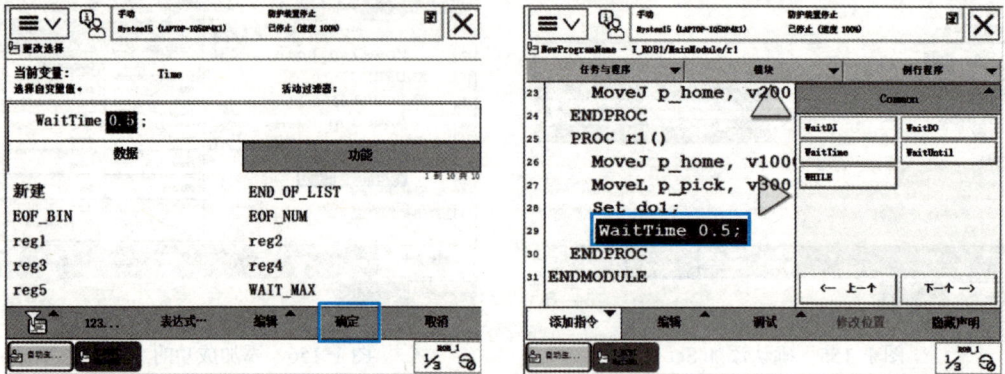

图 1-160　添加成功的 WaitTime 指令

温馨小提示：

　　添加信号通信指令时，若出现如图 1-161 所示未显示任何信号的情况，可能是以下原因：

　　1）新建的某一信号参数设置有误，或添加了类似于"tmp0"的信号。

　　2）新建信号后未重启系统。

　　3）未创建信号。

　　请检查清楚原因并正确修改，切勿如图 1-162 所示直接在指令添加界面新建信号，否则后期程序调试会报错。

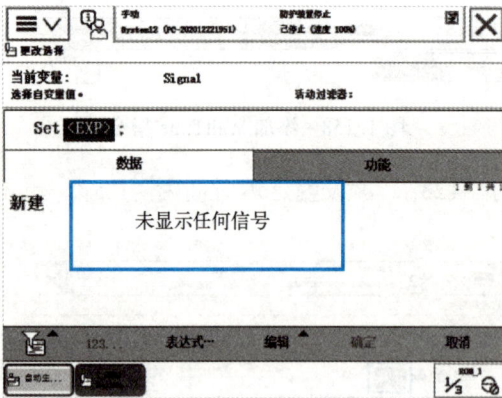

图 1-161　指令添加时未显示信号

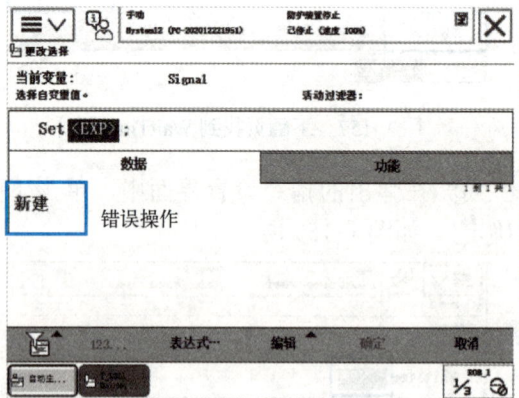

图 1-162　添加信号的错误操作

实施引导

1.3.6　搬运机器人指令分析

　　要编程实现任务 1.1 中搬运机器人的工作流程，首先要对编程指令进行分析，确定每个动作应使用什么指令，并选择合理的参数。

1. 运动指令分析

在工作流程图中，如图 1-163 所示，机器人运行到安全原点，再从安全原点到抓取点正上方，以及从抓取点正上方移动到放置点正上方时，由于空间比较开阔，对运行轨迹要求不高，可以使用关节运动指令 MoveJ。而如图 1-164 所示，从抓取点正上方运行到抓取点、从抓取点返回抓取点正上方、从放置点正上方运行到放置点以及从放置点返回放置点正上方，为保证手爪运行轨迹与工作面垂直，要求运行轨迹必须为直线，应使用 MoveL 运动指令进行编写。

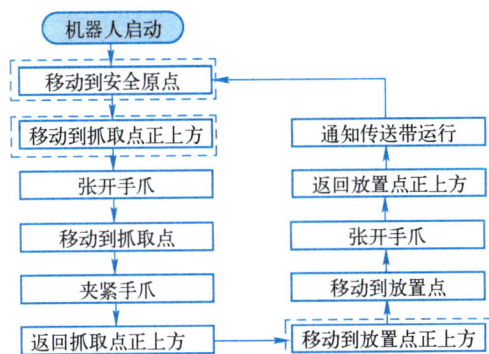

图 1-163 使用 MoveJ 的机器人动作

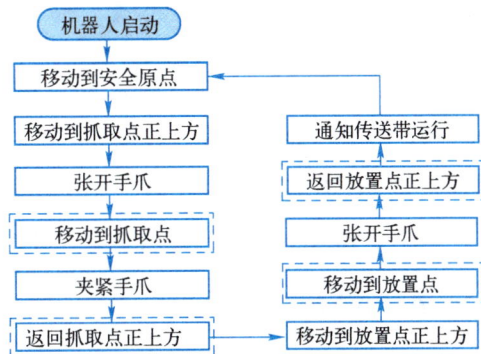

图 1-164 使用 MoveL 的机器人动作

2. 运动参数分析

如图 1-165 所示，机器人到达抓取点和到达放置点时，需要准确到达并进行手爪动作，不能使用转弯半径进行圆弧过渡，必须使用 fine。而运行到其他位置，均无准确到达的要求，为避免电机反复启停，可以使用圆弧进行过渡，如使用转弯半径 z50。

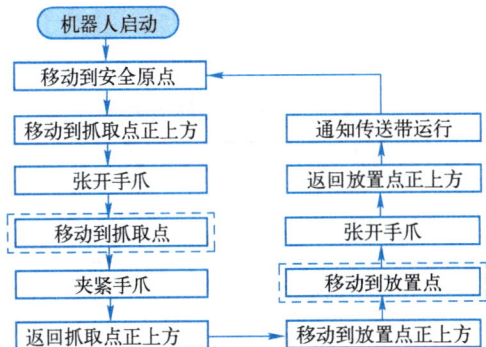

图 1-165 使用 fine 参数的机器人动作

3. 信号指令分析

（1）手爪控制

机器人工作流程中，需要进行手爪张开和夹紧的控制。搬运机器人信号创建时已创建了对应的数字输出信号 do_tool。张开手爪，即将信号值设置为 0；夹紧手爪，即将信号值设置为 1。最常使用的指令为 Set 和 Reset。即

手爪夹紧：Set do_tool。

手爪张开：Reset do_tool。

（2）通知 PLC 运行传送带

机器人需要发送传送带运行信号，任务 1.2 中已经创建了数字输出信号 do_trans，当需要通知 PLC 运行传送带时，使用 Set 指令将其设置为 1。

但要注意，该信号不能一直为 1，否则传送带将无法停止运行。因此，可以在传送带运行 1s 后，将信号重置为 0，指令编写如下：

```
Set do_trans;
WaitTime 1;
Reset do_trans;
```

（3）等待启动信号

机器人必须等到启动信号为 1 后才能开始运行。任务 1.2 中已经创建了数字输入信号 di_star，常用 WaitDI 指令进行编写：

```
WaitDI di_star,1;
```

即直到 di_star 信号值等于 1 时，才开始向下运行；如果该信号不为 1，则一直停留在该行。

温馨小提示：

1）控制输出信号也可以使用 SetDO 等指令编写。

2）等待输入信号也可以使用 WaitUntil 等指令编写。

一切从实际出发，根据需求选择最合适的指令。

1.3.7 搬运机器人程序编写

依据任务 1.1 给定的参考工作流程，编写搬运机器人参考程序，见表 1-19。

1-21 搬运机器人程序编写

表 1-19 搬运程序实例

程序	注释
PROC main( )	主程序
MoveJ p_home,v300,z50,tool0;	关节运动到原点，速度 300mm/s，转弯半径 50mm
WaitDI di_star,1;	等待机器人启动信号为 1 后开始运行
MoveJ Offs(p_pick,0,0,100),v300,z50,tool0;	关节运动到抓取点正上方 100mm 处，速度 300mm/s，转弯半径 50mm
Reset do_tool;	手爪张开
WaitTime 0.5;	延时 0.5s
MoveL p_pick,v100,fine,tool0;	线性运动到抓取点，速度 100mm/s，准确到达
Set do_tool;	手爪夹紧
WaitTime 0.5;	延时 0.5s
MoveL Offs(p_pick,0,0,100),v300,z50,tool0;	线性运动回到抓取点正上方 100mm 处，速度 300mm/s，转弯半径 50mm
MoveJ Offs(p_place,0,0,100),v300,z50,tool0;	关节运动到放置点正上方 100mm 处，速度 300mm/s，准确到达
MoveL p_place,v100,fine,tool0;	线性运动到放置点，速度 100mm/s，准确到达

（续）

程　　序	注　　释
Reset do_tool;	手爪张开
WaitTime 0.5;	延时 0.5s
MoveL Offs(p_place,0,0,100),v300,z50,tool0;	线性运动回到放置点正上方 100mm 处，速度 300mm/s，转弯半径 50mm
MoveJ p_home,v300,fine,tool0;	关节运动到原点，速度 300mm/s，准确到达并停止
Set do_trans;	通知 PLC 运行传送带
WaitTime 1;	延时 1s
Reset do_trans;	关闭 PLC 运行传送带信号
ENDPROC	主程序结束

任务 1.4　调试机器人程序

任务描述

针对搬运机器人工作站场景，学习机器人手动运行控制的方法，将任务 1.3 中编写的机器人程序所使用的点位修改到准确的目标位置。然后在机器人手动状态下，先用单步运行的方式调试机器人程序，检查其是否能实现搬运功能。反复检查无误后，再连续运行机器人程序实现最终的搬运功能。

新知探究

1.4.1　基坐标系与大地坐标系

1. 基坐标系

工业机器人的基坐标系在工业机器人基座中都有相应的原点，从而使固定安装的机器人的移动具有可预测性。因此，基坐标系对于将机器人从一个位置移动到另一个位置很有帮助。

ABB 机器人的基坐标原点一般设定在底座中心，X、Y、Z 轴方向如图 1-166 所示。其中，Z 轴垂直于底座，X 轴由机器人尾部指向前方，Y 轴根据如图 1-167 所示的右手笛卡儿坐标进行判断。

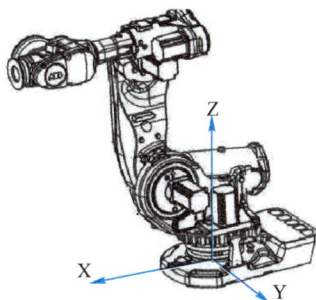

图 1-166　基坐标系

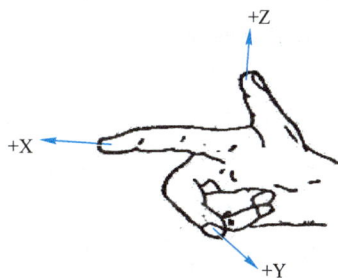

图 1-167　右手笛卡儿坐标

2．大地坐标系

大地坐标系主要用于处理若干个机器人协同工作或由外轴（如行走导轨）移动机器人的工作情况。如图 1-168 所示，两台机器人协同工作，A 坐标系为机器人 1 的基坐标系，C 坐标系为机器人 2 的基坐标系，B 为两台机器人的大地坐标系。两台机器人的基坐标系位置不同，但采用共同的大地坐标系，可使该工作单元的两台机器人有一个固定的原点。

图 1-168 多机器人单元坐标系

在默认情况下，大地坐标系与基坐标系的位置是一致的。

1-22 关节
运动

1.4.2 关节运动

1．关节运动概述

一般的串联机器人是由 6 个伺服电动机分别驱动机器人的 6 个关节轴，那么每次手动操纵一个关节轴的运动，就称为关节运动。

关节运动时，机器人不以工具中心点（TCP）为参照，运动轨迹中机器人末端工具的姿态与位置不可以控制。关节运动一般适用于手动示教机器人时大范围移动的场景，它可以将机器人快速移动到位，并在移动过程中有效避免遇到机械死点。

2．关节运动优缺点

1）主要优点：运动时不考虑工具姿态，运动操作简单快捷，因此不会在运动中出现机械死点。

2）主要缺点：无法将 TCP 精确移动到目标位置。

3．关节运动方向判断

对于一般的 6 轴串联机器人，其 6 个关节轴可分为两大类：摆动轴（轴 2、轴 3、轴 5）和旋转轴（轴 1、轴 4、轴 6），两种轴具有不同的方向判断方法。

1）摆动轴：机器人摆动轴只做上下摆动，如图 1-169 所示的轴 2、轴 3 和轴 5。一般以向下摆动为正方向，向上摆动为负方向。

2）旋转轴：机器人旋转轴往往可做±360°或更大幅度的旋转，如图 1-169 所示的轴 1、轴 4 和轴 6。旋转方向一般可用右手定则进行判断。判断方法为：想象机器人姿态垂直向上，如图 1-170 所示，大拇指指向机器人末端（即法兰）时，四个手指合拢方向即为该轴旋转正向。

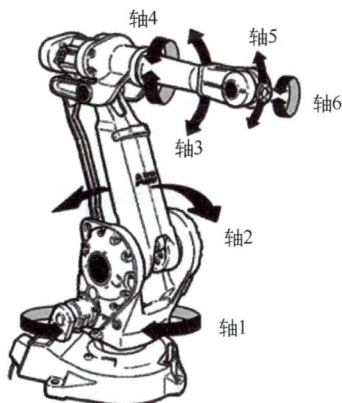

图 1-169　机器人各关节轴

图 1-170　机器人垂直向上姿态

4. 关节运动控制

1）将机器人控制柜上的机器人状态钥匙切换到手动状态或手动限速状态，在如图 1-171 所示的状态栏中，确认机器人的状态已经切换为手动。

2）单击示教器主菜单里的"手动操纵"，如图 1-172 所示。

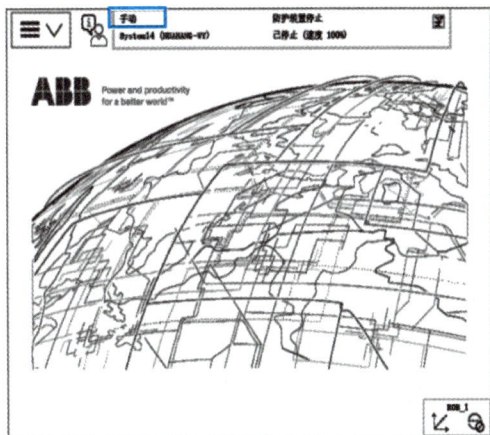

图 1-171　机器人状态切换为手动

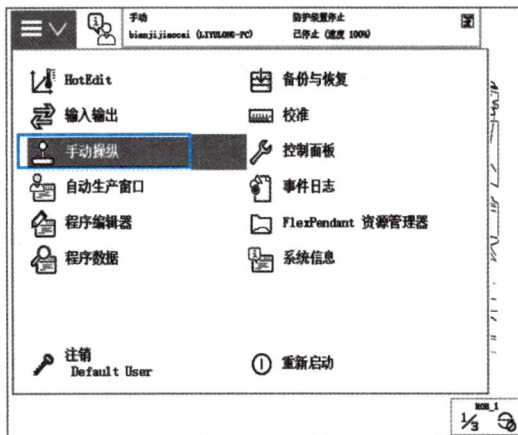

图 1-172　单击"手动操纵"

3）在手动操纵界面，单击"动作模式"，如图 1-173 所示。

4）动作模式有四种，如图 1-174 所示。前两种均属于关节运动，选中"轴 1-3"后单击"确定"，可对机器人的轴1、轴2、轴3进行操作；选中"轴 4-6"后单击"确定"，可对机器人的轴4、轴5、轴6进行操作。

5）按下如图 1-175 所示的使能按键，确定如图 1-176 所示状态栏中显示"电机开启"，即可进行关节运动。

图 1-173 单击"动作模式"

图 1-174 选择关节运动

图 1-175 按下使能按键

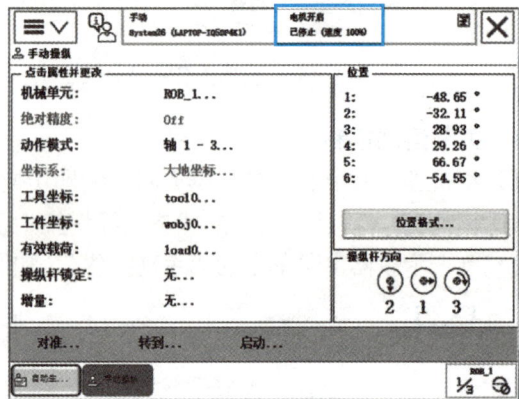

图 1-176 观察机器人状态

6）在示教器界面右方，显示有关节轴位置信息和操纵杆方向信息，如图 1-177 所示。关节轴位置信息显示了当前机器人各关节轴转动的角度值；操纵杆方向信息显示了手动操纵机器人时各关节轴的摇杆控制方法，箭头方向代表关节轴正方向。按方向信息提示，就可正确进行各关节轴的关节运动。

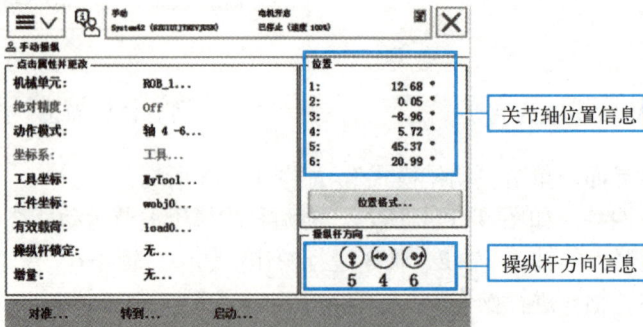

图 1-177 关节运动信息

📝 **温馨小提示：**

1）摇杆摇动速度越快，机器人运动速度也越快。初学者一定要注意摇杆摇动速度，避免出现撞机等事故。

2）摇杆速度的快慢，可通过以下步骤进行调节。

① 在弹出的对话框中单击"显示详情"，如图 1-178 所示。

② 单击"-%"按钮和"+%"按钮进行手动操纵速度比例的加减，直至调节到合适的速度比例。调节完后，再次单击右下角按钮将速度设置对话框关闭，如图 1-179 所示。

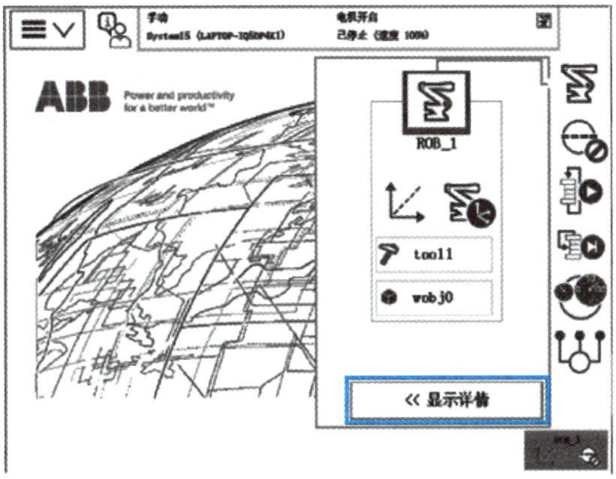

图 1-178　单击"显示详情"

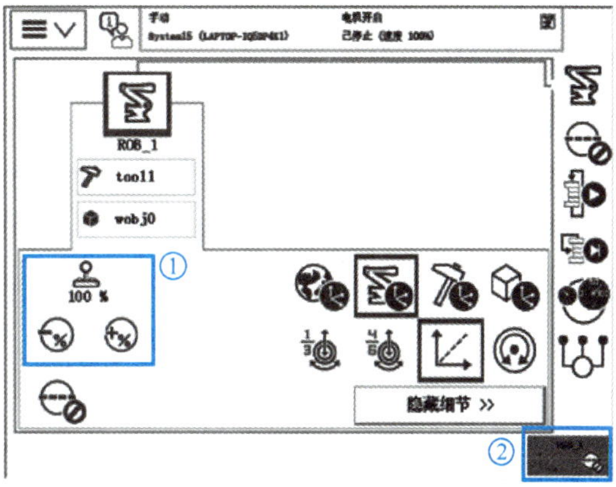

图 1-179　调节速度比例

5. 关节运动快捷切换

关节运动快捷切换按键如图 1-180 所示。单击该按键，当右下方图标如图 1-181 所示时，表明进入"轴 1-3"关节运动模式；单击该按键，当右下方图标如图 1-182 所示时，表明进入"轴 4-6"关节运动模式。

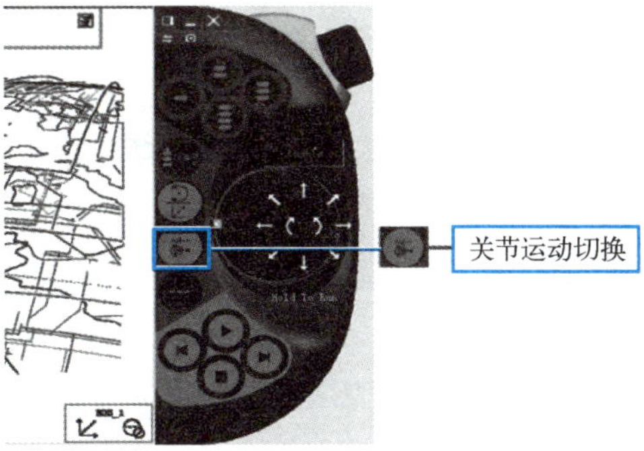

图 1-180　关节运动快捷切换按键

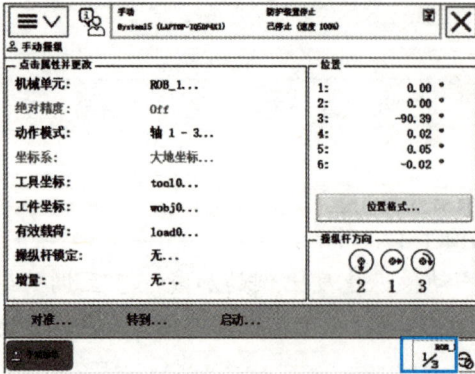

图 1-181 "轴 1-3" 关节运动图标

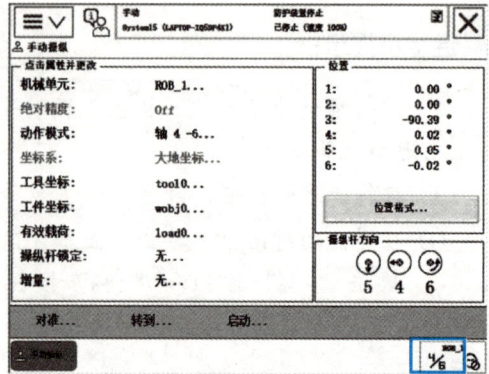

图 1-182 "轴 4-6" 关节运动图标

1.4.3 线性运动

1-23 线性运动

1. 线性运动概述

线性运动是机器人以工具中心点（TCP）为参照的一种运动，使 TCP 在选定的直角坐标系里做 X、Y、Z 方向的线性运动。选定的直角坐标系不同，机器人的运行方向也可能不同，如图 1-183 所示为选择基坐标时机器人的线性运动方向。

线性运动模式是手动示教机器人时最常用到的一种运动模式，它有 3 个特点：

1）以 TCP 为参照。

2）在直角坐标系里按照 X、Y、Z 轴方向线性移动。

3）运动过程中不改变工具的姿态。

2. 线性运动优缺点

1）主要优点：运动过程中，轨迹可控，工具姿态不改变。机器人反馈的是 TCP 在坐标系里的坐标值，方便操作员直观操作。

2）主要缺点：因为线性运动是机器人通过计算点所走的轨迹，所以在大范围移动时，控制系统可能会产生错误解，从而导致机器人运动到机械死点。

3. 线性运动控制

1）在手动控制模式下，选择示教器主菜单里的"手动操纵"，单击"动作模式"，选择"线性"，单击"确定"按钮，如图 1-184 所示。

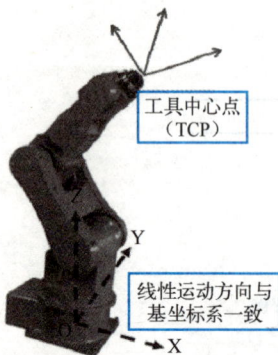

图 1-183 基坐标下的线性运动方向

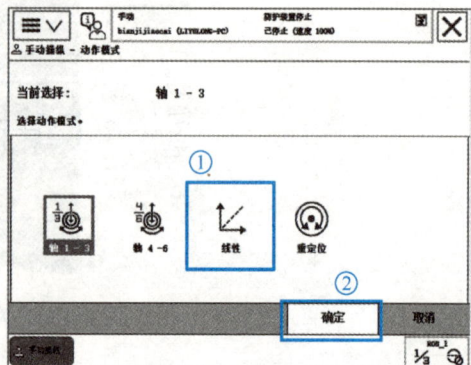

图 1-184 选择线性运动

2）单击"坐标系"，选择"基坐标"并单击"确定"按钮，如图 1-185 所示。

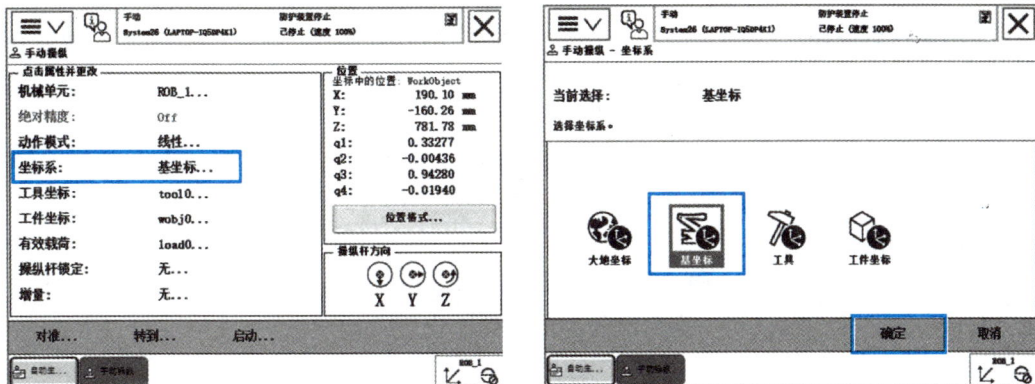

图 1-185　选择基坐标系

3）按下示教器的使能按键，确定示教器的状态栏中显示"电机开启"，即可进行线性运动。

4）在示教器界面右方，显示有机器人位置信息和操纵杆方向信息，如图 1-186 所示。机器人位置信息显示了当前机器人的坐标值（trans）和姿态值（rot）；操纵杆方向信息显示了手动操作机器人时各线性轴的摇杆控制方法，箭头方向代表线性轴正方向。线性运动摇杆控制方法如图 1-187 所示。

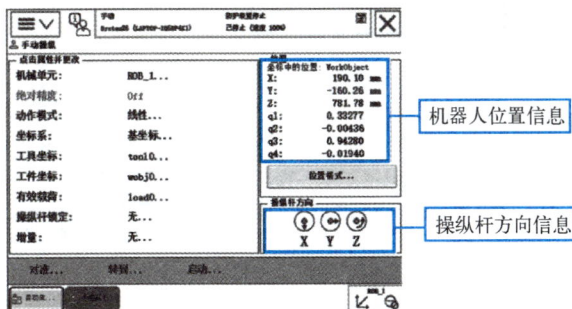

图 1-186　线性运动信息

图 1-187　线性运动摇杆控制方法

4. 线性运动快捷切换

线性运动快捷切换按键如图 1-188 所示。单击该按键，当右下方图标如图 1-189 所示时，表明进入线性运动模式。

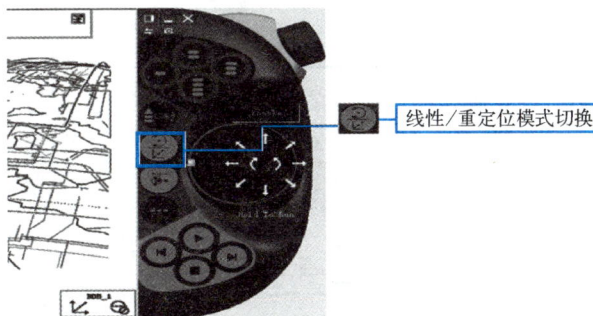

图 1-188　线性运动快捷切换按键

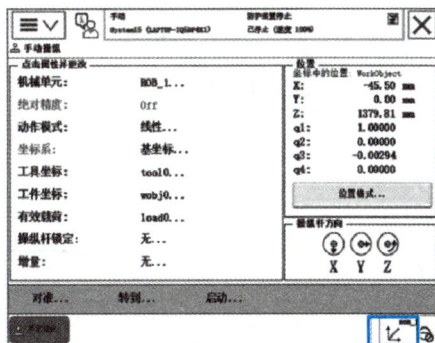

图 1-189　线性运动图标

1.4.4 增量模式

1-24 增量模式

1. 增量模式概述

采用增量模式进行机器人的各种运动，可对机器人进行微幅调整，能非常精确地进行机器人定位操作。

在增量模式下，摇杆每偏转一次，机器人就移动一步（即一个步距）。如果摇杆偏转持续一秒或数秒，机器人就会持续移动，移动速率为每秒 10 个步距。

2. 增量步距控制

增量模式除具有大、中、小 3 个档位外，还可以选择用户自定义增量步距。具体操作如下。

1）单击右下角选项按钮，再单击⊖图标按钮，出现关闭增量、小档增量、中档增量、大档增量和用户自定义增量五个选项，可根据手动操作的实际需求进行选择。本例选择了最常用的中档增量，如图 1-190 所示。

2）单击"隐藏值>>"按钮，可显示目前选中的增量档位的步距，包括关节运动步距、线性运动步距和重定向运动步距，如图 1-191 所示。

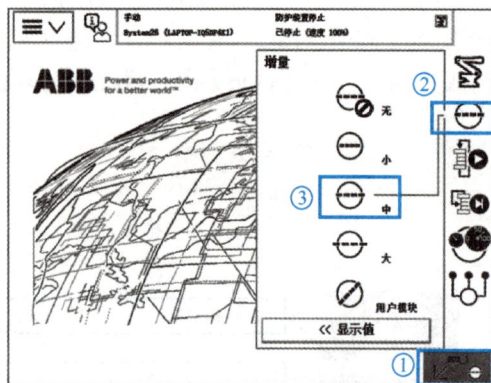

图 1-190 增量档位选择

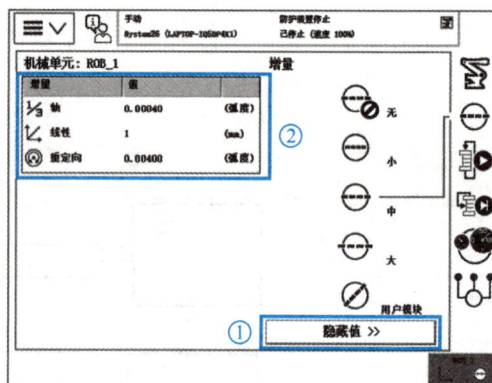

图 1-191 增量步距显示

3）单击"用户模块"，可根据用户需求自定义增量步距。本例选择"1/3 轴"，如图 1-192 所示。

4）在弹出的对话框中输入"0.002"后单击"确定"按钮，如图 1-193 所示，即设置关节运动步距为 0.002rad。采用相同方法，还可以设置线性运动步距和重定向运动步距。

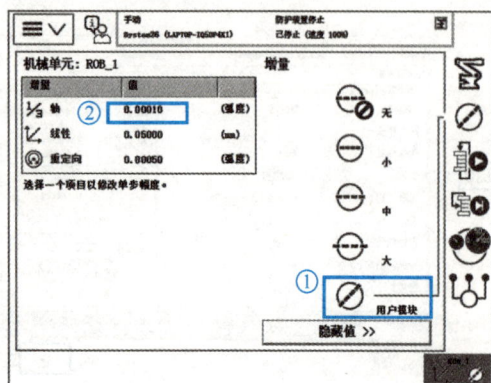

图 1-192 用户自定义增量

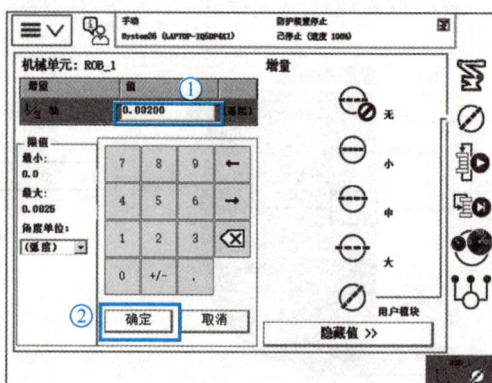

图 1-193 设置关节运动的增量步距

5）再次单击"隐藏值>>"按钮，如图 1-194 所示，可关闭步距显示。

3. 增量开关快捷切换

1）增量开关快捷切换按键为如图 1-195 所示的"增量开关"按键。注意该按键只能用于增量模式的开关，不能用于切换不同的档位。

2）右下方图标可显示目前增量的状态，不同图标表明的含义如图 1-195 所示。

图 1-194　取消步距显示

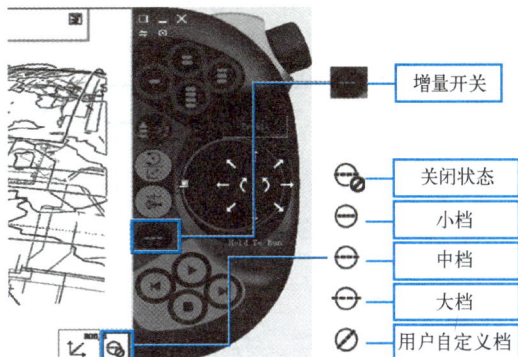

图 1-195　增量开关切换按键及档位图标

📝 **温馨小提示：**

增量模式调试完成后，记得要关闭增量，提高调试效率。

1.4.5　调试点位

1-25　点位
数据调试

1. 调试点位方法一

1）在 ABB 主菜单中单击"手动操纵"，如图 1-196 所示。利用机器人线性运动、关节运动等，将机器人移动至目标位置附近，如图 1-197 所示。注意移动速度及移动方向，避免发生碰撞。

图 1-196　选择手动操纵

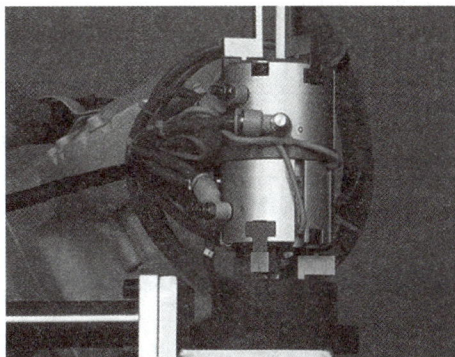

图 1-197　移动至目标位置附近

2）打开中档增量，如图 1-198 所示。调节机器人位置及姿态如图 1-199 所示，保证机器人目标位置准确且工具端面与零件端面平行。可进行手爪张开与闭合动作，测试机器人位置是否在零件中心。

图 1-198　打开中档增量

图 1-199　移动至目标位置

3）在 ABB 主菜单中单击"程序数据"，显示全部程序数据后选择"robtarget"数据类型，如图 1-200 所示。

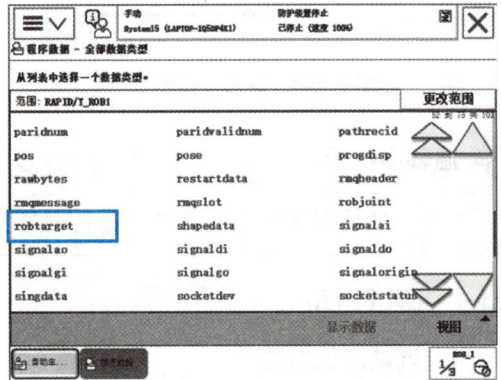

图 1-200　选择"robtarget"数据类型

4）选择需要调试到当前目标位置的点位"p_pick"，单击"编辑"菜单中的"修改位置"，如图 1-201 所示。

5）在弹出的对话框中单击"修改"按钮，如图 1-202 所示，完成该点位的调试。

图 1-201　单击"修改位置"

图 1-202　单击"修改"按钮（方法一）

2. 调试点位方法二

1）根据方法一中前两步所述，将机器人移动到目标位置后，打开"程序编辑器"，在程序中选择要修改的点位，单击下方的"修改位置"，如图 1-203 所示。

2）在弹出的对话框中单击"修改"按钮，如图 1-204 所示，完成该点位的调试。

图 1-203　在程序中选择要修改的点位

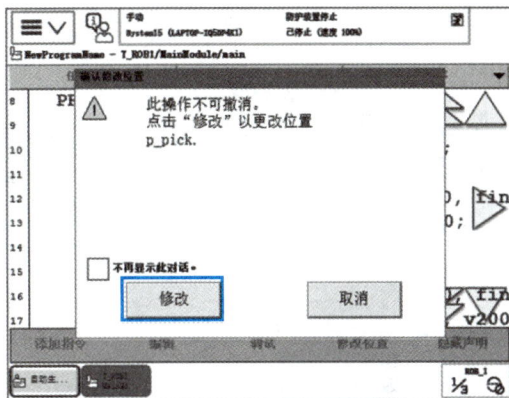

图 1-204　单击"修改"按钮（方法二）

1.4.6　手动运行调试

1-26　手动
运行调试

1. 从主程序开始运行调试

1）将机器人切换到手动状态，在 ABB 主菜单中单击"程序编辑器"，如图 1-205 所示。

2）在程序界面下方单击"调试"，再单击"PP 移至 Main"，如图 1-206 所示。

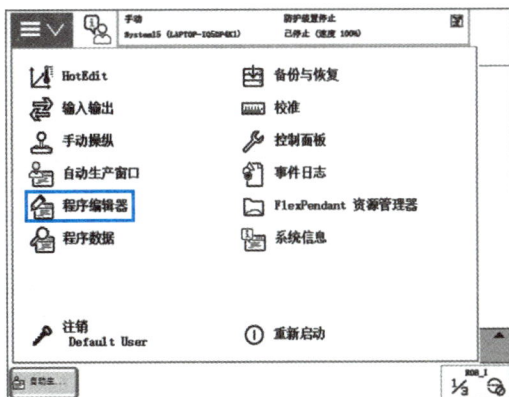

图 1-205　单击"程序编辑器"

图 1-206　单击"PP 移至 Main"

3）此时运行光标（即 PP）将出现在主程序 main() 的第一行左侧，如图 1-207 所示。

4）按下示教器上的使能按键，保持机器人状态显示"电机开启"，如图 1-208 所示。

5）每单击如图 1-209 所示的"前进一步"按钮一次，机器人就会向下运行一行指令。这样就可以实现机器人的单步运行调试。

6）单击如图 1-210 所示的"启动"按钮，机器人将逐行向下连续运行机器人程序。这样可以实现机器人的连续运行调试。

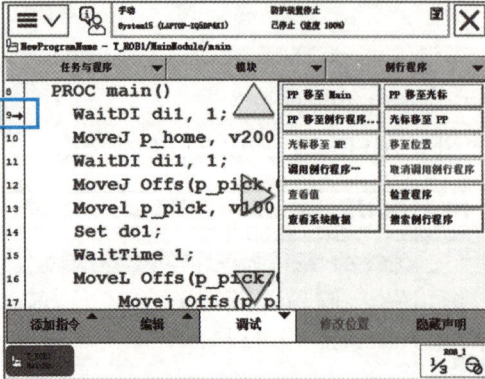

图1-207　运行光标（PP）出现在主程序中

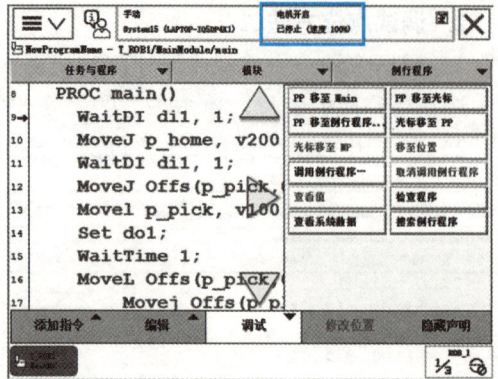

图1-208　显示"电机开启"

图1-209　单击"前进一步"按钮

图1-210　单击"启动"按钮

✍ 温馨小提示：

> 运行过程中，操作者预判机器人会发生碰撞等安全事故时，即刻松开使能按键便可以使机器人停止运行。

2. 从其他程序开始运行调试

1）在程序界面中，单击"PP 移至 Main"使运行光标出现后，再单击"调试"菜单中的"PP 移至例行程序..."，如图1-211所示。

2）在弹出的程序列表中选择要开始运行的程序，单击"确定"，如图1-212所示。

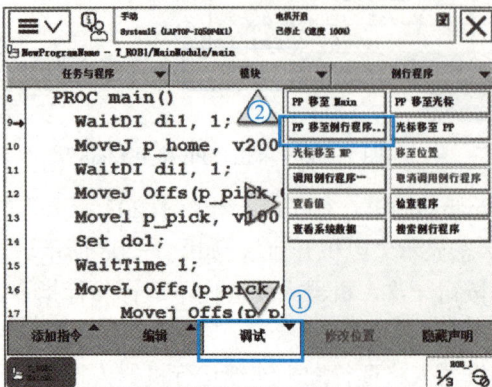

图1-211　单击"PP 移至例行程序..."

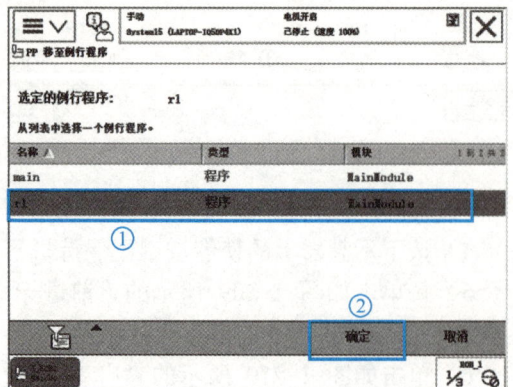

图1-212　选择要运行的程序

3）此时运行光标（即 PP）出现在所选程序的第一行左侧，如图 1-213 所示。按下示教器上的使能按键，即可通过"前进一步"按钮和"启动"按钮进行单步运行与连续运行。

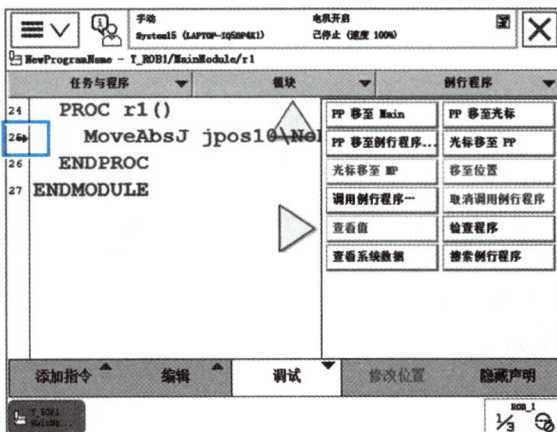

图 1-213　运行光标出现在所选程序中

3. 从程序某行开始运行调试

1）在程序界面中，单击"PP 移至 Main"使运行光标出现后，在程序中选中要开始运行的指令行（该行会被高亮显示），再单击"调试"菜单中的"PP 移至光标"，如图 1-214 所示。

2）此时运行光标（即 PP）出现在所选指令行的左侧，如图 1-215 所示。按下示教器上的使能按键，即可通过"前进一步"按钮和"启动"按钮进行单步运行与连续运行。

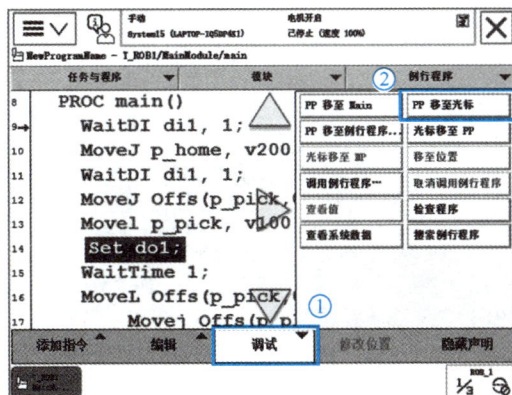

图 1-214　单击"PP 移至光标"

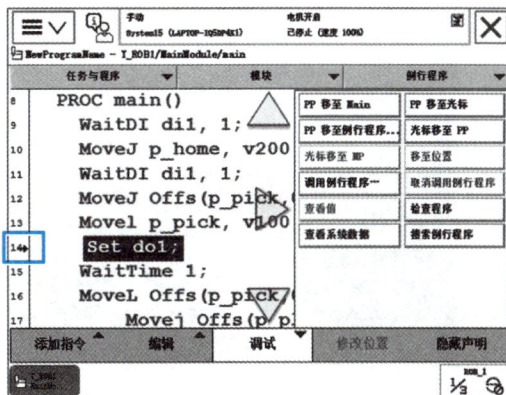

图 1-215　运行光标出现在所选指令行中

温馨小提示：

1）机器人程序是从运行光标（即 PP）处开始运行的，运行前必须调出运行光标。若程序左侧未出现运行光标，只能单击"PP 移至 Main"才能调出运行光标。

2）使用"PP 移至光标"时，光标所在位置必须与运行光标（即 PP）在同一程序中，否则会报错。

3）使用"PP 移至例行程序"时，无法将运行光标（即 PP）移至带有参数的程序。

实施引导

1-27 搬运机器人程序调试

1.4.7 点位调试

前期编写的机器人参考程序，用到了 3 个点位，分别是安全原点"p_home"、抓取点"p_pick"、放置点"p_place"。在运行程序前，必须先将这 3 个点位修改到目标位置。

1. 安全原点"p_home"

安全原点是指机器人准备运行时所处的安全位置，调试状态如图 1-216 所示，最好满足以下几点要求：

1）机器人与夹具工件没有干涉。

2）远离工件和周边设备。

3）机器人处于正常、优美的姿态。

4）手爪保持竖直向下。

2. 抓取点"p_pick"

调试抓取点时，首先要保证手爪与工件表面相互

图 1-216 安全原点"p_home"

垂直。当机器人运行到抓取位置后，控制手爪夹紧工件，观察夹紧工件时工件是否有移位。若有移位，说明点位还不够准确，需要再调整。最好反复测试几次，确保点位的精确度。调试状态如图 1-217 所示。

3. 放置点"p_place"

调试放置点时，工件不要完全贴紧传送带，避免造成不必要的碰撞。要保证工件下表面与传送带表面保持 2～5mm 的高度。距离太大，工件放下的过程中容易引起误差。此外，放置时，还要保证工件表面与传送带表面平行。调试状态如图 1-218 所示。

图 1-217 抓取点"p_pick"

距离2~5mm

图 1-218 放置点"p_place"

1.4.8 程序调试与检查

为保证设备与人身安全，建议先在虚拟仿真系统中进行操作，待操作熟练并确认程序调试无误后，再到实际设备上调试。

无论在虚拟系统还是在实际设备上，调试与检查都应遵循以下操作步骤：

1）手动单步调试运行。在机器人手动模式下，逐一单击"前进一步"按钮，以单步运行的方式运行机器人程序，检查点位、程序指令、程序逻辑是否有错。若运行中有错，应立刻松开使能按键停止运行，进行查错、修改与错误情况记录。

2）手动单步调试运行两遍及以上均无误后，手动连续运行机器人程序，并按"实施情况检查表"中的检查项目逐项自查并记录，看是否合格。若运行中有错，应立刻松开使能按键停止运行，进行查错、修改与错误情况记录。

3）请其他小组按"实施情况检查表"中的检查项目逐项检查并记录，若不合格则重新实施任务直至检查合格为止，并勾选"整体效果是否达到工作要求"中的"是"选项。

1.4.9 工作学习评价

1）个人评价。学习者自主探学后，按"个人自评表"中的评价项目进行逐项打分。客观反思总结，为后续改进奠定基础，明确改进方向。

2）组内评价。以小组为单位，选出验收小组组长，推荐 2～3 名同学作为验收组成员，组成验收小组，按"小组内互评表"中的评价项目，对本组各位同学完成任务情况进行评价。要秉着客观公正的原则进行互评打分。

3）双师评价。各小组展示任务成果，指导教师、企业导师及其他小组认真听取汇报。各小组总结自己小组和其他小组的优缺点，按"实施成果评价表"中的评价项目，客观公正地对任务实施成果进行自评互评指导教师根据任务实施情况进行相应评价。

任务 1.5 拓展任务

> 1-28 学习情境 1 拓展任务要求

机器人完成机床自动上下料是机器人的另一种搬运工作，也是智能制造产业的常见场景，应用于各类数控机床。

本次拓展任务对数控铣削自动化生产工作案例进行改造，以搭建出机床上下料教学实践场景。要求按上下料工艺要求，完成机器人上下料的现场编程与调试工作。请根据如图 1-219 所示的机床上下料工作流程图，创建机器人工作所需的点位数据与通信信号，编写并调试机器人程序，满足机床上下料工艺要求。

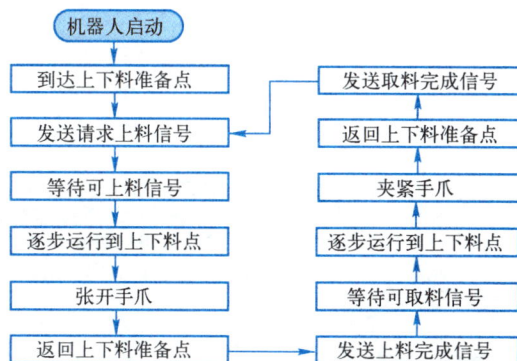

图 1-219 机床上下料工作流程图

上下料工艺有如下几点要求：

1）机器人工作前、工作后均处于安全位置。

2）机器人与任何设备（特别是机床）不得产生干涉或碰撞。

3）上料点位精度必须满足加工要求。

学习情境2　涂胶机器人编程与调试

　　自动化涂胶具有涂胶效率高、附着力好、涂层寿命长、涂层平滑细腻、涂层厚度均匀、容易到达拐角等优点，已经在家具、建材和消费类电子产品（3C）等行业得到广泛应用。汽车智能生产线也离不开涂胶机器人，它们用于汽车的玻璃涂胶（图2-1）、发动机盖涂胶、车门涂胶、前舱盖涂胶等作业。与人工涂胶相比，涂胶机器人涂胶精细，质量有保证，不但提升了汽车的美观性，而且保证了密封质量。

图2-1　玻璃涂胶机器人

　　本情境将如图2-2所示的汽车风窗玻璃涂胶工作案例进行改造，搭建出如图2-3所示的涂胶机器人教学实践场景。通过"做中学""做中教"，学习工业机器人工具坐标系和其他程序数据的创建与赋值、组信号的创建与仿真、程序间的调用、转数计数器的更新、重定位运动等，并利用条件判断指令、读取位置指令、清屏指令等编写涂胶程序。最终按涂胶工艺要求，完成机器人自动涂胶的调试工作，培养爱岗敬业、严谨专注、精益求精、永不言弃和敢于创新的工匠精神，增强团结协作的团队意识。

图2-2　汽车风窗玻璃涂胶案例

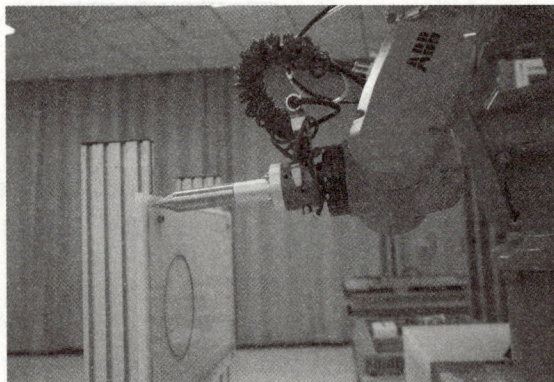

图2-3　涂胶机器人教学实践场景

涂胶工艺有如下几点要求：

1）涂胶节拍保证 2～2.5min/次。

2）密封胶材料为单组分聚氨酯黏结剂。涂胶速度均匀，转弯及接口的涂胶轨迹控制要好。

2-1　涂胶任务要求

3）整个涂胶过程涂胶枪姿态保持一致。玻璃胶截面高度为 6mm，位置精度控制在±1mm 以内。

4）涂胶前后，机器人处于安全位置。涂胶开始之前，打开涂胶枪并延时后方可开始涂胶；涂胶完成后，机器人关闭涂胶枪并延时后才能抬起。

5）当涂胶机器人收到启动信号后，开始运行。

6）PLC 通过组信号发送数值给机器人，当此组输入信号的数值为 2 时，机器人按如图 2-4 所示的轨迹②进行涂胶工作；组输入信号值为 3 时，机器人按如图 2-4 所示的轨迹③进行涂胶工作；组输入信号的数值既不为 2 也不为 3 时，机器人不执行涂胶工作，并在示教器屏幕上提示用户信号发送错误。

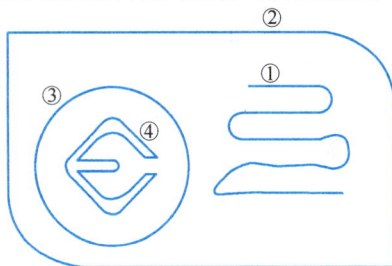

图 2-4　涂胶轨迹

职业素养——工匠精神打造航天火工精品

本次主题是认识中国航天科技集团下属军品机加工车间的一个钳工班组。该班组承担了长征系列火箭、神舟系列飞船、高新武器等重点型号军品的钳工粘接、装配、加工、试验等作业任务。

2-2　工匠精神打造航天火工精品

班组长非常自豪地说："我们坚持严把工作质量关，提倡创新，多次承担国家难度较大的科研任务。从神舟一号到神舟十一号，从探月工程到深空探测，我们以'匠人精神'为中国航天事业发展做出积极贡献。"这么一个工作在平凡岗位的班组，为何能获得"全国质量信得过班组""载人航天先进集体""全国工人先锋号""国防邮电工会和航天科技集团公司联合命名""航天科技集团公司六好班组和金牌班组"等荣誉称号呢？

为培养班组成员的工匠精神，班组长创新推出"共好管理法"，实现人际关系和团队精神的高度和谐统一，使"共好"理念成为团队的核心文化。秉承"一发火工品就是一枚火箭、一艘飞船"的质量理念，对每一个产品质量要求都十分严格。班组制定出一系列精细化管理制度，并针对各项指标制定不同的标准；提倡"允许失败，鼓励创新"的理念，鼓励员工大胆尝试，通过对产品质量不断提升和改进，使得班组很多创新项目都达到甚至超过世界先进水平。看完他们的事迹，你有什么感悟呢？你觉得你现在能从哪些方面培养自己的工匠精神呢？

素质目标

● 培养爱岗敬业、严谨专注、精益求精、永不言弃和敢于创新的工匠精神。

● 具有团结协作的团队意识。

● 培养久久为功、善作善成，尽力把每项工作做到尽善尽美的钻研精神。

知识目标

● 掌握程序数据的类型、定义与赋值方法。

- 掌握工具数据的创建操作及工具数据中参数组的定义、测量与输入方法。
- 掌握组信号、系统信号的设置方法。
- 掌握信号的备份与恢复方法。
- 掌握机器人常用运动指令、组信号指令、调用程序指令等指令的格式。
- 掌握机器人常用条件判断指令、读取位置指令、清屏写屏指令的格式。
- 掌握机器人转数计数器更新操作及重定位运动操作步骤。
- 掌握机器人手动、自动运行操作步骤。

能力目标

- 能严格按机器人安全操作规范操作机器人。
- 能根据涂胶需求创建机器人各类数据与通信信号。
- 能进行信号备份、程序加密等操作。
- 能按要求编写涂胶机器人程序并检验其语法正确性。
- 能手动调试和自动运行涂胶机器人程序。

任务 2.1　创建机器人数据

任务描述

分析涂胶机器人的工作流程，规划涂胶机器人的运动路径，绘制涂胶机器人工作流程图，并创建涂胶机器人所需要的点位数据、工具数据及其他逻辑控制数据。

涂胶机器人工作流程如下：

1）运行前，机器人处于安全原点。当收到启动信号后，开始涂胶工作。

2）涂胶前，先根据涂胶工艺要求判断 PLC 发送的组输入信号数值。数值不同，涂胶路径不同。

3）涂胶机器人运行到涂胶轨迹起点后，打开涂胶枪，等待合适时间，开始涂胶。

4）涂胶过程中，涂胶路径要准确，涂胶枪末端与涂胶表面距离 6mm，调试时根据实际工艺要求进行调整。

5）涂胶完成后，机器人先关闭涂胶枪，等待合适时间，规划好路径返回安全原点。

6）通知外部 PLC 涂胶完成。

新知探究

2.1.1　认识程序数据

程序数据是在程序模块或系统模块中设定的值和定义的一些环境数据，它们可以由同一个模块或其他模块中的指令进行引用。如图 2-5 所示直线运动指令，就调用了点位数据（robtarget）、速度数据（speeddata）、转弯数据（zonedata）、工具数据（tooldata）这 4 种常用程序数据。

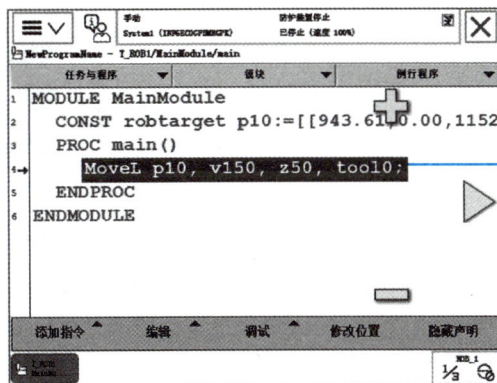

程序数据	数据类型	说明
p10	robtarget	点位数据
v150	speeddata	速度数据
z50	zonedata	转弯数据
tool0	tooldata	工具数据

图 2-5　直线运动指令中的程序数据

1. 程序数据的类型

ABB 工业机器人的数据类型可根据实际情况进行创建，为 ABB 工业机器人的程序设计提供了良好的数据支撑。

程序数据可以利用示教器主菜单中的"程序数据"窗口进行查看及创建。在主菜单中打开"程序数据"后，示教器界面会显示目前已使用过的数据类型，如图 2-6 所示。单击右下角"视图"菜单中的"全部数据类型"可查看所有数据类型，如图 2-7 所示。

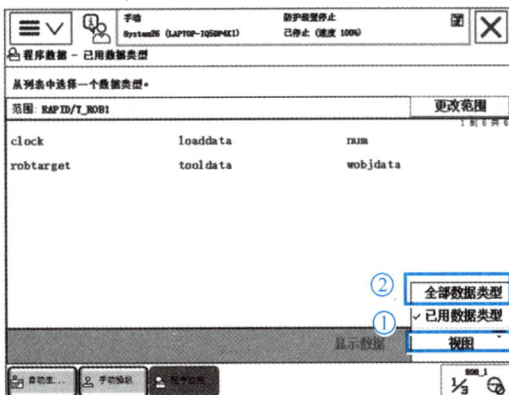

图 2-6　查看已使用过的数据类型

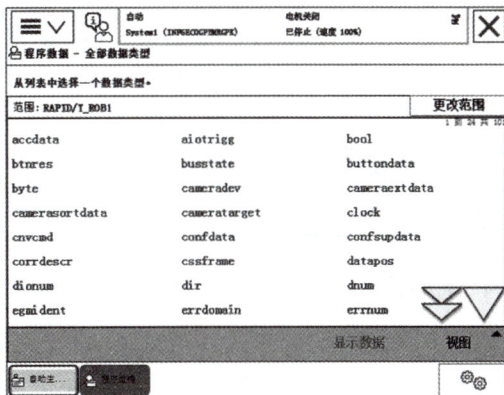

图 2-7　全部数据类型

除前面已用到的一些数据类型外，在逻辑控制时，常用到以下几种数据类型。

1）bool：布尔型，存储空间为 1 个位（bit），保存值为 TRUE 或 FALSE 两种。

2）num：数值型，可存放整数、小数、指数。存放整数时，数值范围为$-8388607\sim+8388608$。

3）byte：字节型，存储空间为 1 个字节（B），可存放 0～255 的正整数。

4）string：字符串型，用于存放字符串。字符串为一系列由双引号（" "）括起来的字符，最多可由 80 个字符组成，如"start welding pipe 1"。

温馨小提示：

如果字符串中包括引号，则必须保留两个引号，如"本字符串包含一个 " "字符"；如果字符串中包括反斜线，则必须保留两个反斜线符号，如"本字符串包含一个\\字符"。

2. 程序数据的存储类型

在定义任何程序数据时，不仅需要指定程序数据的类型，还需要指定程序数据的存储类型。存储类型包括变量（VAR）、可变量（PERS）、常量（CONST）三种。

2-3 程序数据存储类型

（1）变量（VAR）

对于该存储类型的程序数据，可在程序中对其进行赋值操作。在程序执行的过程中和停止时，会保持当前的值。但是，一旦程序指针被移到主程序，当前数值就会丢失，并恢复到初始值。

【实例】如图 2-8 所示程序，定义 n1 的存储类型为 VAR，初始赋值为 5。

```
1  MODULE MainModule
2    VAR num n1:=5;        变量n1初始赋值5
3    PROC main()
4
5    ENDPROC
6    PROC r_example()
7      n1 := 8;
8    ENDPROC
9  ENDMODULE
```

图 2-8　变量初始赋值 5

运行程序中的赋值指令"n1:=8"后，n1 的值更改为 8 并保持不变，如图 2-9 所示。

名称	值	模块	1 到 6
n1	8	MainModule	全局
reg1	0	user	全局
reg2	0	user	全局
reg3	0	user	全局
reg4	0	user	全局

图 2-9　变量程序赋值 8

单击"调试"中的"PP 移至 Main"，程序指针被移到主程序，n1 的值 8 丢失，恢复为初始值 5，如图 2-10 所示。

名称	值	模块	1 到 6
n1	5	MainModule	全局
reg1	0	user	全局
reg2	0	user	全局
reg3	0	user	全局
reg4	0	user	全局
reg5	0	user	全局

图 2-10　变量恢复初始赋值 5

（2）可变量（PERS）

对于该存储类型的程序数据，可在程序中对其进行赋值操作。在程序执行的过程中和停止时，会保持当前的值。并且，即使程序指针被移到主程序，也会保持当前的值不丢失。

【实例】如图 2-11 所示程序，定义 n1 的存储类型为 PERS，初始赋值为 5。

图 2-11　可变量初始赋值 5

运行程序中的赋值指令"n1:=8"后，n1 的值更改为 8 并保持不变，如图 2-12 所示。

图 2-12　可变量程序赋值 8

单击"调试"中的"PP 移至 Main"，程序指针被移到主程序，n1 的值仍然保持 8 不丢失，如图 2-13 所示。

图 2-13　可变量保持程序赋值 8

（3）常量（CONST）

对于存储类型为常量的程序数据，在定义时已赋予了数值，不允许在程序中进行赋值的操作。需要修改时必须手动修改定义时所赋予的数值。

【实例】如图 2-14 所示程序，定义 n1 的存储类型为 CONST，赋值为 5。运行程序中的赋值指令"n1:=8"，单击"调试"后会弹出错误对话框。

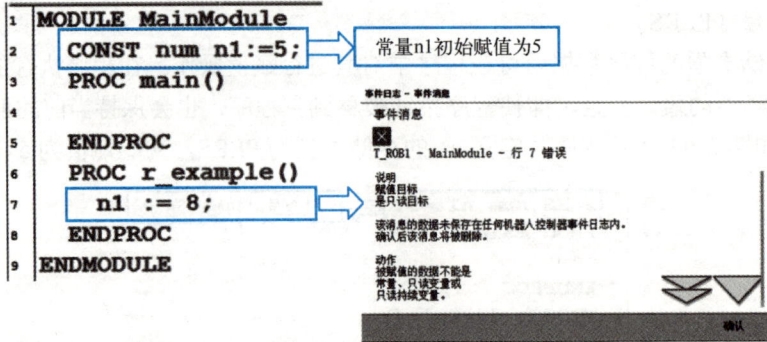

图 2-14 常量程序赋值报错

3. 程序数据定义与初始赋值语句格式

定义和赋值后的程序数据会自动在程序中生成定义与初始赋值语句，该语句中主要包含程序数据存储类型、数据类型、数据名称及初始赋值。

【实例】在如图 2-15 所示的程序数据定义与赋值语句中，从左至右分别列明程序数据的存储类型为变量（VAR），数据类型为数值型（num），数据名称为 n1，初始赋值为 5。

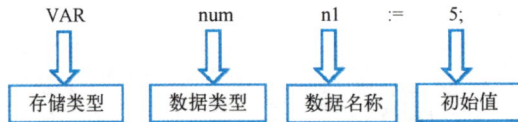

图 2-15 定义程序数据语句的格式

温馨小提示：

1）RAPID 程序赋值时，赋值符号为 ":="；而判断是否相等时，判断符号为 "="。

2）用户可通过在程序中添加如图 2-15 所示的指令进行程序数据的定义与赋值。

4. 程序数据应用范围

根据程序数据的应用范围，程序数据可以分为全局数据和局部数据两种。

（1）全局数据

全局数据是整个程序模块，其至整个任务的所有程序都可以使用的程序数据。

定义全局数据时，在"范围"下拉列表中选择"全局"，程序中自动生成的程序数据定义语句会出现在程序模块以内、各程序以外，如图 2-16 所示。

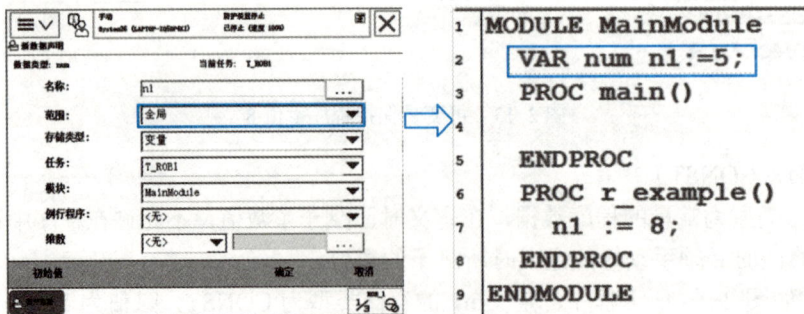

图 2-16 全局数据

（2）局部数据

局部数据是专供某一程序使用的程序数据，其他程序无法使用。

定义局部数据时，在"例行程序"下拉列表中选择供使用的例行程序（如选择"r_example"），此时"范围"选项变为灰色不可选。程序中自动生成的程序数据定义语句会出现在选中的"r_example"程序以内，如图 2-17 所示。

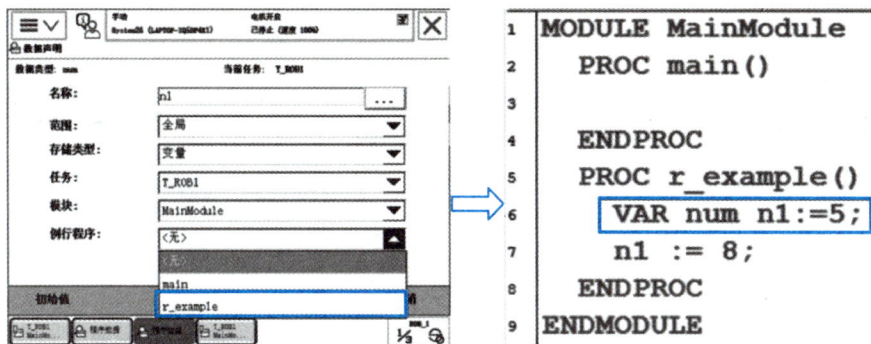

图 2-17　局部数据

2.1.2　定义与赋值程序数据

下面以定义如图 2-18 所示的程序数据 n1，以及在程序"r_example"中对其进行赋值操作为例，讲解程序数据的定义与赋值操作。

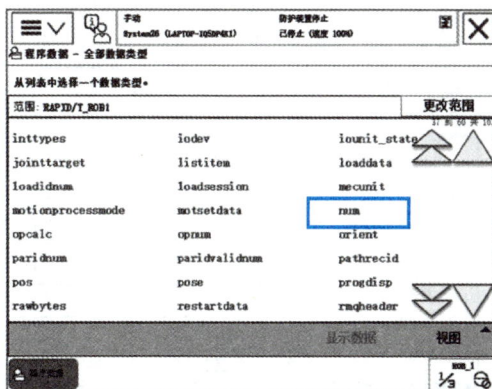
2-4　程序数据定义与赋值

1. num 程序数据定义与初始赋值

1）在 ABB 主菜单中选择"程序数据"，显示全部数据类型后，双击数值型程序数据"num"，如图 2-19 所示。

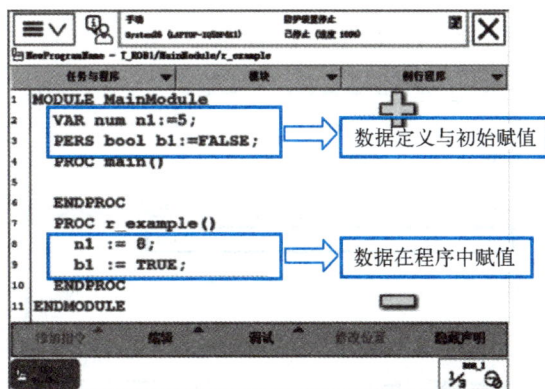

图 2-18　程序数据定义与赋值实例

图 2-19　选择"num"

2）单击"新建…"，如图 2-20 所示。

3）单击名称右侧的"…"，更改数据名称为"n1"后，单击"确定"，如图 2-21 所示。

图 2-20 单击"新建..."

图 2-21 设置数据名称为"n1"

4）在"范围"下拉列表中选择"全局"，如图 2-22 所示。

5）在"存储类型"下拉列表中选择"变量"，如图 2-23 所示。

图 2-22 范围选择"全局"

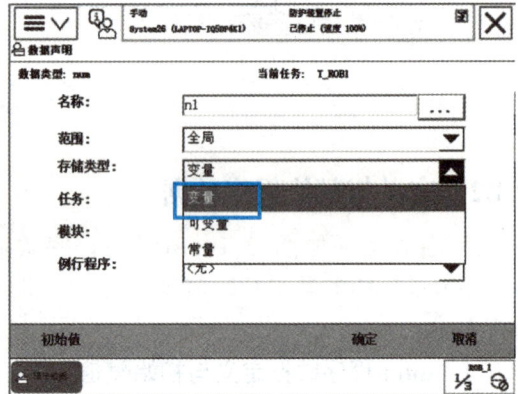

图 2-23 存储类型选择"变量"

6）单击左下角的"初始值"按钮，如图 2-24 所示。

7）在显示的数据列表中，单击需要设定初始值的 n1，如图 2-25 所示。

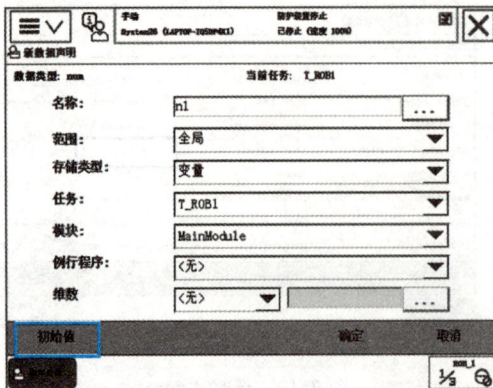

图 2-24 单击"初始值"

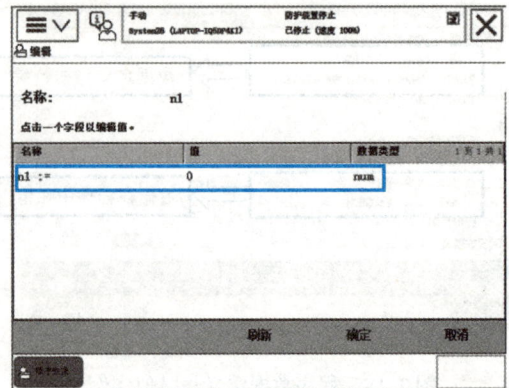

图 2-25 选择 n1 并设定初始值

8）设定 n1 的初始值为"5"后，单击"确定"，如图 2-26 所示。

9）确认初始值设置后，单击"确定"，如图 2-27 所示。

图 2-26 设定初始值 "5"

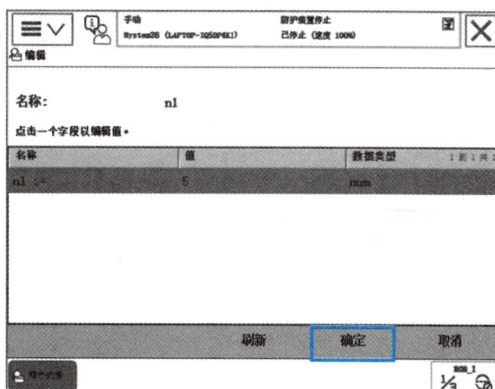

图 2-27 确认初始值

10）确认程序数据 n1 的所有设置后，单击"确定"，系统返回 num 程序数据列表，可看到 n1 变量创建完成，初始值为 5，如图 2-28 所示。

图 2-28 新建的 num 型变量 n1

2. num 程序数据赋值指令添加

1）在 ABB 主菜单中选择"程序编辑器"，在程序界面中打开需要添加赋值指令的例行程序，选中需要添加赋值指令的上一行（高亮显示）。单击"添加指令"，在右侧的指令列表中单击":="，如图 2-29 所示。

2）在弹出的指令设置对话框中，单击赋值符号":="左边的内容，选择下方显示的"n1"数据，如图 2-30 所示。

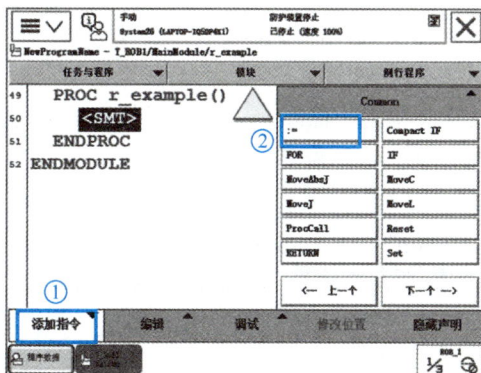

图 2-29 添加赋值指令

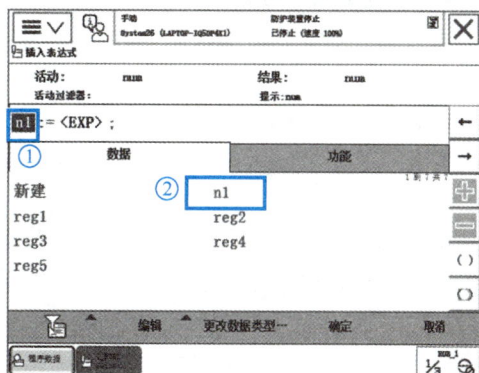

图 2-30 在赋值符号左边选择 "n1"

3）单击赋值符号":="右边的内容，如图2-31所示。

4）单击下方的"编辑"，在上拉菜单中选择"仅限选定内容"，如图2-32所示。

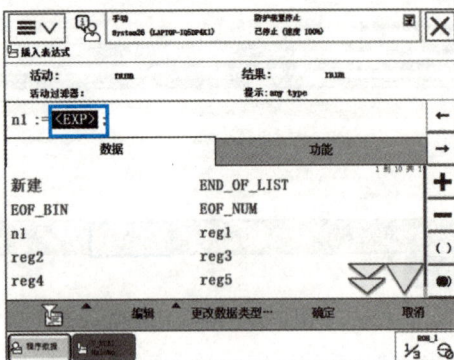

图2-31 选中赋值符号右边的内容

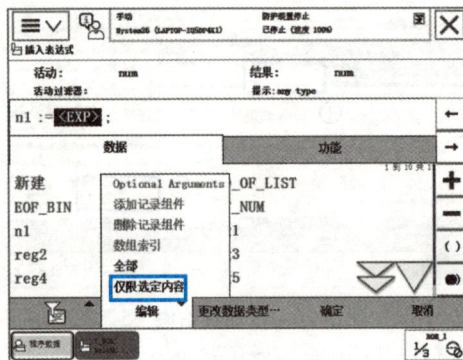

图2-32 选择"仅限选定内容"

5）输入程序中的赋值"8"，单击"确定"，如图2-33所示。

6）确认程序赋值指令后，单击"确定"，如图2-34所示。

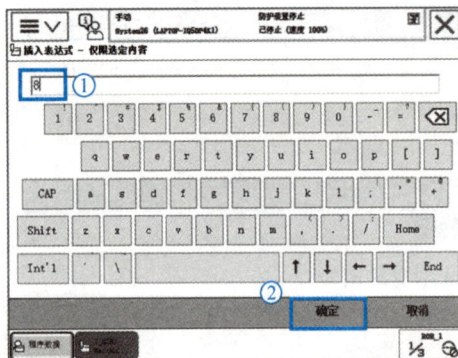

图2-33 设置赋值为8

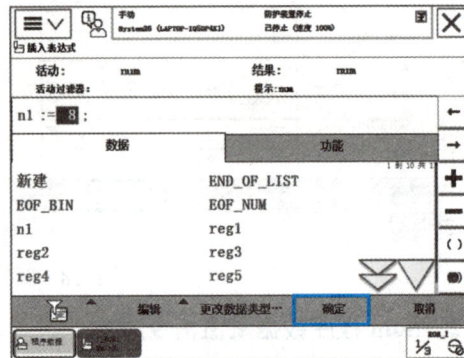

图2-34 确认赋值指令

2.1.3 认识工具数据

1. 认识工具坐标系

工具坐标系（Tool Center Point Frame，TCPF）的中心点称为工具中心点（Tool Center Point，TCP）。默认情况下，TCP在第六轴末端法兰中心，如图2-35所示。在执行运动程序时，机器人会将TCP移至目标位置。因此，当机器人应用于涂胶、焊接、切割等场景时，对机器人工具末端的运行轨迹有严格要求。为控制方便，常需要将TCP移动至工具末端，如图2-36所示。

用途不同的机器人，工具不同，定义的TCP位置也有所不同。如涂胶、弧焊机器人，使用涂胶枪、弧焊枪作为工具时，需要将新的TCP设定在涂胶枪、弧焊枪末端，如图2-37所示。用于搬运特殊形状物的机器人，使用夹具作为工具时，应将新的TCP设定在夹具末端的中心位置，如图2-38所示。

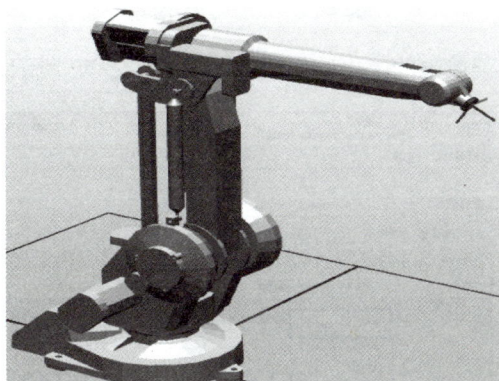

图 2-35　默认 TCP 位置

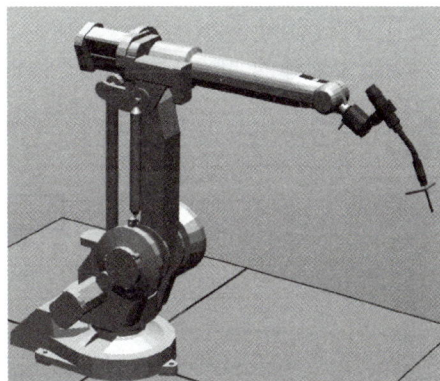

图 2-36　移动至工具末端的 TCP 位置

图 2-37　涂胶枪、弧焊枪 TCP 位置

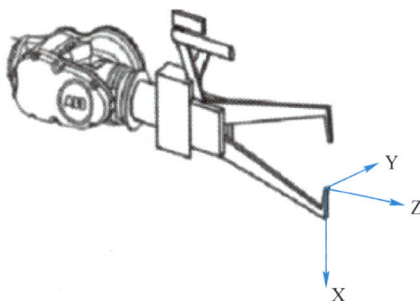

图 2-38　夹具 TCP 位置

　　用户可根据需求，通过新建工具数据，将 TCP 设定在任意位置，并定义工具坐标系 X、Y、Z 轴方向。具体操作方法见下文。

2. 创建工具数据

1）进入 ABB 主菜单，选择"手动操纵"选项，如图 2-39 所示。

2）在手动操纵界面中选择"tool0…"选项，如图 2-40 所示。

2-5　创建工具
数据操作

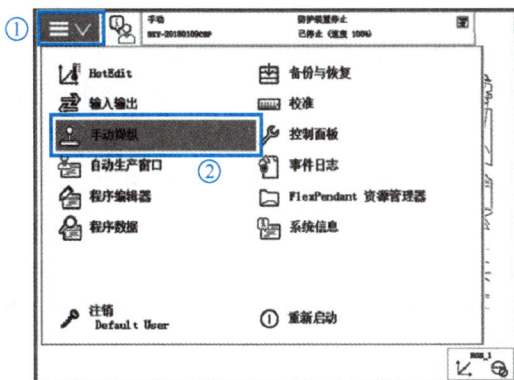

图 2-39　选择"手动操纵"

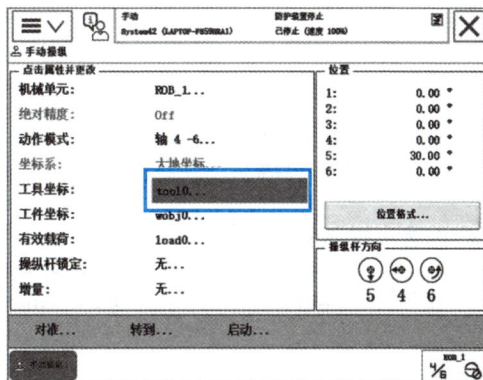

图 2-40　选择"tool0…"

3）单击"新建…"，设定新建的工具数据名称，本例直接采用默认名称"tool1"，单击

"确定"，如图 2-41 所示。

4）选中新建的"tool1"，单击"编辑"上拉菜单中的"更改值"选项，如图 2-42 所示。

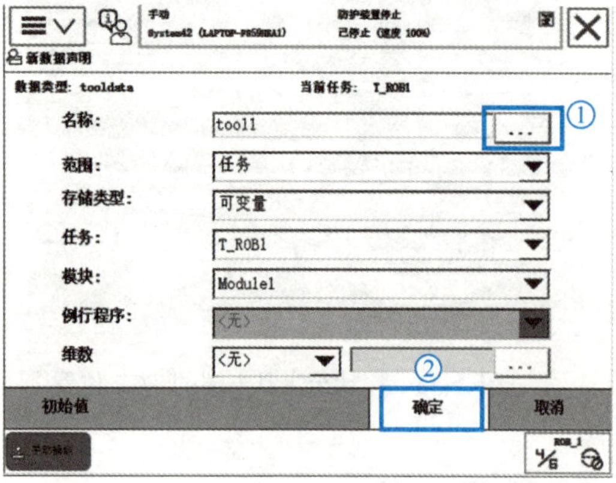

图 2-41 设置工具数据的名称

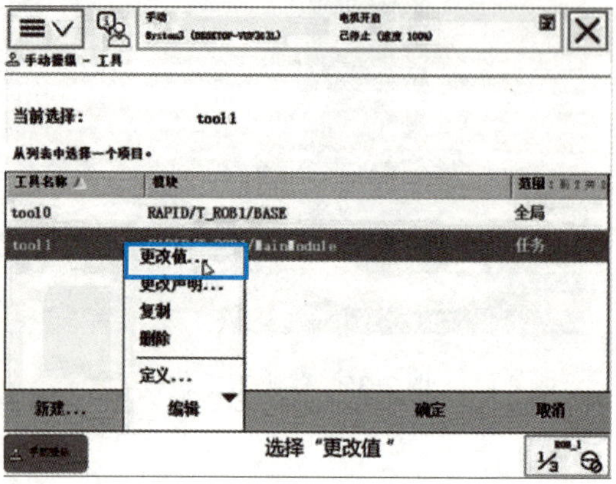

图 2-42 单击"更改值…"

5）在显示的参数列表中，单击下翻按钮，如图 2-43 所示，找到"mass"参数。

6）"mass"参数值表示机器人末端工具的质量，以 kg 为单位。新创建的"mass"参数值为"-1"，因此无法正常使用该工具数据。单击此参数，将参数值改为正值，如图 2-44 所示。

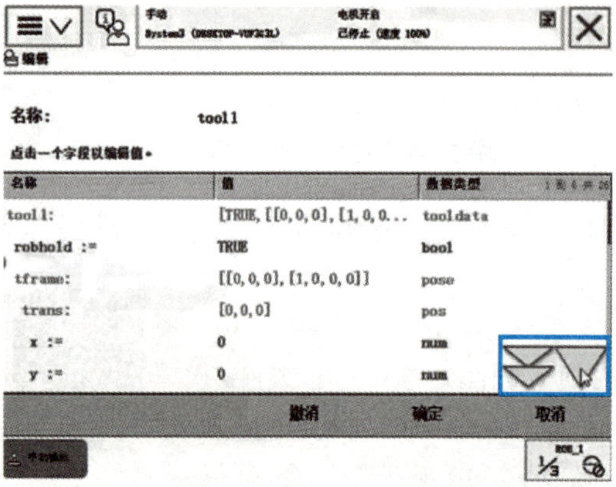

图 2-43 下翻找到"mass"

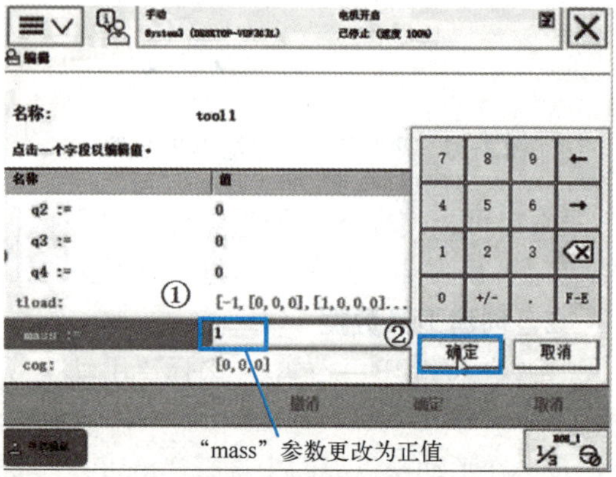

图 2-44 修改工具的质量

7）下翻找到"cog"参数，此参数表示末端工具与默认 TCP（即机器人法兰中心）之间的 X、Y、Z 坐标偏移量。新创建的"cog"参数值全为 0，运行机器人程序时会报错，需要更改参数。本例将其中的 z 值更改为"38"，如图 2-45 所示。

8）单击下方"确定"按钮，新建工具数据完成，显示工具数据如图 2-46 所示。

温馨小提示：

1）创建工具数据时，若不更改"mass"参数值为正值，将无法选用该工具数据。若不知道手爪具体质量，可先随意输入一个值，之后再通过"测量工具质量与重心"操作方法修订"mass"参数值。

2）若"cog"参数值全为 0，后期运行程序会报错。也可先随意输入一个值，之后再通过"测量工具质量与重心"操作方法修订数值。

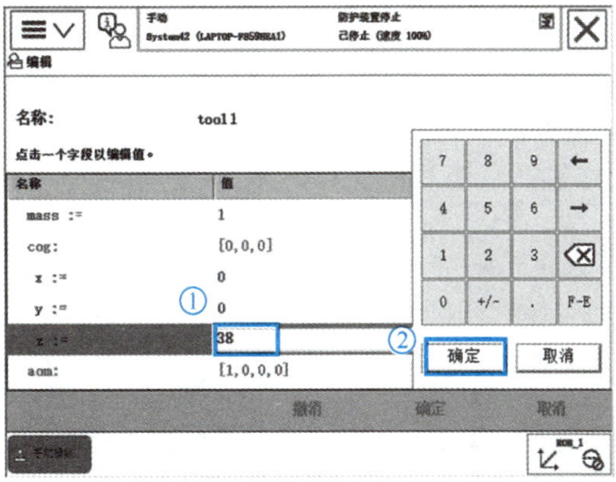

图 2-45　修改重心偏移值

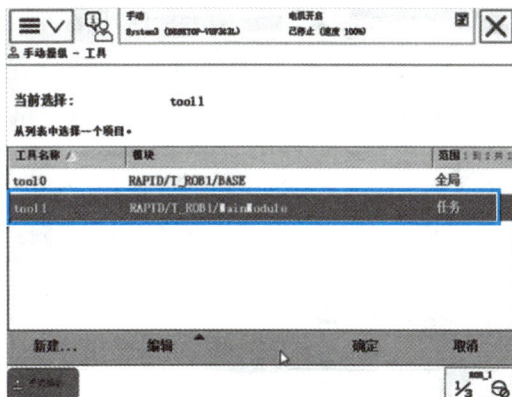

图 2-46　新建的工具数据

2.1.4　定义与测量工具数据

创建好工具数据后，需要进行工具数据定义。在定义工具数据时，可确定新工具坐标系的 TCP 位置和工具坐标系 X、Y、Z 轴方向。

1. 工具数据定义方法

工具数据定义方法主要包括"TCP（默认方向）""TCP 和 Z""TCP 和 Z，X" 3 种。

1）TCP（默认方向）：即四点法，只能用于设定新 TCP 位置，而不能设定工具坐标系各轴方向，各轴方向是默认的。

定义时，新的 TCP 采用四种不同的姿态与参考点接触（见图 2-47），测试计算出该 TCP 位置值[位置值为新 TCP 与默认 TCP（即机器人法兰中心）之间的 X、Y、Z 坐标偏移量，记录在 trans 参数中]。

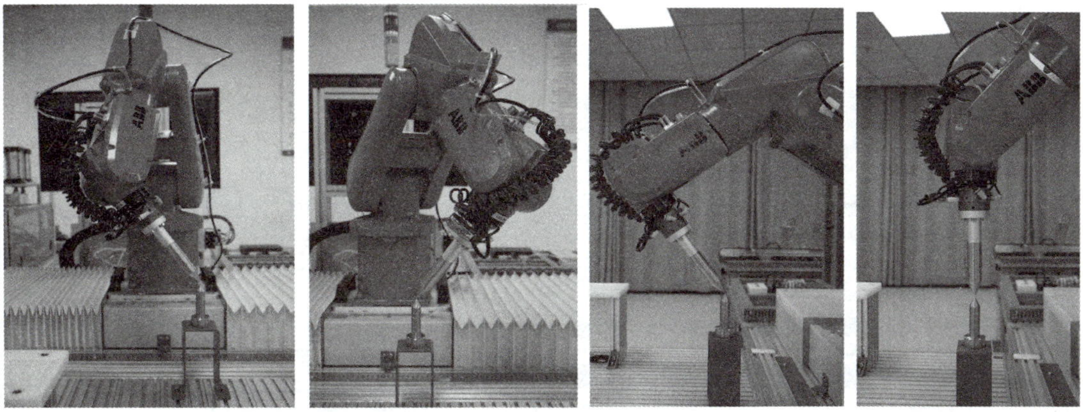

a)　　　　　　　　　　b)　　　　　　　　　　c)　　　　　　　　　　d)

图 2-47　新 TCP 与参考点接触的四种姿态

a) 与参考点接触姿态 1　b) 与参考点接触姿态 2　c) 与参考点接触姿态 3　d) 与参考点接触姿态 4

2）TCP 和 Z：即五点法，在设定新 TCP 位置的同时确定 Z 轴方向。

前四个点仍然采用四种不同的姿态与参考点接触，从而测试计算出新 TCP 位置值，但第四个点的姿态最好使末端工具为竖直状态；第五个点为新工具坐标系 Z 轴方向上的点，如图 2-48 所示，该点与参考点的连线即为该工具坐标系 Z 轴的方向。

3）TCP 和 Z，X：即六点法，在设定新 TCP 位置的同时确定各轴方向。

前四个点仍然采用四种不同的姿态与参考点接触，从而测试计算出新 TCP 位置值，第四个点姿态也最好保持末端工具竖直；第五个点为新工具坐标系 X 轴方向上的点，该点与参考点的连线即为该工具坐标系 X 轴的方向；第六个点为新工具坐标系 Z 轴方向上的点，该点与参考点的连线即为该工具坐标系 Z 轴的方向，如图 2-49 所示。Y 轴方向即可通过右手笛卡儿坐标系确定。

图 2-48 "TCP 和 Z"第五点位置

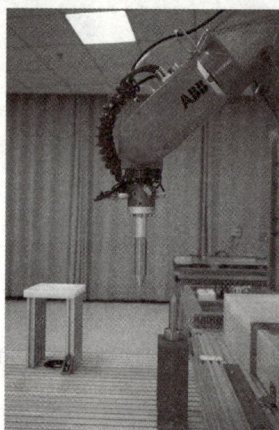

图 2-49 "TCP 和 Z，X"第五、六点位置

2. 工具数据定义操作

下面以"TCP 和 Z，X"定义方法为例，讲解工具数据定义的操作步骤。

1）在工具数据列表中选中新建的"tool1"，单击"编辑"，然后单击"定义..."，如图 2-50 所示。

2）在定义方法中选择"TCP 和 Z，X"，即六点法来设定 TCP，如图 2-51 所示。

2-6 工具数据定义操作

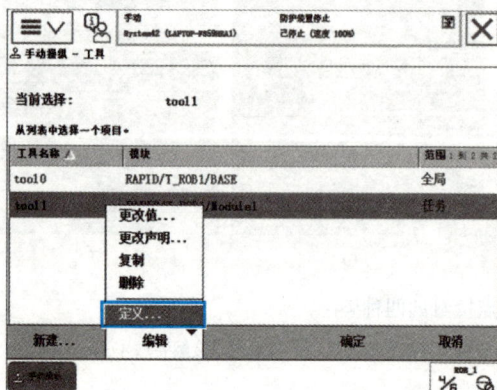

图 2-50 单击"定义"

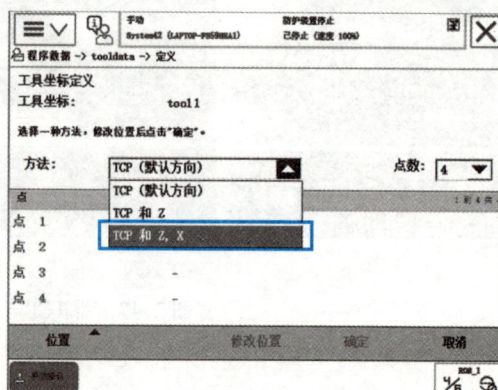

图 2-51 选择"TCP 和 Z，X"

3）按下示教器上的使能按键，通过关节运动、线性运动及增量状态配合，操控机器人以一种姿态靠近并接触参考点（即下方安装的圆锥顶点），如图 2-52 所示。然后在示教器中单击"点 1"，再单击下方的"修改位置"，把当前位置作为第一点。

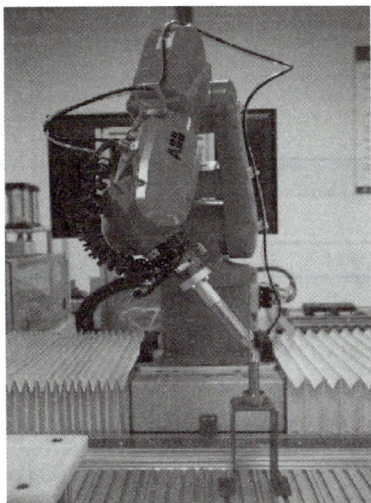

图 2-52　点 1 修改位置

4）操控机器人更换一种姿态靠近并接触参考点（即下方安装的圆锥顶点），如图 2-53 所示。然后在示教器中单击"点 2"，再单击下方的"修改位置"，把当前位置作为第二点。

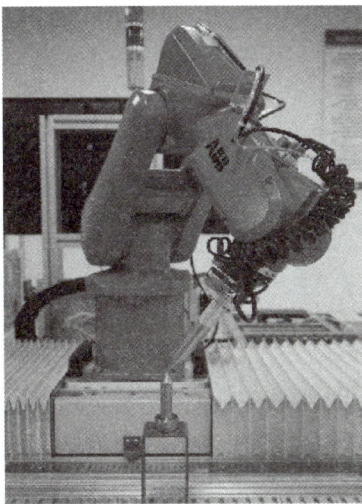

图 2-53　点 2 修改位置

5）操控机器人再更换一种姿态靠近并接触参考点（即下方安装的圆锥顶点），如图 2-54 所示。然后在示教器中单击"点 3"，再单击下方的"修改位置"，把当前位置作为第三点。

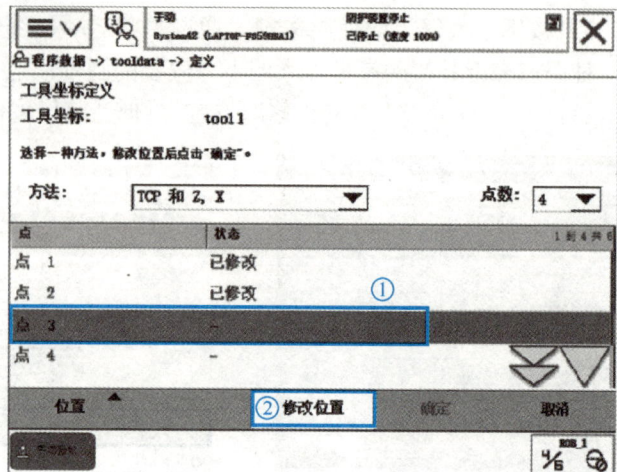

图 2-54　点 3 修改位置

6）操控机器人以末端工具竖直的姿态靠近并接触参考点（即下方安装的圆锥顶点），如图 2-55 所示。然后在示教器中单击"点 4"，再单击下方的"修改位置"，把当前位置作为第四点。

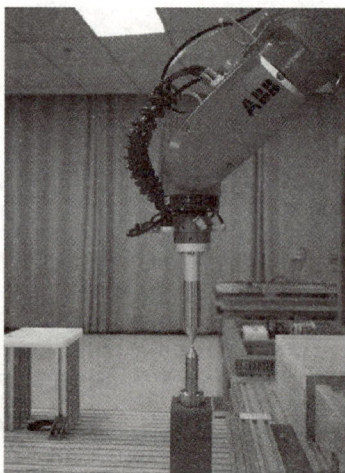

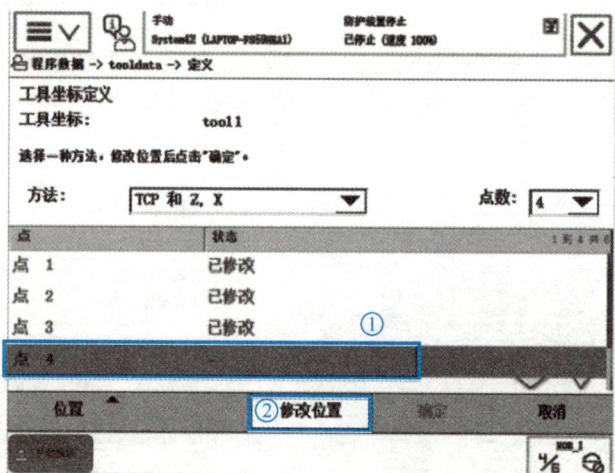

图 2-55　点 4 修改位置

7）操控机器人沿着要设定的 X 轴方向运动一段距离，如图 2-56 所示。然后在示教器中单击"延伸器点 X"，再单击下方的"修改位置"，把当前位置与参考点的连线作为新工具 X 轴方向。

8）操控机器人先回到参考点位置，再沿着要设定的 Z 轴方向运动一段距离，如图 2-57 所示。然后在示教器中单击"延伸器点 Z"，再单击下方的"修改位置"，把当前位置与参考点的连线作为新工具 Z 轴方向。

9）6 个点位修改完成后，单击"确定"，弹出如图 2-58 所示计算结果，显示出最大误差、最小误差、平均误差、X 坐标偏移量等参数值，单击"确定"，系统会自动将参数值填入工具数据中，工具数据定义完成。

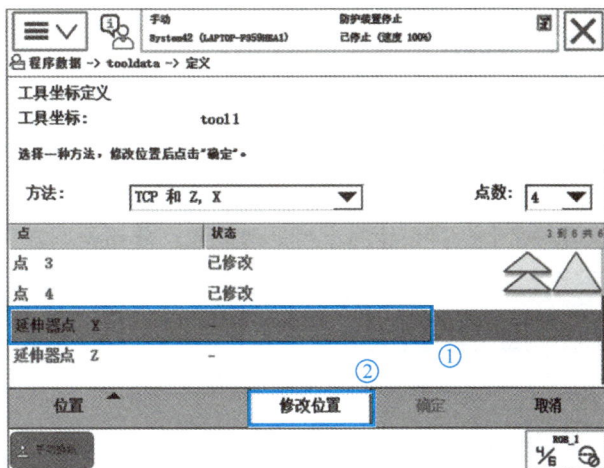

图 2-56　延伸器点 X 修改位置

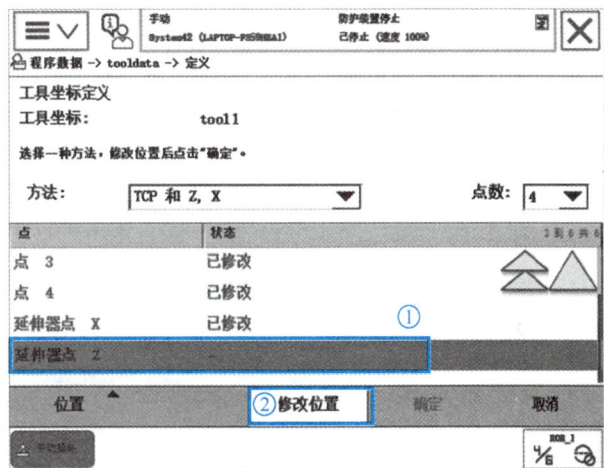

图 2-57　延伸器点 Z 修改位置

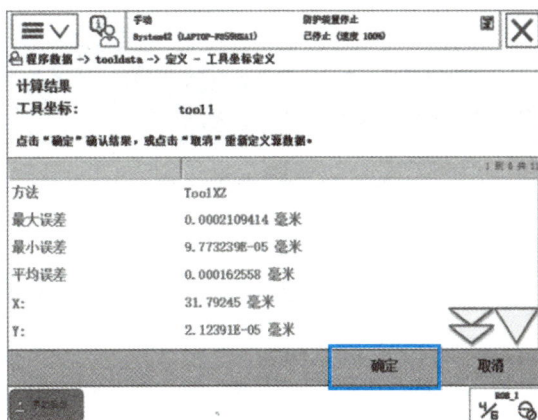

图 2-58　工具数据测试计算结果

📝 **温馨小提示：**

1）机器人碰触参考点时越精确越好，靠近后最好使用增量模式进行机器人移动。

2）对于前4个点，机器人姿态变化越大，则越有利于TCP的定义，即计算的偏移量越准确。

3）对于机器人计算出的平均误差，建议控制在0.5mm以内，才可单击"确定"，否则需要重新定义TCP。

3．测量工具重心与质量

工具重心与质量的测量见二维码2-7。

> 2-7 工具数据重心与质量的测量

📝 **温馨小提示：**

如果某个步骤做错了或未成功，可在"程序编辑器"的"调试"中选择"取消调用例行程序"，这样就可以重新开始测量操作了。

4．输入已知工具数据

对于真空吸盘、夹爪等工具，如果在安装前就已经测量或计算出三个重要参数值，可直接输入参数值，从而省略前面介绍的定义工具数据操作以及测量工具的质量与重心操作。

> 2-8 工具数据手动设定

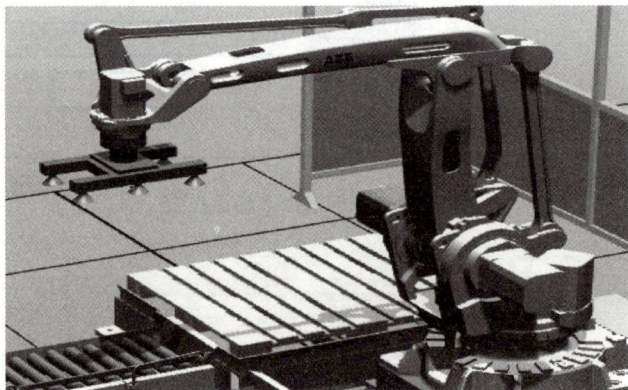

以如图2-59所示真空吸盘为例，该工具的质量为20kg，重心位置在tool0的正Z方向偏移了200mm，TCP在tool0的正Z方向偏移了350mm。

图2-59 真空吸盘工具

新工具tool2的数据输入方法如下。

1）创建新工具数据tool2后，单击"编辑"，在上拉菜单中选择"更改值"，如图2-60所示。

2）在显示的tool2参数中，找到trans参数组，输入新TCP相对默认TCP（即机器人法兰中心）的X、Y、Z坐标偏移量。本例中，X、Y方向的偏移量均为0，Z方向的偏移量为350mm，在Z参数值处输入"350"，单击"确定"，如图2-61所示。

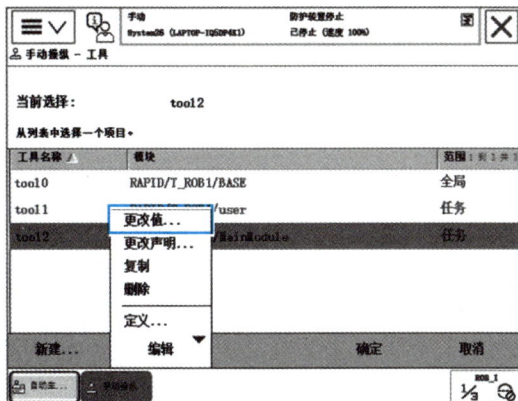

图 2-60 选择"更改值"

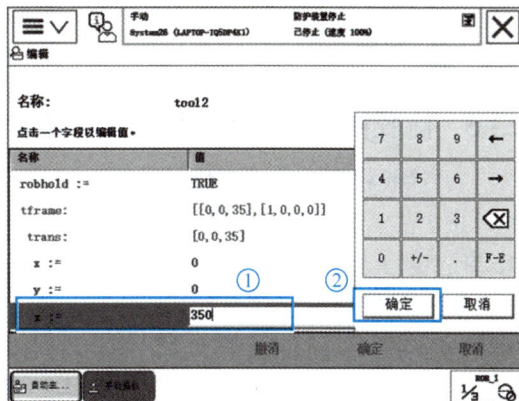

图 2-61 输入 trans 参数组的数值

3）找到 mass 参数，输入工具质量。本例中，工具的质量为 20kg，在 mass 参数值处输入"20"，单击"确定"，如图 2-62 所示。

4）找到 cog 参数组，输入工具重心相对默认 TCP（即机器人法兰中心）的 X、Y、Z 坐标偏移量。本例中，X、Y 方向的偏移量均为 0，Z 方向的偏移量为 200mm，在 Z 参数值处输入"200"，单击"确定"，如图 2-63 所示。

图 2-62 输入 mass 参数的数值

图 2-63 输入 cog 参数组的数值

5）参数输入完成后，单击"确定"，至此，工具数据输入完成，如图 2-64 所示。

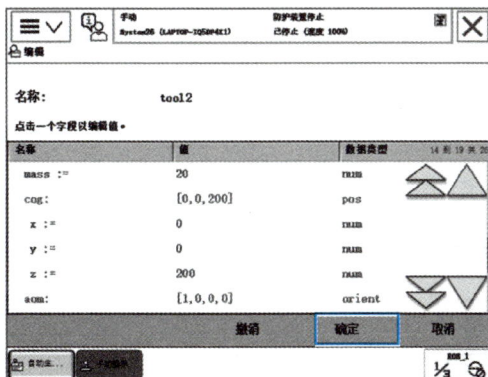

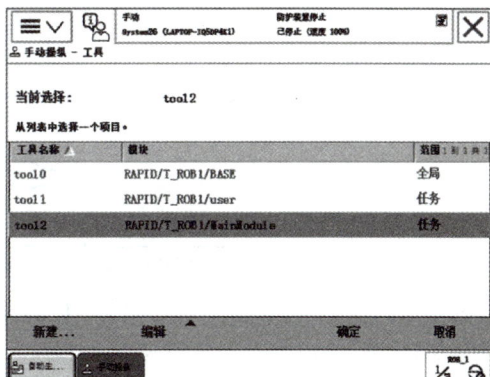

图 2-64 工具数据输入完成及确认

🔹 **实施引导**

2.1.5 涂胶机器人路径规划与工作流程

1. 涂胶机器人路径规划

按工艺要求，涂胶前机器人先运行到安全原点待命。涂胶时，如图 2-65 所示，先使用关节运动使机器人由安全原点运行到涂胶起点正上方，再使用线性运动使机器人垂直到达涂胶起点，开始运行涂胶轨迹。涂胶轨迹运行完后，先使用线性运动返回涂胶起点正上方，再使用关节运动返回安全原点。

规划涂胶运行路径时，直线轨迹需要设定起点和终点；圆弧轨迹需要设定起点、中间点、终点；运行整圆轨迹，要拆分为至少 2 段圆弧分别运行。遵守此原则，涂胶轨迹②路径规划如图 2-66 所示，涂胶轨迹③路径规划如图 2-67 所示。

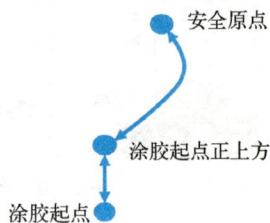

图 2-65　涂胶路径规划

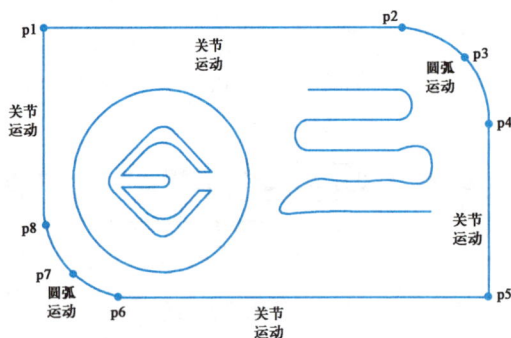

图 2-66　涂胶轨迹②路径规划

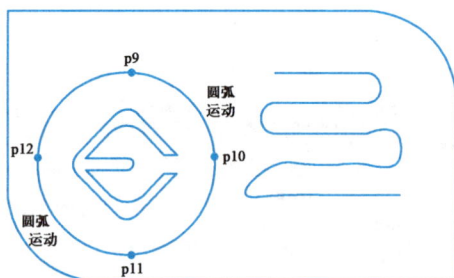

图 2-67　涂胶轨迹③路径规划

使用线性运动、圆弧运动准确到达每一个点位，为了保证涂胶过程匀速且路径精确，涂胶过程均使用 z0 的转弯半径。

2. 涂胶机器人工作流程

针对本次涂胶工作要求，先设计好机器人的控制逻辑，理清涂胶机器人工作过程后，进行涂胶工作流程图绘制。工作流程图如图 2-68 所示，但需要在此基础上进一步细化，增加运行涂胶轨迹②、③的工作流程，并根据实际设备及工作情况进行相应调整。

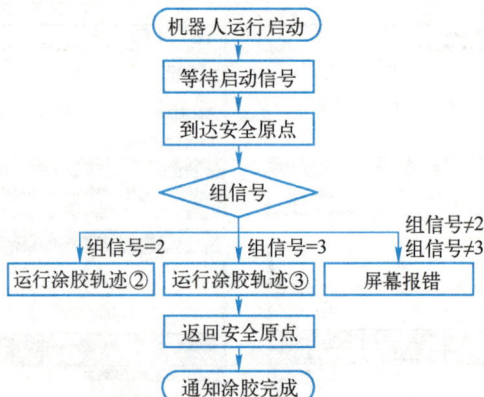

图 2-68　涂胶机器人工作流程图（参考）

2.1.6 涂胶机器人数据创建

1. 工具数据

为了保证涂胶轨迹精确无误，也为了方便点位调试，需要新

建工具数据 tool_glue，将 TCP 从机器人法兰中心移动到涂胶枪末端。

该工具数据无须指定工具坐标系 X、Y、Z 轴方向，采用四点法即可。

2-9 涂胶机器人数据创建

2. 点位数据

根据规划的路径，机器人需要的点位数据主要有三部分。第一部分为运行涂胶轨迹②所需要的点位数据，包含 p1～p8 共 8 个；第二部分为运行涂胶轨迹③所需要的点位数据，包含 p9～p12 共 4 个；第三部分为安全位置需要的点位数据，即安全原点。依据以上分析，列出需要创建的点位，见表 2-1。

表 2-1　点位数据列表（参考用）

序号	数据名称	数据类型	存储类型	备注
1	p1	robtarget	常量	涂胶轨迹②所需点位数据
2	p2	robtarget	常量	
3	p3	robtarget	常量	
4	p4	robtarget	常量	
5	p5	robtarget	常量	
6	p6	robtarget	常量	
7	p7	robtarget	常量	
8	p8	robtarget	常量	
9	p9	robtarget	常量	涂胶轨迹③所需点位数据
10	p10	robtarget	常量	
11	p11	robtarget	常量	
12	p12	robtarget	常量	
13	p_home	robtarget	常量	安全原点

3. 其他逻辑控制数据

除工具数据和点位数据外，还可新建一个 num 型变量 n1，用于存储组信号的值进行运行轨迹的判断，如图 2-69 所示。

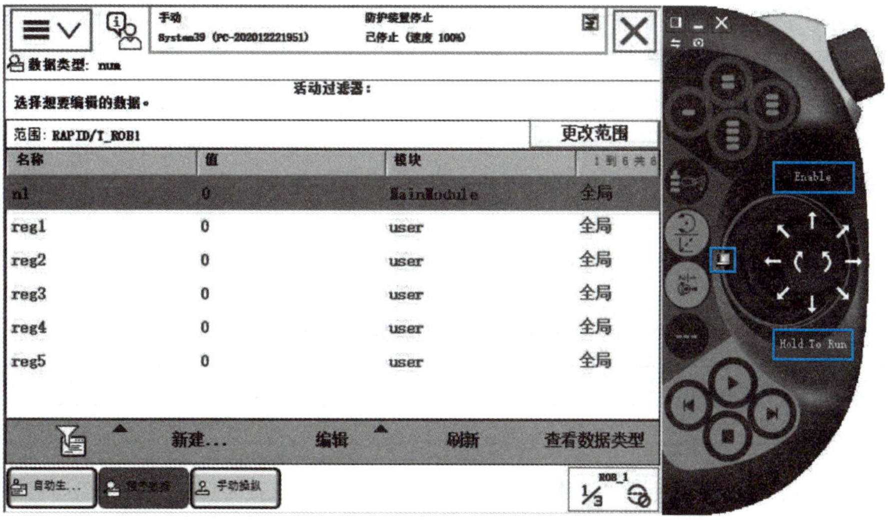

图 2-69　num 型变量 n1

任务 2.2 创建机器人信号

任务描述

根据任务 2.1 确定的涂胶机器人工作流程，分析该涂胶机器人与外部设备之间需要的通信信号，确定机器人所需创建的信号，绘制机器人板卡 I/O 信号接线图，在机器人系统中创建板卡信号并验证其正确性。

新知探究

> 2-10 机器人组信号配置

2.2.1 配置组信号

通过前述应用可知，1 个数字信号的值只能为 0 或 1，当传递值≥2 时，只能将数字信号接口组合后进行传递。这样将两个或两个以上的数字信号接口合并为一个组，使机器人与外部设备间可进行正整数数值传输的信号，就称为组信号。

【实例】如图 2-70 所示，机器人向 PLC 传递信号值 6（转化为二进制数为"110"），即可将 do1、do2、do3 这 3 个数字输出接口组合起来进行传递。第 1 个数字输出接口 do1 与PLC 的第 1 个数字输入接口 di1 进行通信，传递二进制数最低位 0；机器人 do2 与 PLC 的 di2 通信，传递二进制中间位 1；机器人 do3 与 PLC 的 di3 通信，传递最高位 1。那么，PLC 的 di1、di2、di3 这 3 个数字输入接口接收到的值合并起来，再转化为十进制，即接收到机器人需要传递的数值 6。

同理，也可以将机器人数字输入接口

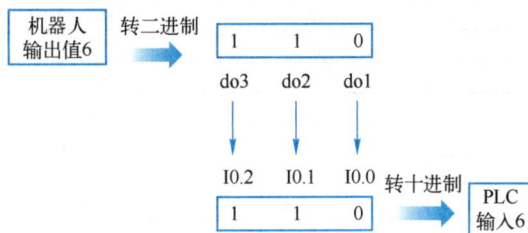

图 2-70 组信号实例

组合起来接收外部传递的数值。数字输入接口组合起来接收的信号称为组输入信号，用 GI 表示；数字输出接口组合起来输出的信号称为组输出信号，用 GO 表示。

1. 组信号传递数值范围

一个组信号能传递的数值范围与组信号的接口数量有关。如上述实例是三个数字信号接口的组合，能传递的最小信号值为二进制数"000"，即十进制数"0"；能传递的最大信号值为二进制数"111"，即十进制数"7"。那么，三个数字信号接口组成的组信号能传递的数值范围为 0~7。

同理，可推算出不同信号接口数量组成的组信号能传递的信号值范围，见表 2-2。

表 2-2 信号接口数量与传递数值范围的关系

组信号接口数量	组信号能传递的数值范围
2	0~3
3	0~7
4	0~15

（续）

组信号接口数量	组信号能传递的数值范围
5	0～31
6	0～63
7	0～127
8	0～255
9	0～511
10	0～1023

2. 组信号创建操作

【实例】机器人 DSQC652 板卡数字输入端子 X3 的连接电路如图 2-71 所示，将 DI5、DI6 两个数字输入信号口组合起来，配置为组输入信号，主要配置参数见表 2-3。

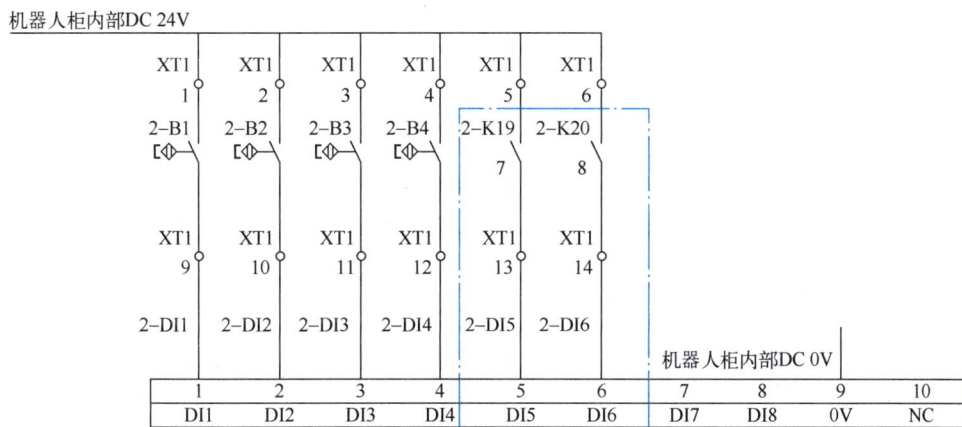

图 2-71　X3 端子连接电路

表 2-3　组输入信号参数

参数名称	设定值	说明
Name	gi1	设定组输入信号在系统中的名字，可以以"gi+序号或信号功能"进行命名
Type of Signal	Group Input	设定信号类型
Assigned to Device	board10	设定信号所在的 I/O 板名称
Device Mapping	4-5	设定信号所占用的地址

该组输入信号具体配置步骤如下：

1）在手动模式下，进入 ABB 主菜单，单击"控制面板"后，选择"配置"选项，如图 2-72 所示。

2）双击"Signal"后，再单击下方"添加"按钮，如图 2-73 所示。

3）进入信号配置界面后，单击"Name"参数进入信号名称设置界面，修改信号名称为"gi1"并单击下面的"确定"按钮，如图 2-74 所示。

4）单击"Type of Signal"参数设定信号类型，在下拉列表中选择类型为数字输入信号"Group Input"，如图 2-75 所示。

图 2-72 选择"配置"选项

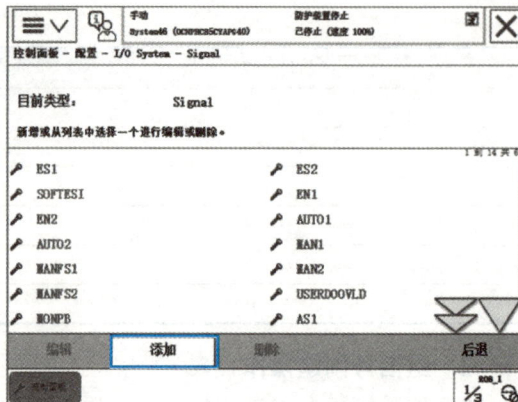

图 2-73 添加信号

图 2-74 信号名称设置

图 2-75 信号类型设置

5）单击"Assigned to Device"参数设定信号所在的 I/O 板名称，在下拉列表中单击"board10"，如图 2-76 所示。

6）单击"Device Mapping"参数进入信号地址设置界面，修改信号地址为"4-5"并单击下面的"确定"按钮，如图 2-77 所示。

图 2-76 信号所在的 I/O 板

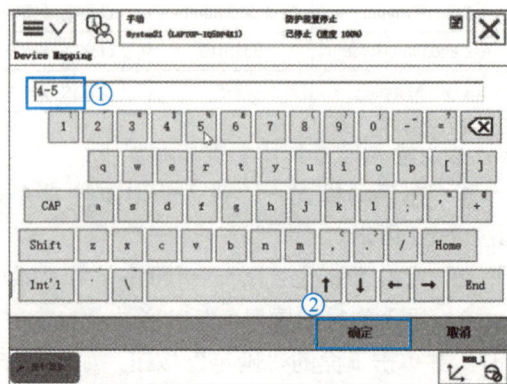

图 2-77 信号地址设置

7）单击"确定"确认配置的信号参数，如图2-78所示。

8）信号配置必须在系统重新启动后才能生效，因此会弹出提示是否重启的对话框。如果不再配置信号，单击"是"重新启动系统，如图2-79所示；如果还要进行信号配置，可以在信号配置完成后再重新启动，单击"否"暂时不重启。

图2-78　信号确认

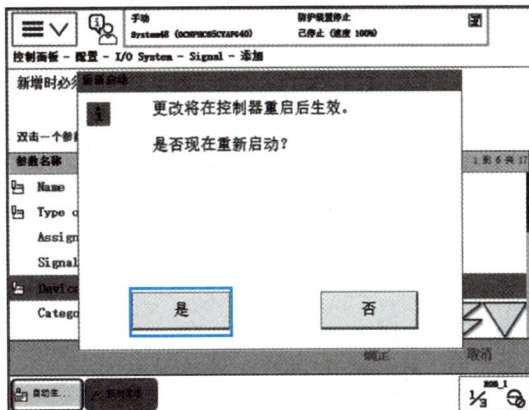

图2-79　选择是否重启系统

3. 组信号查看

组信号创建完成并重新启动系统后，创建的组信号可在"输入输出"界面进行查看，以便于在机器人调试和检修时使用。具体操作步骤如下：

2-11　机器人组信号查看

1）进入ABB主菜单，选择"输入输出"，如图2-80所示。

2）打开右下角的"视图"菜单，选择"全部信号"，如图2-81所示。若只查看组输入信号，可单击"组输入"；若只查看组输出信号，可单击"组输出"。

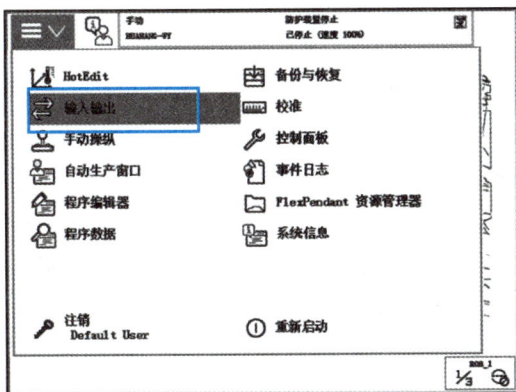

图2-80　选择"输入输出"

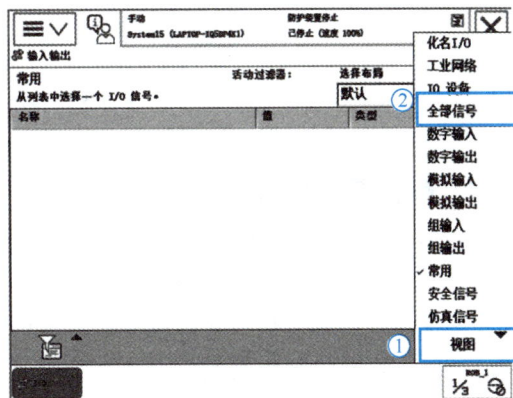

图2-81　选择"全部信号"

3）与数字信号一样，在显示的信号列表中，可对组输入信号进行仿真，也可直接修改组输出信号数值。例如，要仿真组输入信号，单击"仿真"按钮后，再单击"123…"，更改gi1的当前值，如图2-82所示。

99

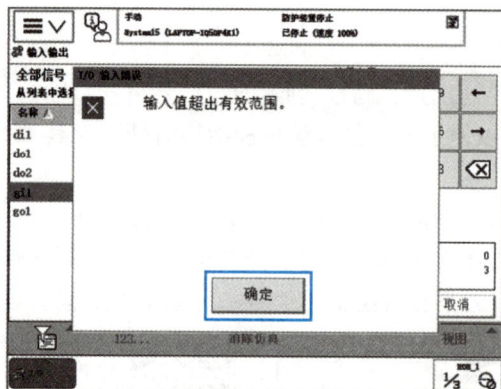

图 2-82　输入组信号仿真值

📝 **温馨小提示：**

仿真与修改的组信号数值不能超过该组信号的数值范围，否则会报错，如图 2-83 所示。

图 2-83　输入值超出有效范围

2.2.2 配置系统信号

ABB 机器人可将某一数字输入信号与机器人系统运行控制动作关联起来，形成机器人系统输入信号，便于通过数字输入信号对机器人运行进行控制，如控制电机开启、程序启动、程序停止等。同理，机器人系统的运行状态也可以与数字输出信号关联起来，形成系统输出信号，便于将系统的状态输出给外围设备，如告知机器人系统运行模式、反馈机器人程序执行错误、显示机器人急停等。

2-12　机器人系统信号配置

【实例】机器人系统总控台设置有系统启动按钮，机器人必须在启动按钮按下后才能运行。可创建一个系统输入信号，如图 2-84 所示，将该启动按钮信号与机器人"从主程序开始运行"动作关联起来。这样，只要按下启动按钮，机器人立刻开始运行，无须按机器人示教器上的运行按键。

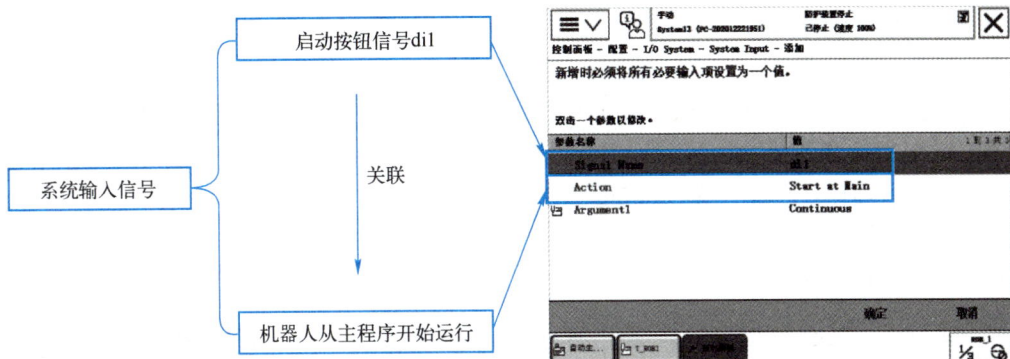

图 2-84　系统输入信号实例

1. 常用系统输入信号

机器人系统输入信号，常用来关联的机器人动作，包括：

1）Motors On：机器人电机上电，即开启伺服电机使能。

2）Motors Off：机器人电机下电，即关闭伺服电机使能。若执行该动作时，机器人正在运行，系统将先自动停止机器人运行，再使电机下电。当此系统信号为 1 时，机器人将无法使电机上电。

3）Start：机器人运行程序开始。和示教器上启动按键的功能一致，从运行指针当前位置开始运行机器人程序。

4）Start at Main：机器人从主程序开始运行程序。机器人将从主程序第一行开始启动，如果机器人正在运行，此功能无效。

5）Stop：机器人运行程序停止。和示教器上停止按键的功能一致。当信号发出后，不管机器人当前在执行何种任务，机器人都会停止。当此输入信号值为 1 时，将无法运行机器人程序。

6）Estop：机器人紧急停止。

7）PP To Main：程序指针移到主程序第一行，和示教器上"PP 移至 Main"调试选项的功能一致。

2. 常用系统输出信号

机器人系统输出信号，常用来读取的机器人运行状态包括：

1）AutoOn：机器人处于自动模式。

2）CycleOn：循环运行开启中，机器人正在运行程序。

3）Error：机器人故障。

4）MotOnState：机器人电机已上电。

5）TCP Speed：TCP 当前实际运行速度。

温馨小提示：

　　系统输入信号能关联的机器人动作类型，以及系统输出信号能读取的机器人运行状态类型有很多，这里仅列出了较为常用的。如果需要使用其他类型，可按下〈F1〉帮助按键自行查阅。

3. 系统信号创建操作

【实例】创建系统输入信号，将通知电机上电的数字输入信号 diBoxInPos 与 Motors On 动作关联起来。当 diBoxInPos 信号为 1 时，执行电机上电动作。具体操作步骤如下：

1）确保已创建数字输入信号 diBoxInPos 后，在手动模式下进入 ABB 主菜单，选择"控制面板"后选择"配置"选项，如图 2-85 所示。

2）单击"System Input"创建系统输入信号，如图 2-86 所示。单击"System Output"可创建系统输出信号。

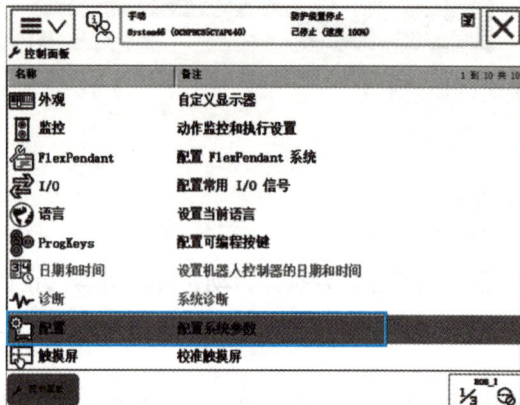

图 2-85 选择"配置"选项   图 2-86 添加系统输入信号

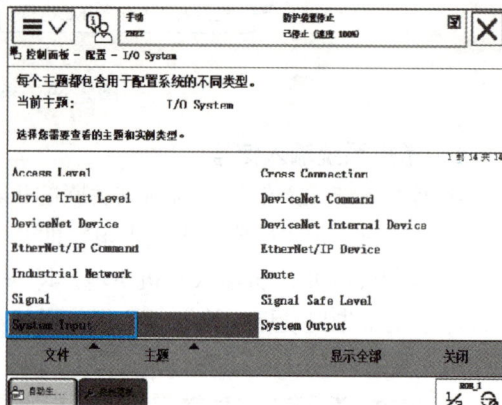

3）单击下方"添加"按钮，信号名称选择数字输入信号"diBoxInPos"后单击"确定"，如图 2-87 所示。

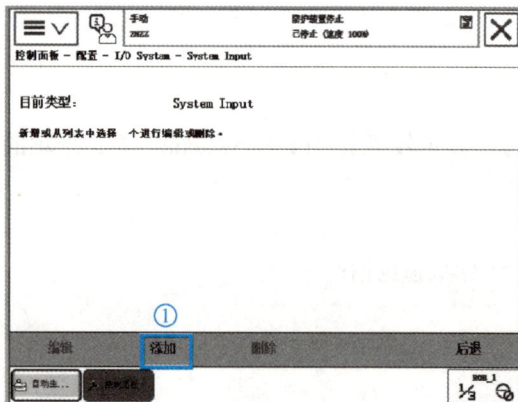

图 2-87 关联的数字信号选择

4）单击"Action"，在弹出界面中选择需要关联的电机上电动作"Motors On"，再单击"确定"，如图 2-88 所示。

5）系统信号配置完成后，必须在系统重新启动后才能生效。在弹出的提示是否重启对话框中单击"是"，待系统重新启动后，该系统信号创建成功。

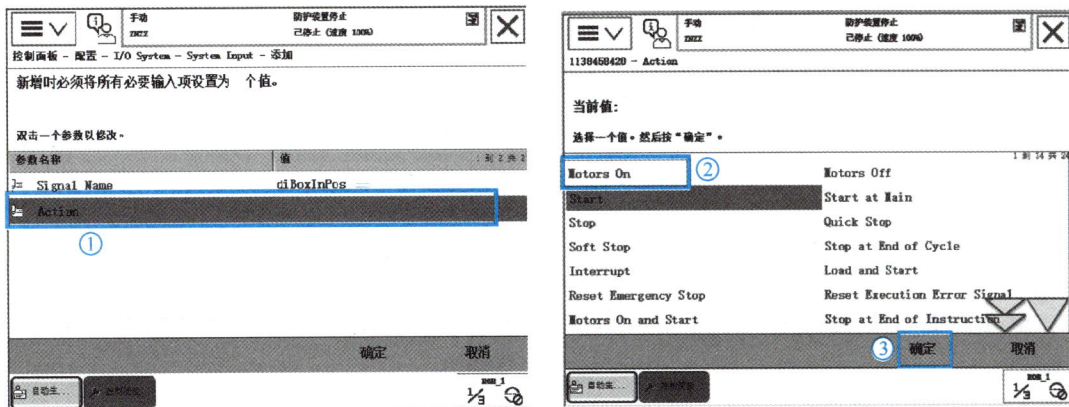

图 2-88 关联动作选择

2.2.3 备份与恢复信号

ABB 工业机器人的信号数据可进行单独的备份。为了方便操作或缩短现场操作时间，还可在计算机上对备份的信号进行更改，再重新恢复到机器人中。进行机器人信号的备份与恢复操作时，若机器人信号数据是备份到外部存储设备中（如 USB 存储设备），或者从外部存储设备中恢复到机器人，都需要先将 USB 存储设备（如 U 盘）插入示教器的 USB 端口。

2-13 信号备份与恢复

1. 备份信号

1）在示教器主菜单中，单击"控制面板"，再选择"配置"选项，如图 2-89 所示。

2）单击"文件"，在上拉菜单中选择"'EIO'另存为"选项，如图 2-90 所示。

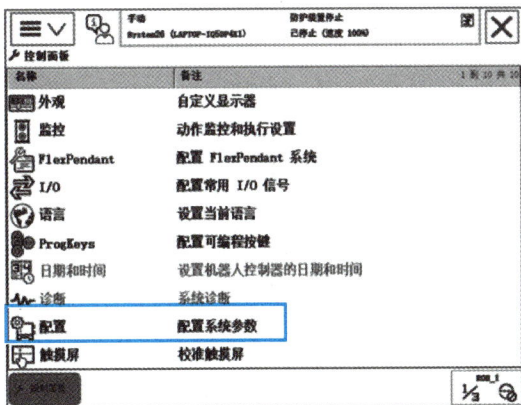

图 2-89 选择"配置"选项（备份信号）

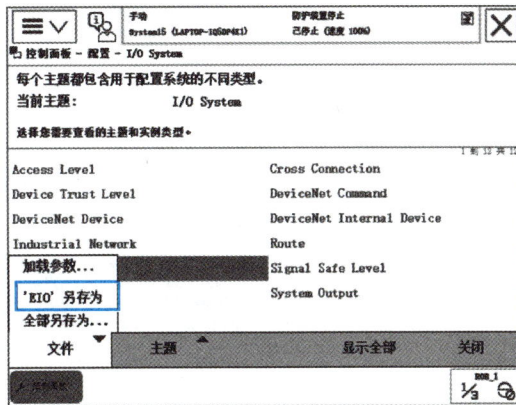

图 2-90 选择"'EIO'另存为"选项

3）单击图标 ，直到出现根目录（可能需要多次单击），如图 2-91 所示。

4）选择"D:"（此实例中的 D 盘为外部存储盘）为保存路径，显示 D 盘现有文件，单击下方"确定"，确认保存路径，如图 2-92 所示。

5）信号数据备份完成后，打开 D 盘就会发现已存在信号数据文件"EIO.cfg"，如图 2-93 所示。

6）文件"EIO.cfg"可用记事本打开，如图 2-94 所示。

图 2-91 选择根目录下保存路径

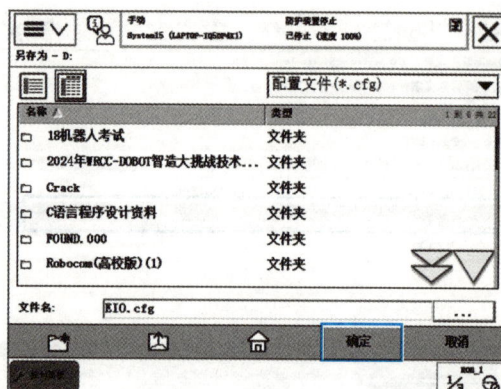

图 2-92 确定保存路径

图 2-93 备份的"EIO.cfg"

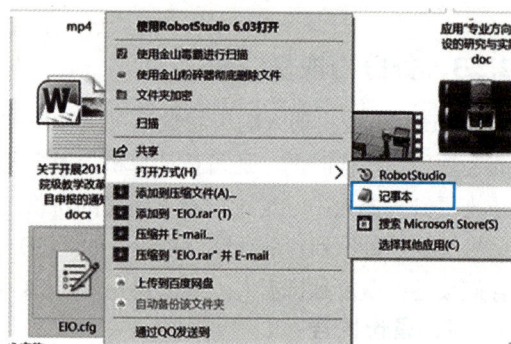

图 2-94 用记事本打开"EIO.cfg"

7）打开后的"EIO.cfg"文件下方显示了所有已定义的信号信息，如图 2-95 所示。每个信号信息从左向右依次是信号名称、信号类型、所属的 I/O 卡名称和地址。

图 2-95 备份的信号信息

用户可根据需求在记事本中对信号进行修改、添加和删除，更改完成后保存即可。

2. 恢复信号

1）在示教器主菜单中，单击"控制面板"，再选择"配置"选项，如图2-96所示。

图2-96 选择"配置"选项（恢复信号）

2）单击"文件"，在上拉菜单中选择"加载参数…"选项，如图2-97所示。

3）选择"加载参数并替换副本"选项后，单击"加载…"，如图2-98所示。

图2-97 选择"加载参数…"   图2-98 选择"加载参数并替换副本"

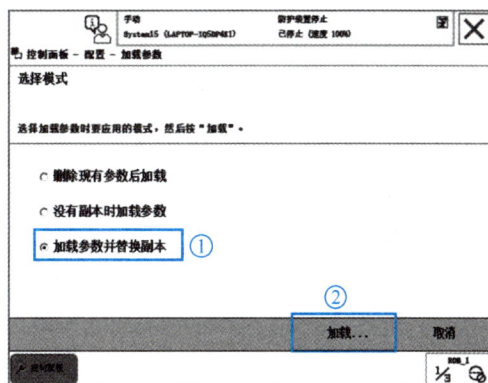

4）如图2-99所示，单击图标，直到出现根目录（可能需要多次单击），如图2-100所示。

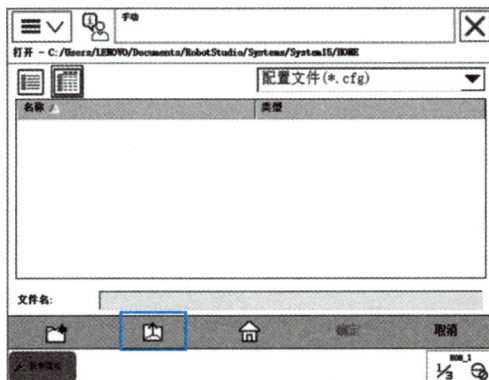

图2-99 单击进入上一级文件夹   图2-100 选择根目录下路径

5）选择"EIO.cfg"文件所存在的路径。本例单击"D:"，在显示的 D 盘文件中，单击要恢复的"EIO.cfg"文件，再单击"确定"，如图 2-101 所示。

6）提示要重新启动系统后才能生效，单击"是"，如图 2-102 所示。系统重启后，信号恢复操作完成。

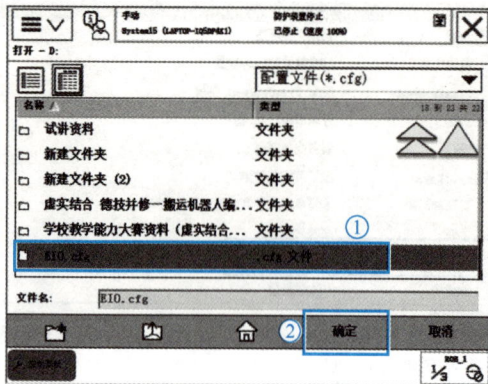

图 2-101　单击"EIO.cfg"文件

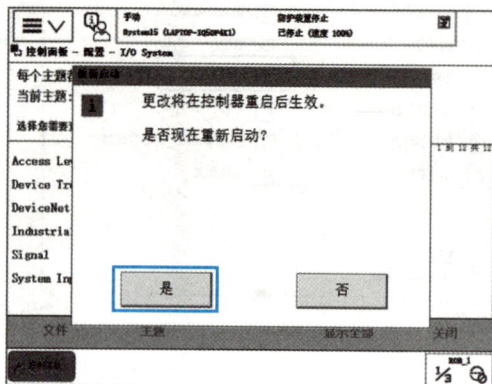

图 2-102　重启系统

实施引导

2.2.4　涂胶机器人信号分析

本情境仍然采用 ABB IRB1200 机器人，其标准 I/O 板 DSQC652 的 X5 端子设置硬件地址为 10。若涂胶机器人工作流程如图 2-103 所示，需要的信号包括：

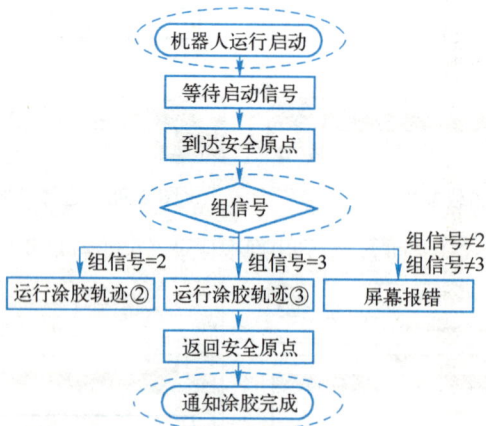

图 2-103　涂胶机器人工作流程

1）数字输入信号。启动按钮按下时传递的机器人启动信号。可将该信号与"Start at Main"动作关联起来作为系统输入信号。

2）数字输出信号。

① 涂胶枪控制信号：涂胶前需要打开涂胶枪，涂胶后又需要关闭涂胶枪。使用一个输

出信号即可进行控制。信号为 1 时，打开涂胶枪；信号为 0 时，则关闭涂胶枪。

② 涂胶完成信号：依据涂胶要求，机器人涂胶完成后，需要通知 PLC 涂胶完成。需创建一个涂胶完成的数字输出信号，涂胶未完成时，信号值为 0；机器人涂胶完成后，信号值设置为 1。

3）组输入信号。机器人运行哪条涂胶轨迹的信号，是通过外部 PLC 传递过来的，机器人通过组输入信号进行接收。由于接收最大数值为 3，因此需要两个输入接口进行组合。

依据以上分析，绘制出机器人输入信号接线图，如图 2-104 所示，对应 PLC 输出接口接线图如图 2-105 所示。机器人输出信号接线图如图 2-106 所示。

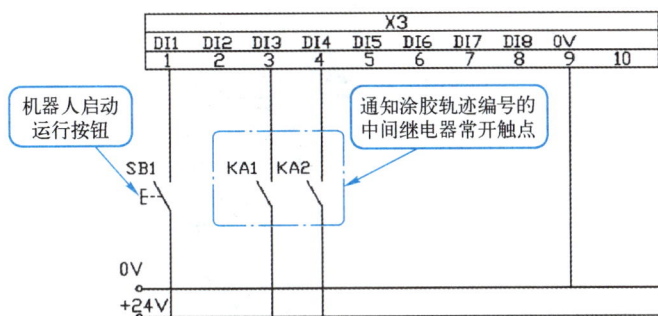

图 2-104　涂胶机器人输入信号接线图　　　图 2-105　PLC 输出接口接线图

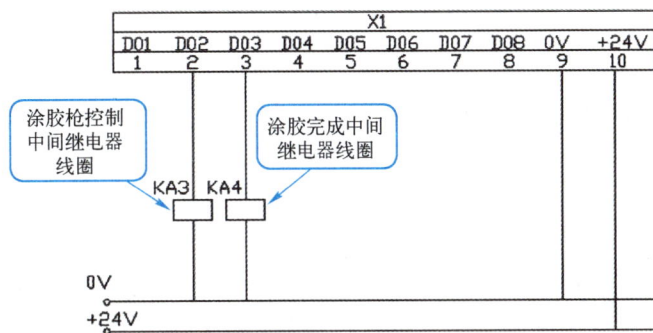

图 2-106　涂胶机器人输出信号接线图

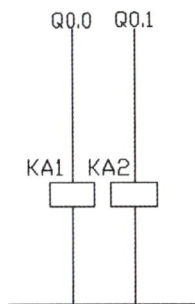

2.2.5　涂胶机器人信号创建

板卡配置列表见表 2-4，信号配置列表见表 2-5。根据配置表，即可按配置步骤完成 I/O 板与信号的配置，如图 2-107 所示，并利用信号仿真操作检查信号是否能正常运行。为方便后期调试，可将涂胶枪控制输出信号配置为可编程快捷按键。

表 2-4　板卡配置列表实例

序号	板卡类型	板卡名称	地址	板卡所提供信号个数			
				数字输入	数字输出	模拟输入	模拟输出
1	DSQC652	board10	10	16	16	0	0

表 2-5　信号配置列表实例

序号	信 号 名 称	信 号 类 型	所属板卡	地　　址	备　　注
1	di_star	数字输入信号	board10	0	运行启动信号
2	gi_number	组输入信号	board10	2～3	运行轨迹编号
3	do_glue	数字输出信号	board10	1	涂胶枪控制信号
4	do_finish	数字输出信号	board10	2	涂胶完成信号

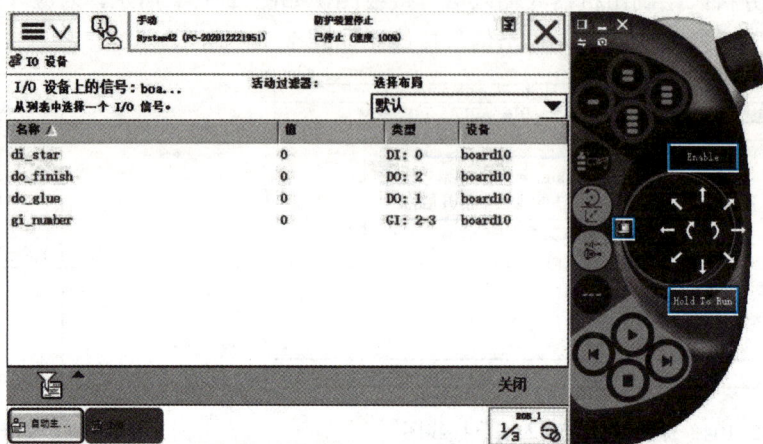

图 2-107　涂胶机器人信号

任务 2.3　编写机器人程序

任务描述

依据任务 2.1 绘制的涂胶机器人工作流程图，利用前两个任务创建的数据和信号，分析与学习该工作流程控制程序所需的指令，在机器人示教器中编写出涂胶机器人运行程序。

新知探究

2.3.1　创建与编辑程序模块

2-15　程序模块的创建与编辑操作

1. 创建程序模块

1）进入 ABB 主菜单，选择"程序编辑器"，在程序界面的上方单击"模块"按钮，进入"模块"界面，如图 2-108 所示。

2）在弹出的模块列表中，单击左下角"文件"上拉菜单中的"新建模块…"，如图 2-109 所示。

3）此时会弹出添加新模块后将丢失程序指针的提示，如果确定需要新建，单击"是"，如图 2-110 所示。

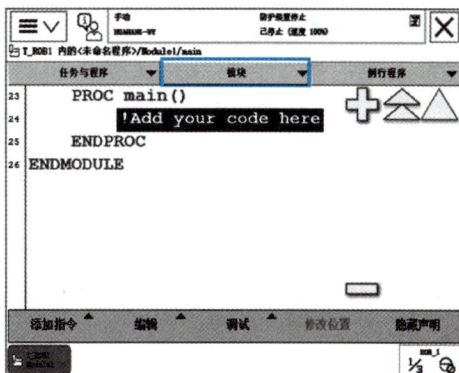

图 2-108 进入"模块"界面

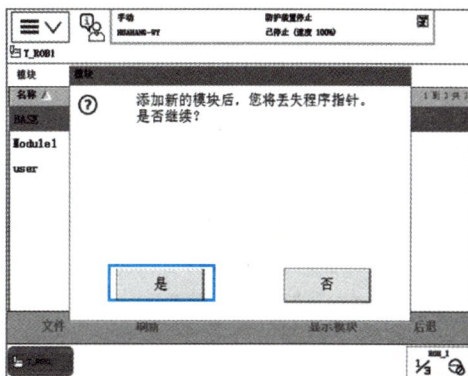

图 2-109 选择"新建模块…"

图 2-110 确认新建

4）单击"ABC…"后设置模块名称（这里暂时设置为"MADUO"）。在"类型"下拉列表中，选择要创建的是程序模块还是系统模块，一般用户只需要使用程序模块，选择"Program"。单击"确定"，确认创建操作，如图 2-111 所示。

5）此时回到了程序模块列表，可看见新创建的程序模块都显示在了列表中，单击下方的"显示模块"，如图 2-112 所示，可进入该模块的程序列表界面。

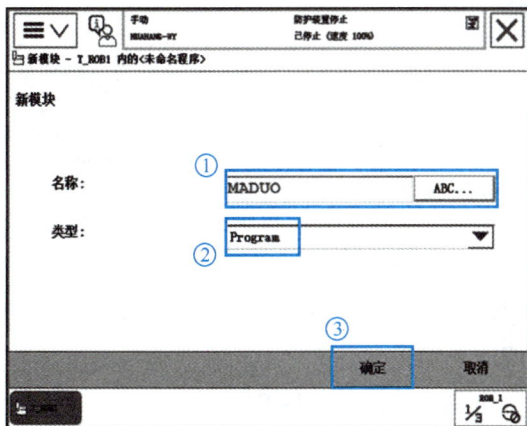

图 2-111 设置模块名称与类型

图 2-112 选择"显示模块"

2. 编辑程序模块

1）更改声明：在模块列表中，选中需要更改声明的模块，单击"文件"，选择"更改声明…"。可以对模块的名称及类型进行修改，完成后单击"确定"，如图 2-113 所示。

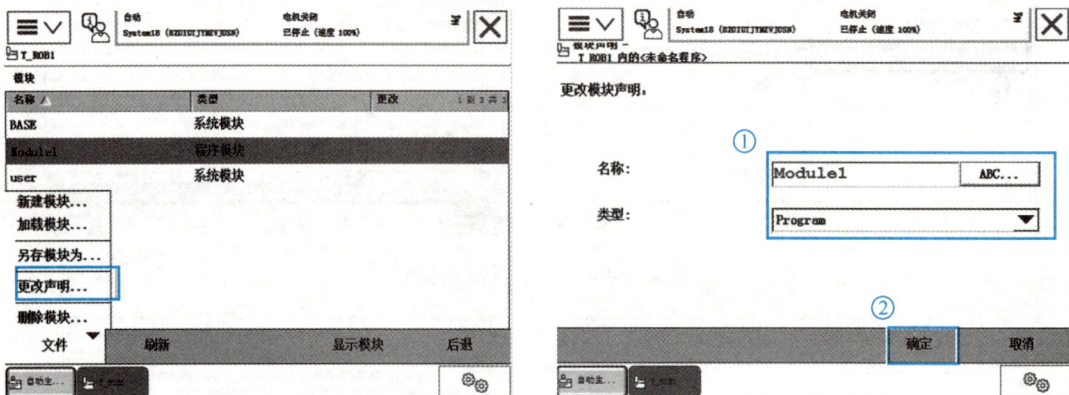

图 2-113　更改模块声明

2）删除模块：在模块列表中，选中需要删除的模块，单击"文件"，选择"删除模块…"。在弹出的提示对话框中，单击"确定"即可删除，如图 2-114 所示。

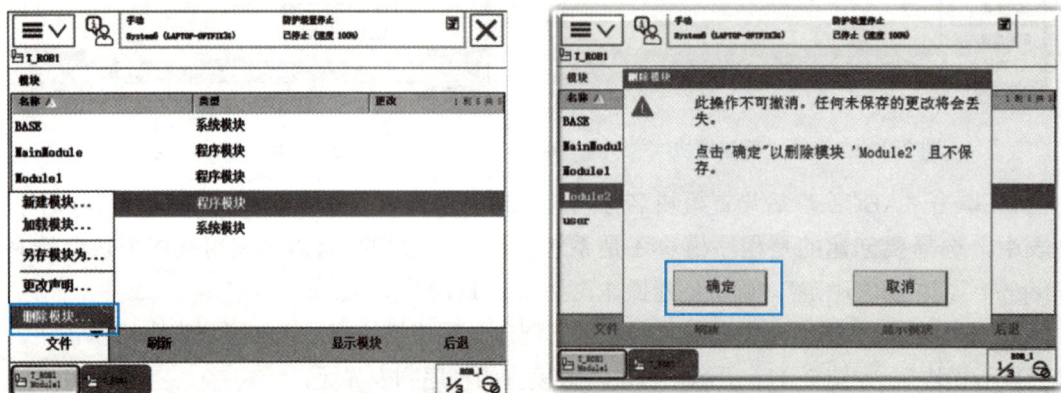

图 2-114　删除模块

2.3.2　备份与恢复程序模块

1. 备份程序模块

2-16　程序模块的备份与恢复操作

下面以将程序模块备份到 USB 中为例，介绍操作过程。

1）将 U 盘插入示教器右下角的 USB 插口，U 盘的文件系统必须是 FAT32，如图 2-115 所示。

2）单击主菜单中的"程序编辑器"，单击"模块"进入模块界面后，单击需要保存的模块文件，选择"文件"中的"另存模块为…"，如图 2-116 所示。

3）如图 2-117 所示，单击图标，可能需要多单击几次，直到出现 USB。

4）单击"/USB"，再单击"确定"，便将模块的 MOD 文件储存到了 U 盘中，如图 2-118 所示。注意，文件路径中不能有中文。

图 2-115　插入 USB

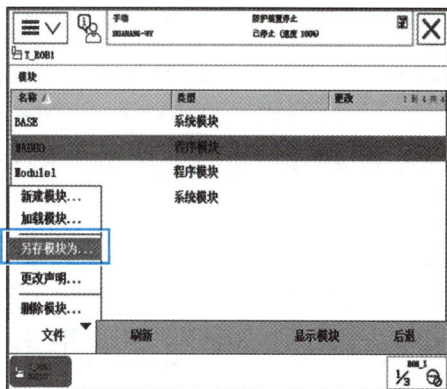

图 2-116　选择"另存模块为…"

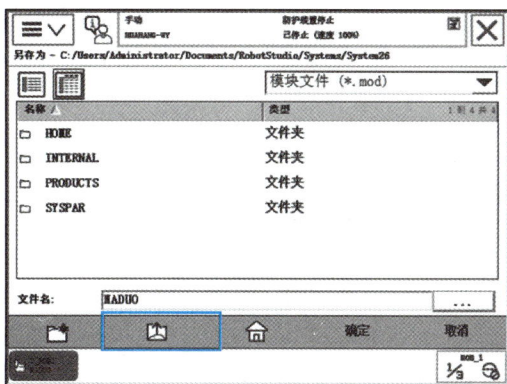

图 2-117　上翻找到 USB（备份程序模块）

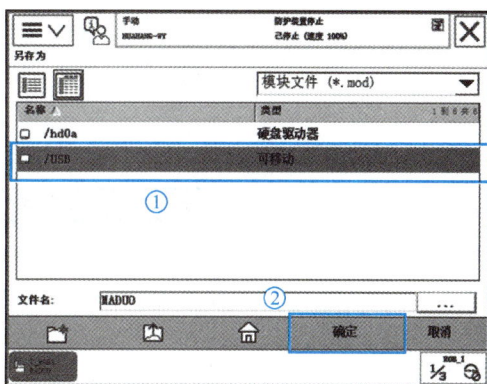

图 2-118　选择备份到 USB

2. 恢复程序模块

下面以将程序模块从 U 盘恢复到系统中为例，介绍操作过程。

1）将存储了模块程序的 U 盘插入示教器右下角的 USB 插口，U 盘的文件系统必须是 FAT32。

2）进入程序模块列表界面，选择"文件"中的"加载模块…"，如图 2-119 所示。

3）如图 2-120 所示，单击图标⬆，直到出现 USB，可能需要多次单击。

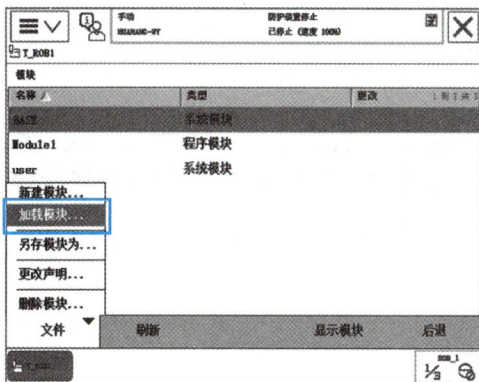

图 2-119　选择"加载模块…"

图 2-120　上翻找到 USB（恢复程序模块）

4）选中"/USB"，单击"确定"，如图 2-121 所示。

5）选中需要加载的程序模块 MOD 文件，单击"确定"，如图 2-122 所示。

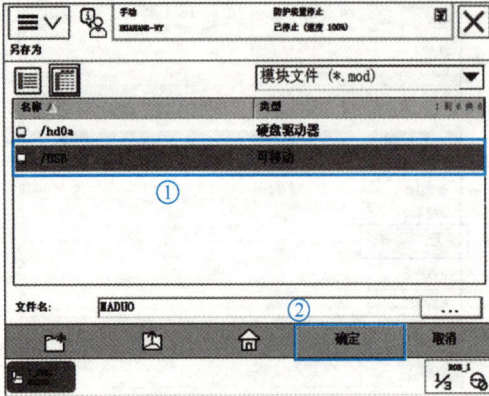

图 2-121 选中 USB

图 2-122 选择要恢复的模块

6）等待程序模块加载完成后，查看程序模块是否已经加载进来，如图 2-123 所示。

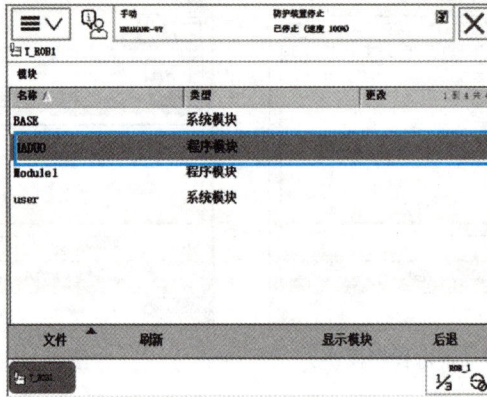

图 2-123 查看恢复的程序模块

2.3.3 程序模块加密

1）对备份出来的程序模块文件，用记事本打开，在模块声明后面添加"（NOVIEW）"，如图 2-124 所示。

2）将修改后的程序模块文件重新恢复到系统中，这样该程序模块就在工业机器人内显示为不可查看，如图 2-125 所示。

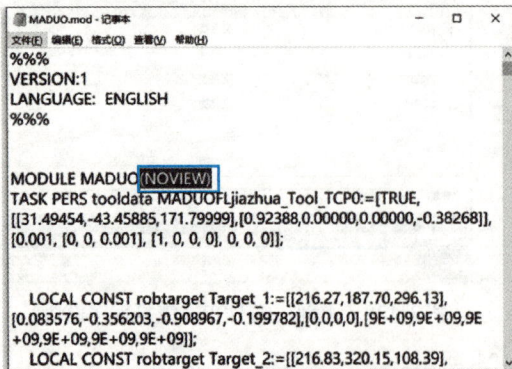

图 2-124 更改模块属性

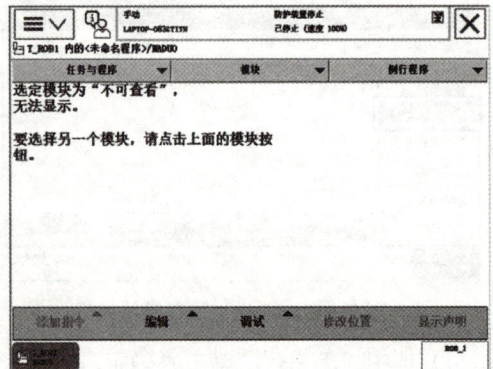

图 2-125 模块不可查看

2.3.4　圆弧运动指令

【功能】圆弧运动指令（MoveC）可使机器人TCP以圆弧移动方式移动至目标点，如图2-126所示。当前点、中间点与目标点这三点决定一段圆弧。第一个点是圆弧的起点，是上一个指令的目标点；第二个点用于确定圆弧的曲率；第三个点是圆弧的终点。

2-17　圆弧运动指令

【特点】圆弧运动时机器人运动状态可控，运动路径保持唯一，常用于机器人的工作状态移动。

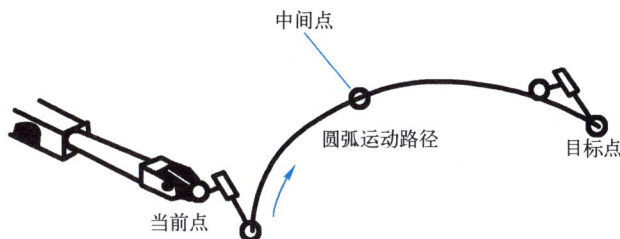

图2-126　圆弧运动路径

【格式】圆弧运动指令格式如图2-127所示，各数据说明见表2-6。

MoveC　　p1　,　p2　,　v500　,　z50　,　tool1\wobj　:=　wobj1 ;

| 圆弧运动 | 中间点 | 目标点 | 运动速度 | 转弯数据 | 工具坐标数据 | 工件坐标数据 |

图2-127　圆弧运动指令格式

表2-6　圆弧运动各数据说明

数　据	定　义
中间点	定义机器人TCP圆弧运动的中间点位置，用于确定圆弧的曲率
目标点	定义机器人TCP圆弧运动的终点位置
运动速度	定义速度（mm/s），在手动状态下，所有运动速度被限定在250mm/s
转弯数据	定义转弯区的大小（mm）。如果设置为"z0"，表示机器人TCP会准确到达目标点但不降速停在该点；如果设置为"fine"，表示机器人TCP会准确到达目标点，且降速停在该点
工具坐标数据	定义当前指令使用的工具坐标
工件坐标数据	定义当前指令使用的工件坐标，如果使用wobj0，该数据可省略不写

📝 **温馨小提示：**

　　一个圆弧运动指令（MoveC）只能运行圆心角小于或等于240°的圆弧，无法通过一个MoveC指令运行一个圆。如果要运行圆心角大于240°的圆弧，必须把该圆弧拆分为两个或两个以上的圆弧进行程序编写。

【实例】要运行如图2-128所示整圆轨迹，至少需要使用两个MoveC指令：第一个MoveC指令在p1、p2和p3之间进行圆弧运动，第二个MoveC指令在p3、p4和p1之间进行圆弧运动。具体运行程序见表2-7。

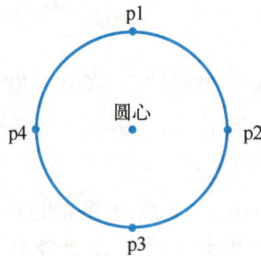

图 2-128　整圆运动路径

表 2-7　整圆轨迹编程

程　序	注　释
MoveL p1,v100,fine,tool1;	线性运动到 p1 点，采用 tool1 工具数据
MoveC p2, p3,v100,z0,tool1;	圆弧运动，p1 为起点，p3 为终点，在 p1、p2、p3 点之间走圆弧
MoveC p4, p1,v100,fine,tool1;	圆弧运动，p3 为起点，p1 为终点，在 p3、p4、p1 点之间走圆弧

2.3.5　绝对位置运动指令

2-18　绝对位置运动指令

【功能】绝对位置运动指令（MoveAbsJ）可使机器人各关节轴运动至给定位置。

【特点】机器人的运动使用 6 个轴和外轴的角度值来定义目标位置数据。运动时机器人运动姿态不可控，常在机器人恢复为某一姿态时使用。

【格式】绝对位置运动指令格式如图 2-129 所示，各数据说明见表 2-8。

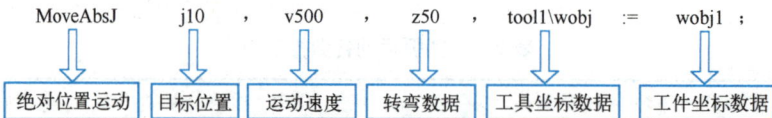

图 2-129　绝对位置运动指令格式

表 2-8　绝对位置运动指令各数据说明

数　据	定　义
目标位置	定义目标位置各关节轴及外轴的角度值，数据类型为 jointtarget
运动速度	定义速度（mm/s），在手动状态下，所有运动速度被限定在 250mm/s
转弯数据	定义转弯区的大小（mm）。如果设置为 "z0"，表示机器人 TCP 会准确到达目标点但不降速停在该点；如果设置为 "fine"，表示机器人 TCP 会准确到达目标点，且降速停在该点
工具坐标数据	定义当前指令使用的工具坐标
工件坐标数据	定义当前指令使用的工件坐标，如果使用 wobj0，该数据可省略不写

【实例】利用绝对位置运动指令，将机器人准确移动至第 1 关节轴角度为 0°，第 2 关节轴角度为-30°，第 3 关节轴角度为 30°，第 4 关节轴角度为 0°，第 5 关节轴角度为 90°，第 6 关节轴角度为 0°的位置。具体操作如下：

1）单击主菜单中的"程序数据"，单击右下角选择"全部数据类型"，如图 2-130 所示。

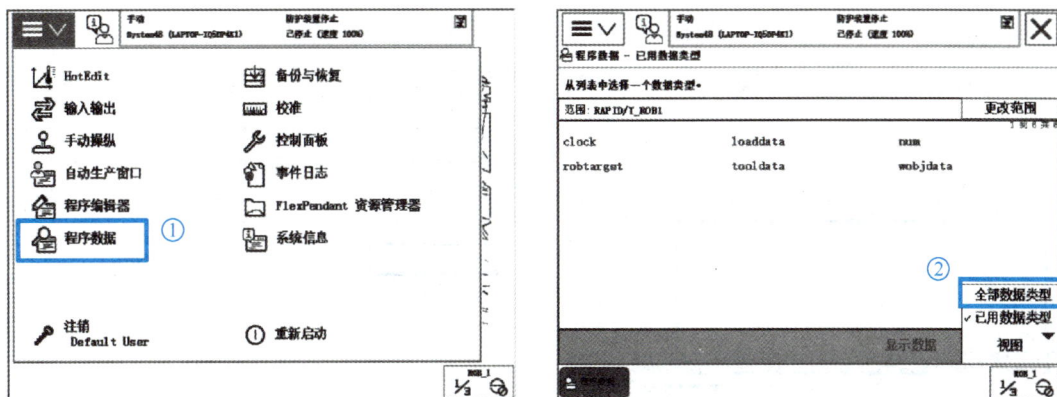

图 2-130 显示全部数据类型

2）双击"jointtarget"程序数据类型选项后，在操作界面中单击"新建"按钮，如图 2-131 所示。

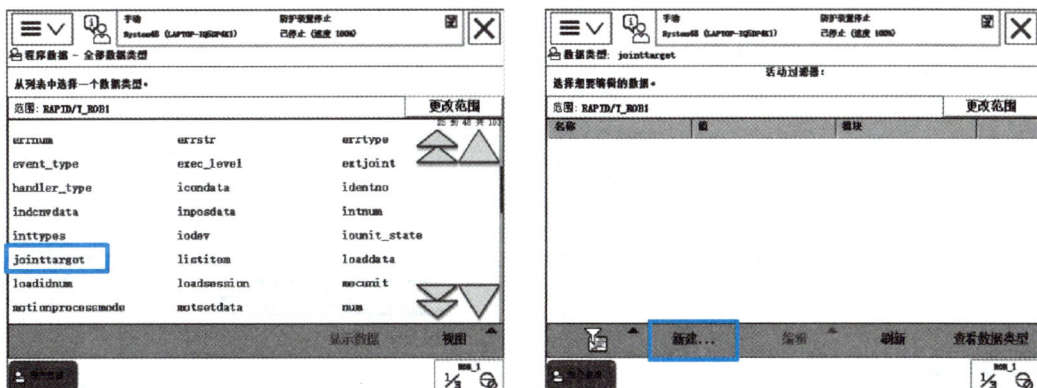

图 2-131 新建 jointtarget 程序数据

3）设置各选项后，单击"确定"按钮，如图 2-132 所示。

4）单击下方的"编辑"按钮，在上拉菜单中选择"更改值"选项，如图 2-133 所示。

图 2-132 设置各选项后确定

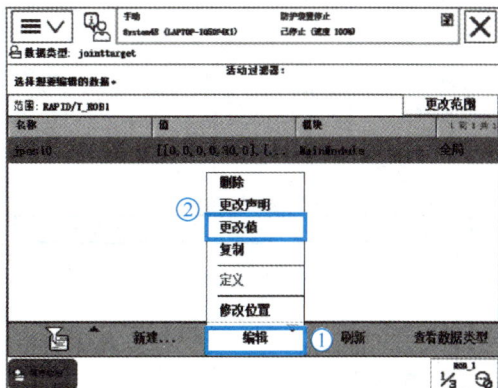

图 2-133 选择更改参数

5）将数据中的 6 个关节轴参数值设置如图 2-134 所示，并单击"确定"按钮。

6）单击主菜单中的"程序编辑器"进入程序编辑界面，如图 2-135 所示。

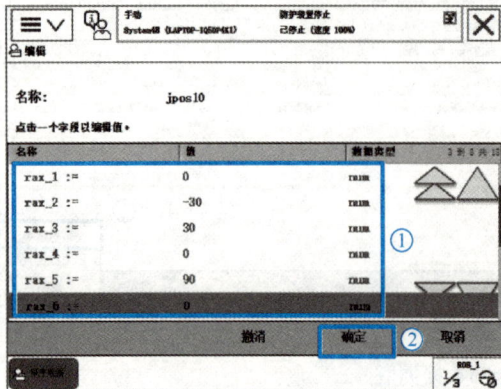

图 2-134　设置 6 个关节轴参数

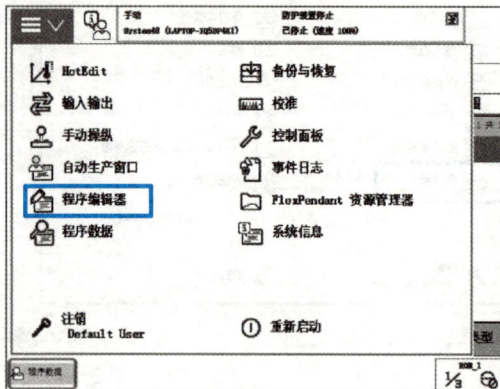

图 2-135　打开程序编辑器

7）在程序界面中单击"添加指令"，再单击"MoveAbsJ"指令，如图 2-136 所示。

8）单击新添加的 MoveAbsJ 指令行进行数据修改，如图 2-137 所示。

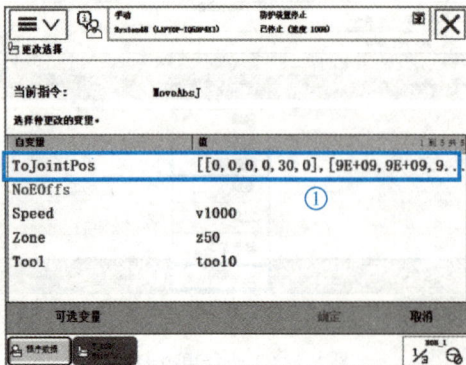

图 2-136　添加指令

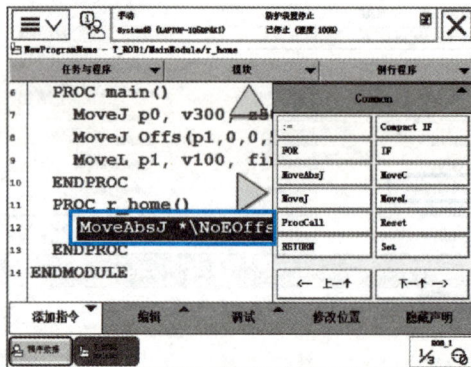

图 2-137　单击指令

9）在列出的指令变量中，单击第一行的目标位置变量，将该变量值选择为"jpos10"，如图 2-138 所示。

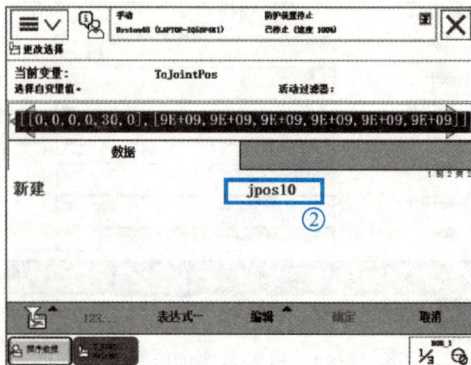

图 2-138　修改目标位置变量

10）修改其他 3 个变量值，如图 2-139 所示，单击"确定"。

11）运行程序中如图 2-140 所示指令，即可将机器人准确移动至第 1 关节轴角度为 0°，第 2 关节轴角度为-30°，第 3 关节轴角度为 30°，第 4 关节轴角度为 0°，第 5 关节轴角度为 90°，第 6 关节轴角度为 0°的位置。

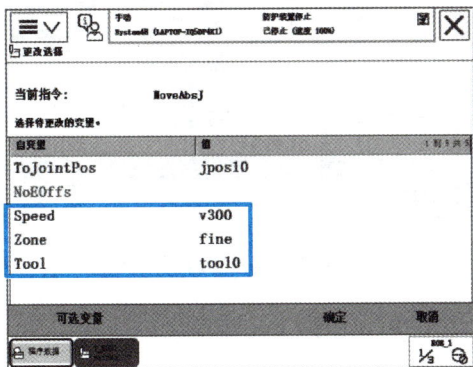

图 2-139 修改其他变量

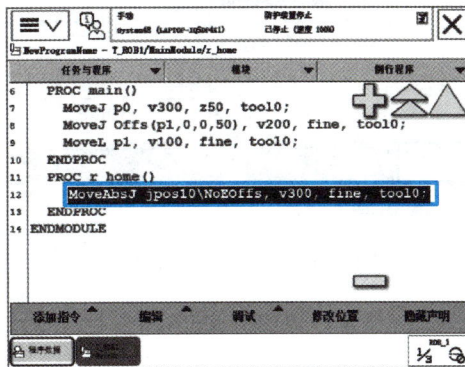

图 2-140 运行指令

2.3.6 组信号指令

2-19 组信号指令

1. 读取组信号状态指令

（1）等待组输入信号指令——WaitGI

【作用】等待一个组输入信号状态为设定值。

【实例】WaitGI gi1, 5；//等待组输入信号 gi1 的值为 5 后，才执行下面的指令。

【常用功能】添加"\MaxTime"功能，可设置允许等待的最长时间，单位为 s，如：

WaitGI gi1,5\ MaxTime:= 0.2；//如果在 0.2s 内 gi1 还未为 5，则将调用错误处理器，错误代码为 ERR_WAIT_MAXTIME。

（2）等待组输出信号指令——WaitGO

【作用】等待一个组输出信号状态为设定值。

【实例】WaitGO go1, 3; //等待组输出信号 go1 的值为 3 后，才执行下面的指令。

2. 设置组信号状态指令

设置组输出信号状态指令——SetGO

【作用】将组输出信号置为一个值。

【实例】SetGO go1, 5；//将组输出信号 go1 的值置为 5。

【注意】组输出信号设置的值不能超出该组信号的数值范围，否则运行时会报错。

3. 组信号指令添加操作

组信号指令添加操作步骤与前面介绍的数字信号指令添加操作相似，下面以 SetGO 指令为例，讲解添加组信号指令的操作步骤。

1）进入 ABB 主菜单，选择"程序编辑器"，打开需要添加组信号指令的例行程序，选中要添加的位置，选择"添加指令"，如图 2-141 所示。

2）弹出的指令列表只显示了最常用的一些指令，没有 SetGO 指令。在指令列表上方单击"Common"，选择"I/O"指令库，如图 2-142 所示。

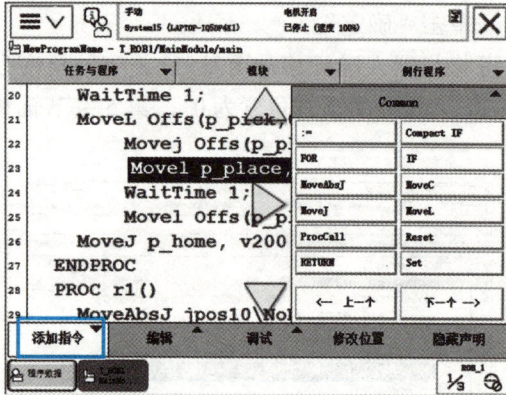

图 2-141 选择"添加指令"

图 2-142 选择"I/O"指令库

3）在显示的"I/O"指令列表中，单击"下一个—>"，如图 2-143 所示。

4）单击"SetGO"指令，如图 2-144 所示。

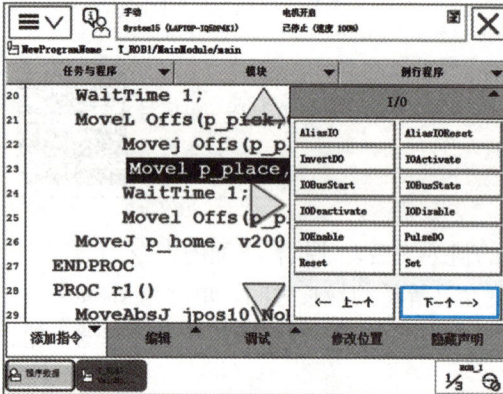

图 2-143 指令库翻页

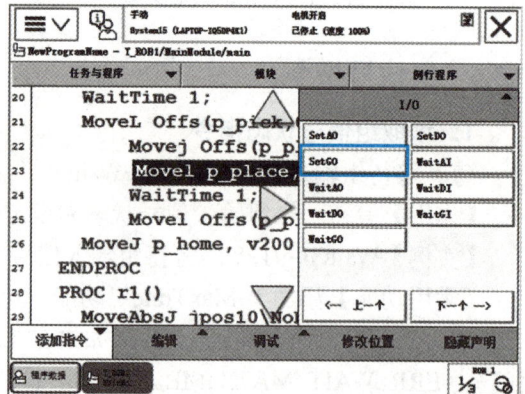

图 2-144 添加 SetGO 指令

5）在弹出的指令设置界面中，单击需要设置值的组信号"go1"，如图 2-145 所示。

6）单击指令右侧的数字"0"，再单击"123…"，如图 2-146 所示。

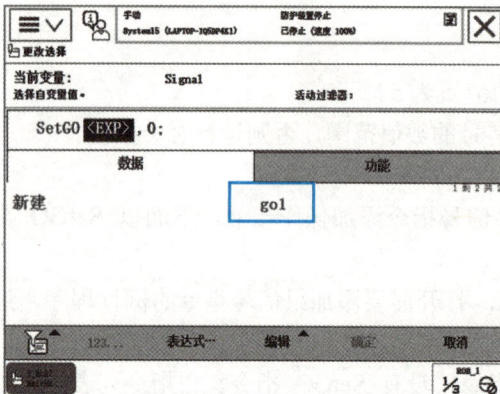

图 2-145 选择组信号

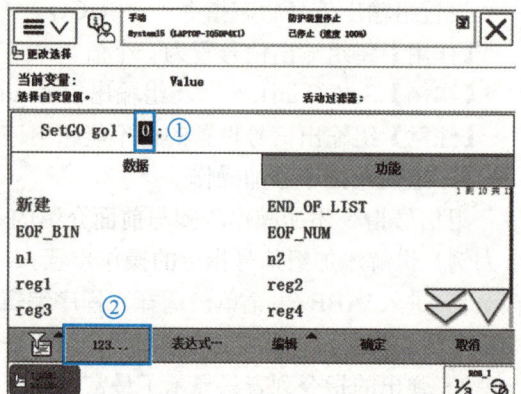

图 2-146 更改设置值

7）单击组信号 go1 需要设置的值"5"后，再单击"确定"按钮，如图 2-147 所示。

8）单击"确定"，确认组信号指令的添加，如图 2-148 所示。

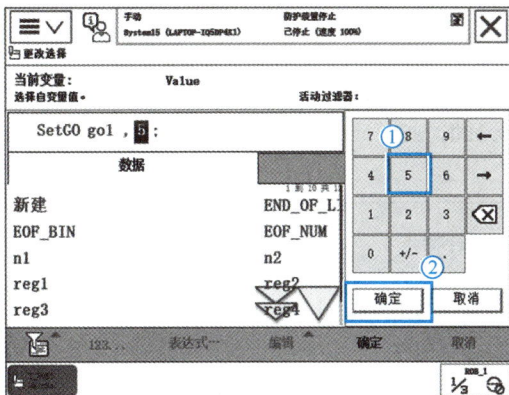

图 2-147 设定值为"5"

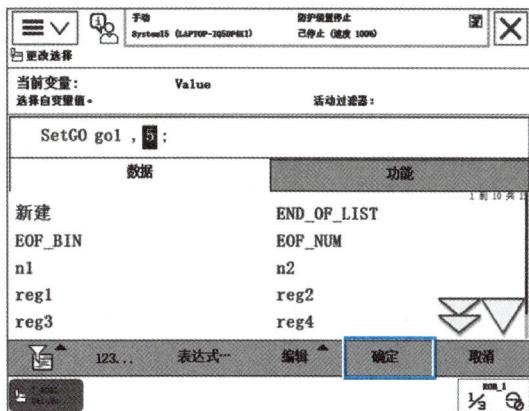

图 2-148 指令确认

9）信号指令添加完成，指令显示在程序中，如图 2-149 所示。

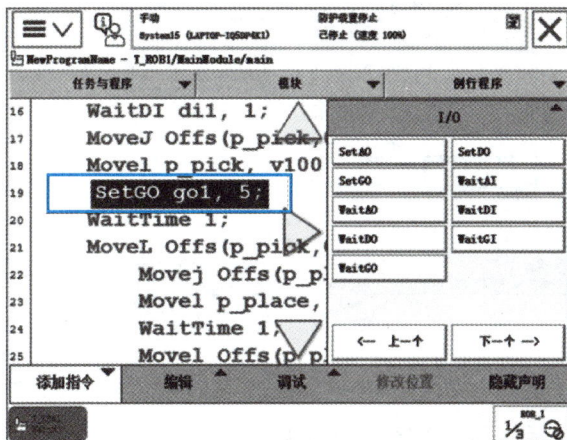

图 2-149 添加的组信号指令

2.3.7 调用程序指令

RAPID 编程时，往往需要进行程序的相互调用。最常用的调用程序指令有 ProcCall 指令和 CallByVar 指令。

2-20 ProcCall 调用程序指令

1. ProcCall 指令

【作用】在程序中调用执行其他程序。调用的程序类型可以为例行程序、中断程序及功能程序。

【格式】ProcCall( );

【特点】当执行完被调用程序后，将继续执行调用指令后的指令，如图 2-150 所示。

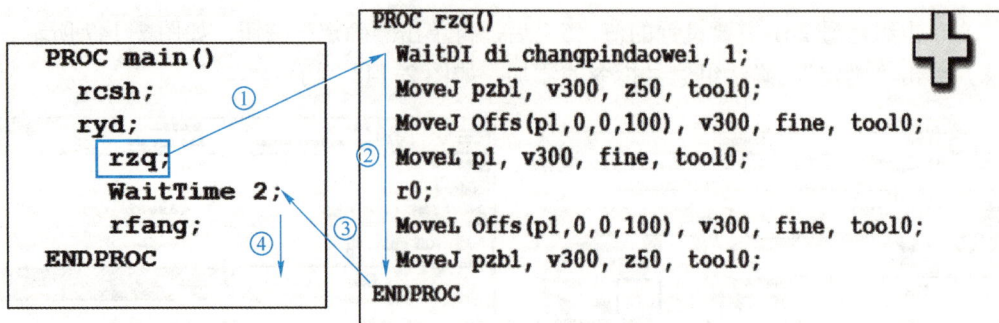

```
PROC main()                    PROC rzq()
  rcsh;                          WaitDI di_changpindaowei, 1;
  ryd;                           MoveJ pzb1, v300, z50, tool0;
  rzq;                           MoveJ Offs(p1,0,0,100), v300, fine, tool0;
  WaitTime 2;                    MoveL p1, v300, fine, tool0;
  rfang;                         r0;
ENDPROC                          MoveL Offs(p1,0,0,100), v300, fine, tool0;
                                 MoveJ pzb1, v300, z50, tool0;
                               ENDPROC
```

图 2-150　程序调用运行特点

【实例】以主程序中调用 Routinel 程序为例，具体操作步骤如下：

1）打开程序编辑器，在主程序中选中需要调用程序的位置，单击"添加指令"，在右方显示的指令列表中单击"ProcCall"，如图 2-151 所示。

2）弹出现有的程序列表，选择"Routine1"程序，单击"确定"，如图 2-152 所示。

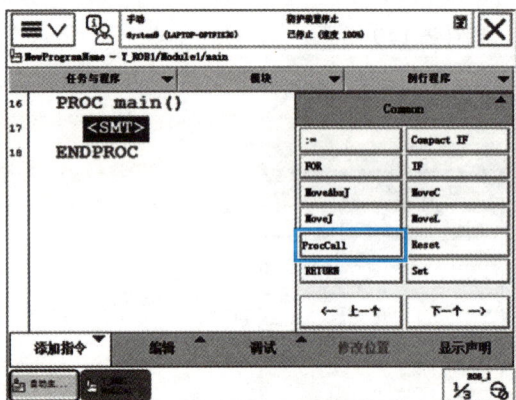

图 2-151　选择调用程序指令

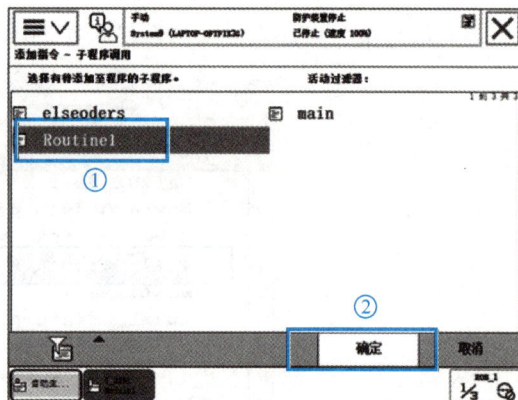

图 2-152　选择调用程序

3）程序调用完成，程序显示如图 2-153 所示。

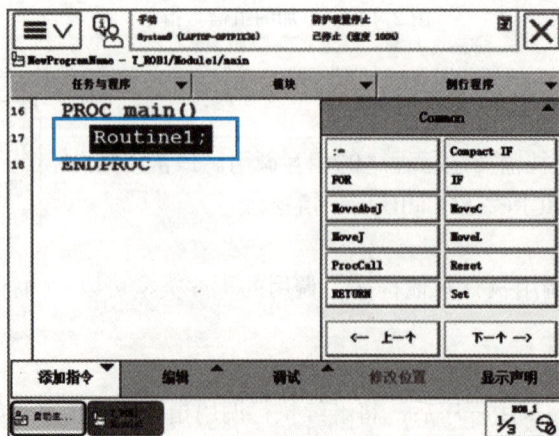

图 2-153　调用程序语句

2. CallByVar 指令

【作用】在程序中调用具有特定名称的无返回值程序。调用的程序类型可以为例行程序、中断程序及功能程序。

2-21 CallByVar 调用程序指令

【格式】CallByVar 指令后面接两个参数,用逗号隔开。第一个参数注明被调用例行程序名称的字符串部分,为常量字符串时,用双引号引起来。第二个参数注明被调用例行程序名称的数字部分,一般使用一个 num 型变量,如图 2-154 所示。

图 2-154 CallByVar 指令格式

【特点】可通过 Number 的不同数值,调用不同的例行程序。如图 2-155 所示 CallByVar 指令,第一个参数为常量字符串"proc",第二个参数 reg1 为 num 型变量。当 reg1 的值为 3 时,调用 proc3 例行程序;当 reg1 的值为 2 时,调用 proc2 例行程序。

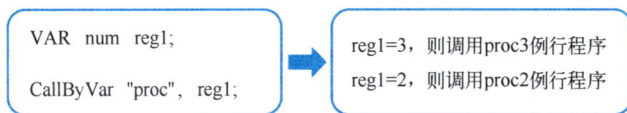

图 2-155 CallByVar 指令特点

【实例】如图 2-156 所示,在主程序中编写调用程序。若组信号 gi1 数值为 1,就调用涂胶轨迹①程序;组信号 gi1 数值为 2,就调用涂胶轨迹②程序;组信号 gi1 数值为 3,就调用涂胶轨迹③程序。

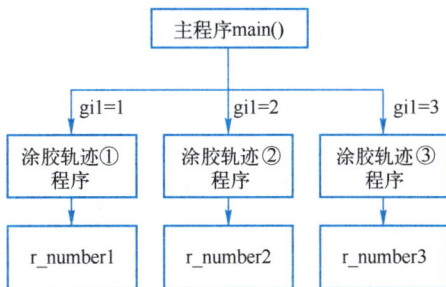

图 2-156 CallByVar 应用实例要求

将三个涂胶轨迹程序名称的字符串部分取为相同,只是后面的数值不同,即可利用 CallByVar 指令进行程序调用,程序编写见表 2-9。如果 gi1 的值等于 1,reg1 的值也就为 1,调用涂胶轨迹①程序 r_number1。同理,如果 gi1 的值等于 2,调用的就是涂胶轨迹②程序 r_number2。

表 2-9　CallByVar 编程应用实例

程　　序	注　　释
VAR num reg1:=0;	定义一个 num 型变量 reg1
reg1:=gi1;	将组信号 gi1 的值赋给变量 reg1
CallByVar "r_number",reg1;	使用 CallByVar 指令，字符串部分为 r_number，数字部分为 reg1 变量的值

2.3.8　读取位置指令

2-22　读取位置指令

【作用】读取当前机器人点位位置数据。

【格式】CRobT( );

【实例】

> PERS robtarget　p10;　　　　//定义 robtarget 类型的点位数据 p10，存储类型为可变量。
> p10 := CRobT(\Tool:=tool1); //指定工具数据为 tool1 的情况下（若采用默认工具数据 tool0，CRobT 指令后的括号内可为空白），读取当前机器人点位位置数据，并将数据值赋给 p10。

【应用】以机器人回原点为例，为保证安全，防止机器人回原点时与外部设备发生碰撞，机器人回原点时，最好是先使 Z 轴回到原点位置，保证机器人高于其他设备后再使 X、Y 轴回到原点位置。为达到此目的，创建两个点位数据，见表 2-10。利用点位编写回原点程序，见表 2-11。

表 2-10　回原点点位数据列表

序　　号	数据名称	数据类型	存储类型	备　　注
1	p_home	robtarget	常量（CONST）	机器人原点
2	p_here	robtarget	可变量（PERS）	读取当前位置赋值

表 2-11　回原点程序

程　　序	注　　释
p_here:=CRobT( );	工具数据采用 tool0 时，读取当前机器人点位位置数据，并将数据值赋给 p_here
p_here.trans.z:=p_home.trans.z;	p_here 的 Z 值等于 p_home 的 Z 值
MoveJ p_here,v300,z50,tool0;	关节运动到达 p_here 位置。由于 p_here 的 X、Y 值为机器人当前位置的 X、Y 值，因此只有 Z 轴方向运动到达 p_home 的 Z 值
MoveJ p_home,v300,fine,tool0;	关节运动到达原点位置

2.3.9　条件判断指令

2-23　IF 指令应用实例

1. Compact IF

【作用】紧凑型条件判断指令。当 IF 语句之后的条件满足时，就执行 IF 与 ENDIF 之间的指令。

【格式】Compact IF 的程序示例如图 2-157a 所示。如果组输入信号 gi1 的值为 5，则条件满足，调用执行 routine1 例行程序；如果组输入信号 gi1 的值不为 5，则条件不满足，直接执行 ENDIF 后面的指令。具体流程如图 2-157b 所示。

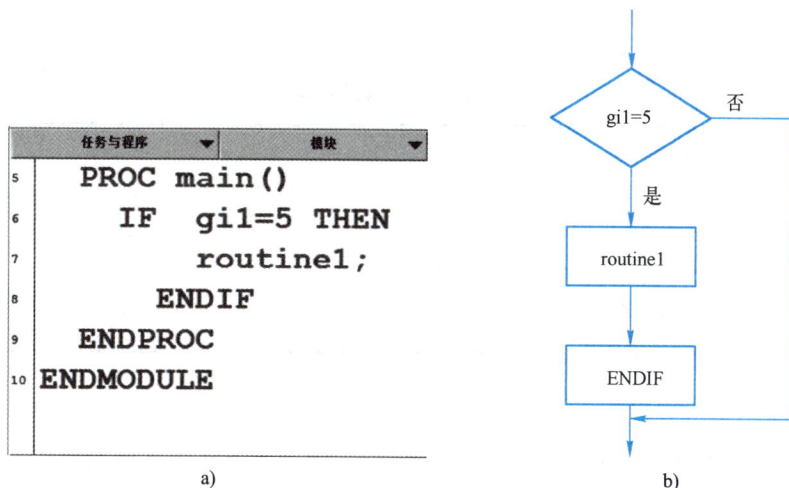

图 2-157　Compact IF 程序实例与流程

2. IF…ELSE

【作用】根据不同的条件去执行不同的指令。可将程序分为多个路径，给程序多个选择，判断后执行其后面的指令。

【格式】IF…ELSE 的程序示例如图 2-158a 所示。先判断 num1 的值是否为 1，为 1 则 flag1 被赋值为 TRUE；否则判断 num1 的值是否为 2，为 2 则 flag1 被赋值为 FALSE；不为 2 则将 do1 信号置位。具体流程如图 2-158b 所示。

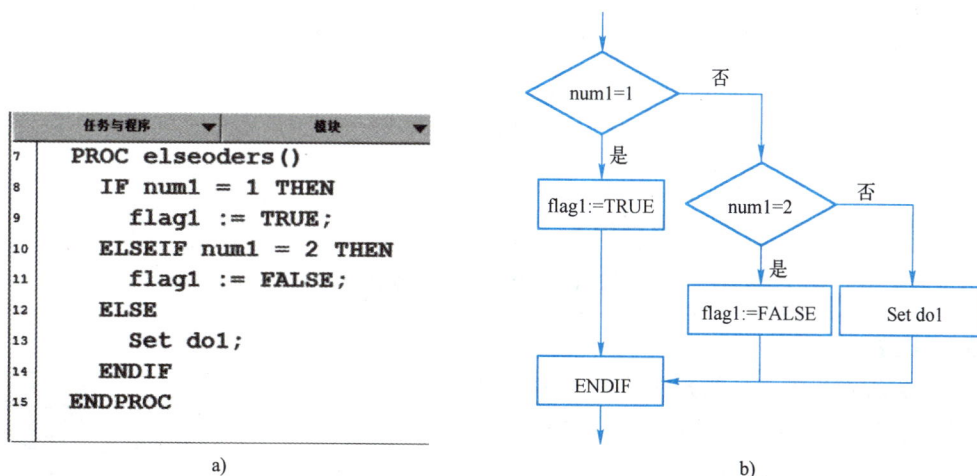

图 2-158　IF…ELSE 程序实例与流程

【实例】视觉检测系统读取零件的二维码信息后，将检测信息通过字符串型变量 string1 传递给机器人。若传递值为 "0001"，机器人给 num 型变量 n1 赋值为 1；若传递值为 "0002"，n1 赋值为 2；若传递值为其他，n1 赋值为 0。

分析该功能要求，机器人首先要判断 string1 的值是否为 "0001"；在 string1 不等于 "0001" 的情况下，再判断 string1 的值是否为 "0002"；若这两个条件都不成立，则进行 n1 赋值为 0 的操作。由于要进行两次条件判断，可以使用 IF…ELSEIF…ELSE 指令进行程序编写。具体编写程序见表 2-12（方法不唯一，仅供参考）。

表 2-12 IF 编程应用实例

程　序	注　释
IF string1=" 0001" THEN 　　n1:=1;	判断 string1 是否等于"0001"，条件成立则 n1 赋值为 1
ELSEIF string1=" 0002" THEN 　　n1:=2;	判断 string1 是否等于"0002"，条件成立则 n1 赋值为 2
ELSE 　　n1:=0;	前两个条件均不成立，n1 赋值为 0
ENDIF	

温馨小提示：

1）IF 中的条件判定是从上往下依次进行的，只要满足条件就执行 THEN 到下一条件之前的指令，然后直接执行 ENDIF 结束条件判断，不会再进行该条件之后的条件判断。

2）ELSEIF 条件判定数量可以按用户需要进行增加或减少，可以一个都没有，也可以有多个。

3）IF 语句可以进行相互嵌套。如图 2-159 所示，程序在 Compact IF 中嵌套 IF…ELSE。

```
        任务与程序  ▼        模块      ▼
5    PROC main()
6      IF  gi1=5 THEN
7           IF num1=1 THEN
8               Flag1:=TRUE;
9           ELSEIF num1=2 THEN
10              Flag1:=FALSE;
11          ELSE
12              Set do1;
13          ENDIF
14       ENDIF
15   ENDPROC
```

图 2-159 IF 语句嵌套实例

3. TEST

【作用】根据指定变量的判断结果，执行对应程序。

【格式】TEST 的程序实例如图 2-160 所示。判断 n1 数值，若 n1 值为 1，则执行 routine1；若 n1 值为 2，则执行 routine2；若 n1 值为 3，则执行 routine3；若这些条件都不满足，则执行 DEFAULT 后的 Stop 指令。具体流程如图 2-161 所示。

2-24 TEST
指令格式及
应用

【实例】如图 2-162 所示的放料盘，有 4 个放置位置，用于放置 4 个工件，每个工件长、宽都是 200mm。将第 1 个放置位置设置为基准点，设置点位名称为 p10，其他放置位置都可以在基准点 p10 的基础上进行偏移得出。用 num 型变量 n1 记录应放置位置的编号（如 n1 为 2，则放置到 2 号位），请通过判断 n1 值，计算出应放置位置，保存到 robtarget 类型变量 p_place 中。

图 2-160　TEST 程序实例

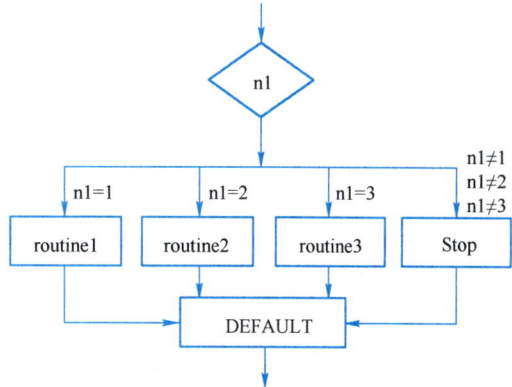

图 2-161　TEST 程序流程

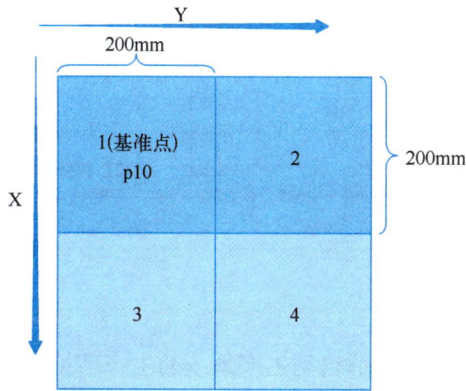

图 2-162　TEST 应用实例

分析该实例，第 1 个放置位置与基准点 p10 重叠；第 2 个放置位置在基准点 p10 的基础上，向 Y 轴正方向偏移了一个工件宽度，X 轴、Z 轴方向无偏移，偏移值应设置为（0,200,0）；第 3 个放置位置偏移值设置为（200,0,0）；第 4 个放置位置偏移值设置为（200,200,0）。利用 TEST 指令对 n1 的值进行判断，编写程序见表 2-13。

表 2-13　TEST 编程应用实例

程　　　序	注　　释
VAR robtarget p_place;	定义 robtarget 类型变量 p_place
TEST n1	使用 TEST 指令判断 n1 数值
CASE 1: 　p_place:=p10;	n1 数值为 1，计算出放料位置 p_place 的值与基准点位 p10 重叠
CASE 2: 　p_place:=offs(p10,0,200,0);	n1 数值为 2，计算出放料位置 p_place 的值应在基准点位 p10 的基础上偏移（0,200,0）
CASE 3: 　p_place:=offs(p10,200,0,0);	n1 数值为 3，计算出放料位置 p_place 的值应在基准点位 p10 的基础上偏移（200,0,0）
CASE 4: 　p_place:=offs(p10,200,200,0);	n1 数值为 4，计算出放料位置 p_place 的值应在基准点位 p10 的基础上偏移（200,200,0）
DEFAULT: 　Stop;	n1 数值不为 1、2、3、4 中任何一个，机器人停止运行
ENDTEST	

📝 **温馨小提示：**

1）TEST 中的 CASE 数目不定，可根据用户需求指定。在 CASE 中，若多种条件下执行同一操作，则可将条件合并在同一 CASE 中，如图 2-163 所示指令，n1 值为 1、2、3 中任意一个时，均执行 routine1。

2）DEFAULT 为所有 CASE 条件均不满足时执行，且 TEST 中可以没有 DEFAULT，如图 2-164 所示。此时若发生所有 CASE 条件均不满足的情况，则直接执行 ENDTEST 之后的指令。

任务与程序 ▼	模块 ▼
5	PROC main()
6	TEST n1
7	CASE 1,2,3:
8	routine1;
9	CASE 4 :
10	routine2;
11	DEFAULT :
12	Stop;
13	ENDTEST
14	ENDPROC

图 2-163 条件合并程序实例

任务与程序 ▼	模块 ▼
5	PROC main()
6	TEST n1
7	CASE 1,2,3:
8	routine1;
9	CASE 4 :
10	routine2;
11	ENDTEST
12	ENDPROC

图 2-164 无 DEFAULT 程序实例

2.3.10 机器人计时与显示

2-25 机器人计时与显示编程实例

智能生产过程中，往往需要了解自动生产系统的生产节拍。RAPID 程序可通过计时指令记录运行时间后，使用屏幕控制指令将时间显示到示教器屏幕上，从而轻松获取生产节拍。下面针对这两种指令进行介绍。

1. 计时指令

RAPID 程序常用的计时指令有以下 4 个：

1）ClkReset：用于复位一个用来计时的时钟。

2）ClkStart：用于开始一个用来计时的时钟。

3）ClkStop：用于停止一个用来计时的时钟。

4）ClkRead：读取时钟记录的时间，单位为 s。

【实例】利用这些指令编写计时程序时，一般编写方式见表 2-14。

表 2-14 计时编程应用实例

程 序	注 释
VAR clock clock2;	定义 clock 数据类型变量，名称为 clock2
ClkReset clock2;	复位 clock2，使 clock2 计时清零
ClkStart clock2;	clock2 开始计时
…	机器人程序运行，clock2 计时中
ClkStop clock2;	clock2 停止计时
VAR num n1;	定义 num 数据类型变量，名称为 n1
n1:=ClkRead(clock2);	读取 clock2 记录时长，赋值给 n1

2. 屏幕控制指令

常用的屏幕控制指令有清空屏幕指令和屏幕显示指令。

1）TPErase：清空屏幕指令。

2）TPWrite：指定屏幕显示内容指令。

【实例1】将示教器屏幕清空，并显示：The Robot is running!

```
TPErase;
TPWrite   "The Robot is running!";
```

【实例2】将计时指令应用实例中读取的机器人运行时间值 n1，显示到示教器屏幕中。

```
TPErase;
TPWrite   "The CycleTime is   :"\num:=n1;
```

运行结果如图 2-165 所示。

```
VAR clock clock2;
VAR num n1;
ClkReset clock2;
ClkStart clock2;
...
ClkStop clock2;
n1:=ClkRead(clock2);
TPErase;
TPWrite "The CycleTime is :" \num:=n1;
```

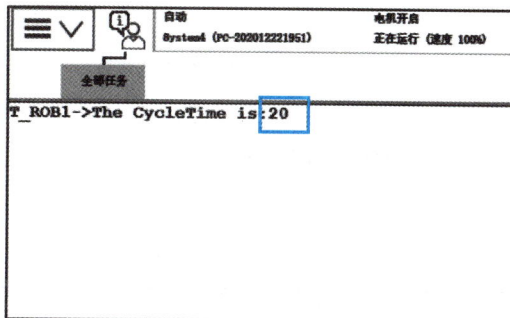

图 2-165 实例 2 运行结果

👆 **实施引导**

2-26 涂胶机器人程序编写

2.3.11 涂胶机器人程序编写

为了使涂胶控制程序逻辑清晰，便于调试运行，采用主程序调用例行程序的方法进行编写。主程序负责涂胶工作流程的逻辑控制，各例行程序负责完成各项工作任务，具体功能分配如下：

1）主程序 main：负责涂胶工作流程的逻辑控制。

2）回原点程序 r_home：从当前位置回到原点。

3）初始化程序 r_initial：设定机器人运行前初始化状态。

4）轨迹②程序 r_number2：负责机器人涂胶轨迹②的运行。

5）轨迹③程序 r_number3：负责机器人涂胶轨迹③的运行。

1. 主程序

根据涂胶要求，机器人需要对组信号值进行判断，信号值不同，调用的涂胶程序也不同。要实现该功能，既可使用"IF…ELSE"或 TEST 条件判断指令，也可使用 CallByVar 程序调用指令。

【方法1】

如图 2-166 所示，用 IF 语句对组信号进行判断。先判断组输入信号 gi_number 的值是否为 2，若为 2 则调用轨迹②程序 r_number2；若不为 2 则判断组信号 gi_number 的值是否为 3。若为 3 则调用轨迹③程序 r_number3；不为 3 就执行 ELSE 后面的指令，实现屏幕报错。

【方法 2】

如图 2-167 所示，将组输入信号 gi_number 的值赋给 num 型变量 n1。利用 TEST 对变量 n1 的值进行判断，当 n1 的值为 2 或 3 时，用 CallByVar 调用 n1 对应的轨迹程序（n1 值为 2，就调用 r_number2 例行程序；若 n1 值为 3，则调用 r_number3 例行程序）。如果 n1 的值不是 CASE 判断中的 2 或 3，就执行 DEFAULT 后面的内容，实现屏幕报错。

```
IF gi_number=2 THEN          //判断组信号是否等于2
    ...
ELSEIF gi_number=3 THEN      //判断组信号是否等于3
    ...
ELSE                         //组信号不为2也不为3
    ...
ENDIF                        //条件判断语句结束
```

```
VAR num  n1:=0;
n1:=gi_number;
TEST n1
    CASE 2,3:
        CallByVar "r_number" , n1 ;
        ...
    DEFAULT:
        ...
ENDTEST
```

图 2-166　方法 1 编程思路　　　　　图 2-167　方法 2 编程思路

以方法 1 为例，编写涂胶机器人主程序，见表 2-15。

表 2-15　主程序实例

程　　序	注　　释
PROC main()	主程序
r_initial;	调用初始化程序
WaitDI di_star,1;	等待机器人启动信号为1后向下运行
IF gi_number=2 THEN	判断组信号是否等于2
r_number2;	组信号等于2，运行涂胶轨迹②
r_home;	调用回安全点程序
Set do_finish;	将通知PLC涂胶完成的信号置位为1
WaitTime 1;	延时1s
ReSet do_finish;	将通知PLC涂胶完成的信号复位为0
ELSEIF gi_number=3 THEN	判断组信号是否等于3
r_number3;	组信号等于3，运行涂胶轨迹③
r_home;	调用回安全点程序
Set do_finish;	将通知PLC涂胶完成的信号置位为1
WaitTime 1;	延时1s
ReSet do_finish;	将通知PLC涂胶完成的信号复位为0
ELSE	组信号不为2也不为3
TPErase;	清空示教器屏幕
TPWrite "The track number is wrong!";	屏幕显示"The track number is wrong!"
ENDIF	条件判断语句结束
ENDPROC	主程序结束

2. 回原点程序

回原点程序请参考 2.3.8 节应用部分，这里不再叙述。

3. 初始化程序

初始化程序用于将机器人恢复到工作前的初始化状态，包括回到安全点、关闭涂胶枪、复位涂胶完成信号等，见表 2-16。

表 2-16 初始化程序实例

程　　序	注　　释
PROC r_initial()	初始化程序
r_home;	调用回安全点程序
ReSet do_glue;	关闭涂胶枪
ReSet do_finish;	复位涂胶完成信号
ENDPROC	例行程序结束

4. 涂胶轨迹程序

涂胶轨迹②、③的运行程序结构完全一致，只是路径有所不同。以涂胶轨迹②为例，涂胶轨迹如图 2-168 所示，程序编写见表 2-17。

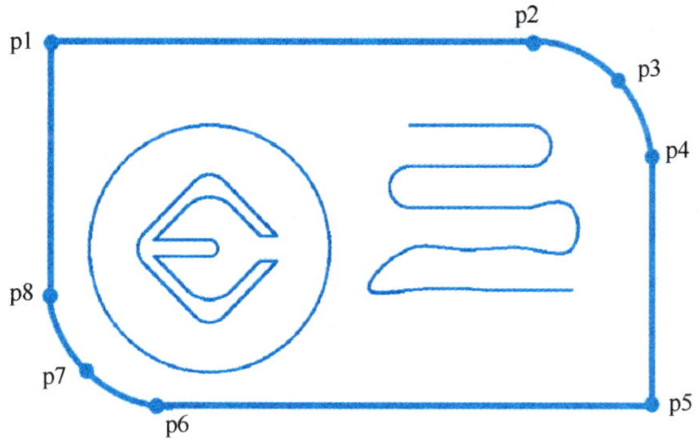

图 2-168　涂胶轨迹②

表 2-17　涂胶轨迹②运行程序实例

程　　序	注　　释
PROC r_number2( )	涂胶轨迹②运行程序
MoveJ Offs(p1,0,0,100),v300,z50,tool_glue;	移动到涂胶起始点正上方 100mm 处，工具数据采用 tool_glue
MoveL Offs(p1,0,0,30),v150,z0,tool_glue;	移动到涂胶起始点正上方 30mm 处
MoveL p1,v30,fine,tool_glue;	移动到涂胶起始点 p1
Set do_glue;	打开涂胶枪
WaitTime 2;	等待 2s
MoveL p2,v30,z0,tool_glue;	线性运动到 p2 点
MoveC p3,p4,v30,z0,tool_glue;	在 p2、p3、p4 三点之间进行圆弧运动
MoveL p5,v30,z0,tool_glue;	线性运动到 p5 点

（续）

程　　序	注　　释
MoveL p6,v30,z0,tool_glue;	线性运动到 p6 点
MoveC p7,p8,v30,z0,tool_glue;	在 p6、p7、p8 三点之间进行圆弧运动
MoveL p1,v30,fine,tool_glue;	线性运动到起点 p1
ReSet do_glue;	关闭涂胶枪
WaitTime 2;	等待 2s
MoveL Offs(p1,0,0,100),v300,z50,tool_glue;	移动到涂胶起始点正上方 100mm 处
ENDPROC	例行程序结束

📝 **温馨小提示：**

> 1）程序编写方法不是唯一的，这里只是提供一个参考。鼓励大家在参考程序基础上进行思路创新、程序优化，编写出更好的涂胶程序。
>
> 2）程序编写时不能只考虑用什么指令，还要思考每个指令参数的合理性。多思考、多实践，在调试过程中积累经验，找出最合适的指令参数。

任务 2.4　调试机器人程序

🖊 **任务描述**

依据涂胶机器人工艺要求，学习手动调试与自动运行方法，调试任务 2.3 节编写的机器人程序中所使用的点位。先手动调试机器人程序，检查是否能实现工艺要求。反复检查无误后，再自动运行机器人程序，实现最终的自动涂胶工作。

👥 **新知探究**

2.4.1　更新机器人转数计数器

ABB 工业机器人的转数计数器是用来计算电动机轴在齿轮箱中的转数的。ABB 机器人在出厂时，6 个关节都有一个固定的机械原点的位置，如果此值丢失，机器人就不能执行任何程序。

在以下情况下，需要对机械原点的位置进行转数计数器更新操作。

1）更换伺服电动机转数计数器的电池后。

2）当转数计数器发生故障，修复后。

3）转数计数器与测量板之前断开过。

4）断电后，机器人关节轴发生了移动。

5）当系统报警提示"10036 转数计数器未更新"时。

进行转数计数器更新的操作步骤如下。

1）使用手动操作中的关节运动操纵机器人，让机器人各个关节轴按顺序运动到机械原

> 2-27　转数计数器更新操作

点位置。各关节轴运动的顺序是：4—5—6—1—2—3。各关节轴机械原点的位置在机器人各轴的轴身上，其机械原点位置如图 2-169 所示。

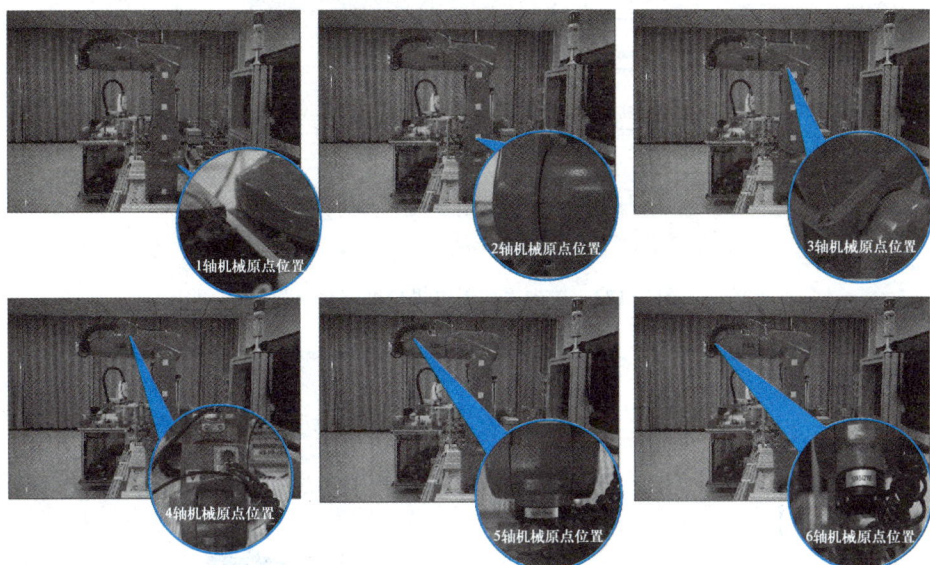

图 2-169　各关节轴机械原点位置

📝 **温馨小提示：**

不同型号的机器人机械原点位置会有所不同，具体可以参考 ABB 操作说明书。

2）单击 ABB 主菜单，选择"校准"，如图 2-170 所示。

3）单击"ROB_1"，选择要校准的机械单元，如图 2-171 所示。

图 2-170　选择"校准"

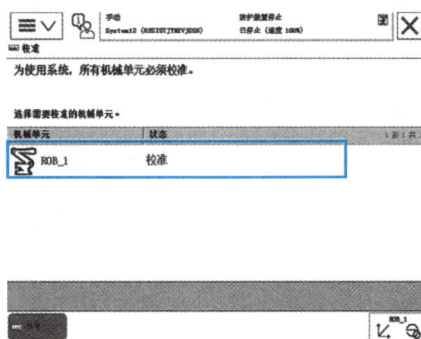

图 2-171　选择要校准的机械单元

4）单击左列的"校准参数"，单击"编辑电机校准偏移…"，如图 2-172 所示，并在弹出的对话框中单击"是"，以便重新进行转数计数器的更新操作。

5）在弹出的"编辑电机校准偏移"界面中，对 6 个关节轴的偏移参数进行修正。将机器人本体上的 6 个电动机校准偏移值记录下来，依次填入校准参数 rob1_1～rob1_6 中，单击"确定"按钮，如图 2-173 所示。

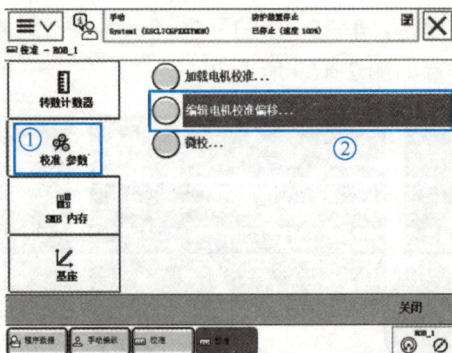

图 2-172　单击"编辑电机校准偏移…"

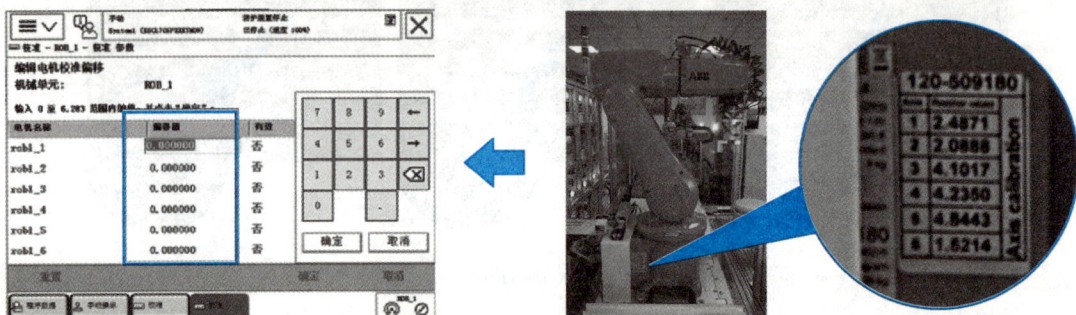

图 2-173　修改电机校准偏移值

📝 温馨小提示：

> 　　如果示教器上显示的数值与机器人本体上的标签数值一致，则不必修改，单击"取消"按钮跳过此步，直接进入步骤8）。

6）如果修改了偏移参数，在弹出的对话框中单击"是"，重新启动系统，否则偏移参数更改无效，如图2-174所示。

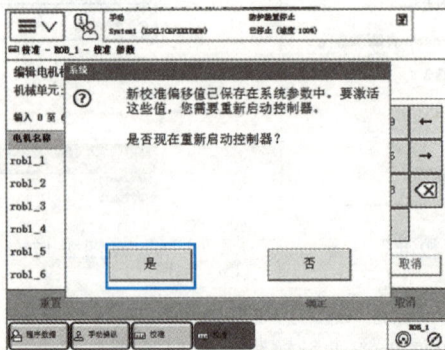

图 2-174　重启系统

7）重新单击主菜单中的"校准"，选择"ROB_1"，如图2-175所示。

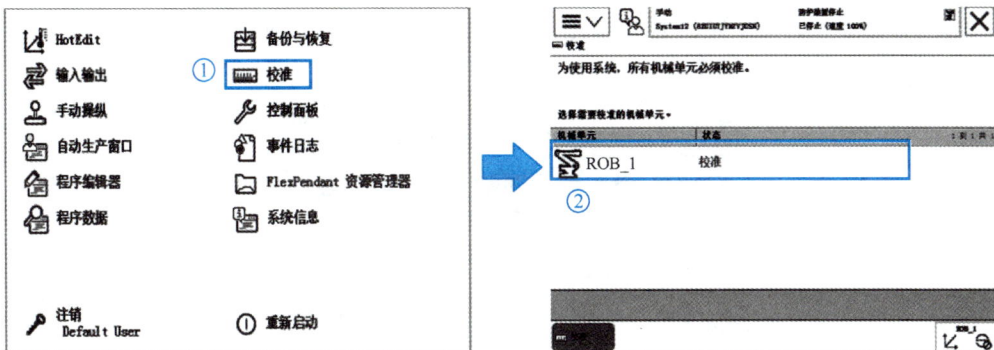

图 2-175　重新选择校准的机械单元

8）选择左列的"转数计数器"，单击"更新转数计数器…"，如图 2-176 所示，并在弹出的对话框中选择"是"，以便确定更新操作。

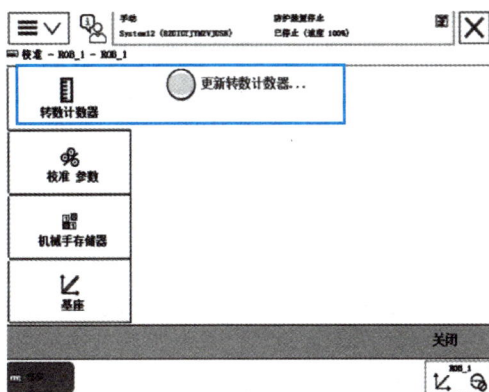

图 2-176　选择"更新转数计数器…"

9）如图 2-177 所示，单击更新转数计数器界面下方的"全选"可对 6 个关节轴同时进行更新操作。或者如果机器人由于安装位置关系，无法使 6 个轴同时到达机械原点，则可以逐一对已回到机械原点位置的关节轴进行转数计数器更新，如图 2-178 所示。

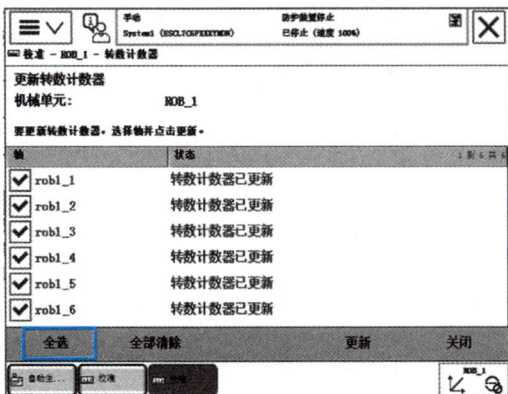

图 2-177　选择全部轴一起更新

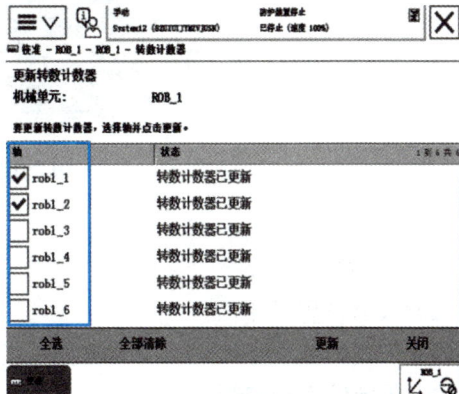

图 2-178　选择部分轴进行更新

10）单击更新转数计数器界面下方的"更新"，在弹出的对话框中单击"更新"，如图 2-179 所示，开始更新操作。

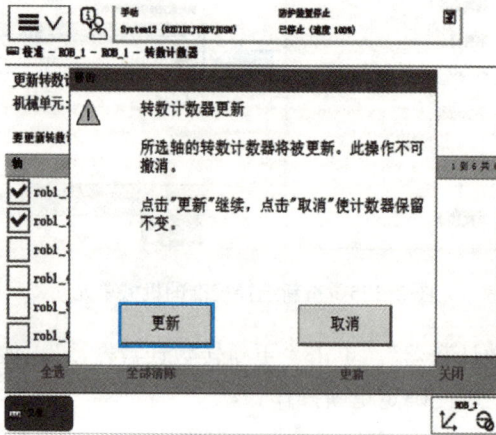

图 2-179　转数计数器更新

11）等待系统完成更新工作后，显示"转数计数器更新已成功完成"，单击"确定"，完成转数计数器更新。

2-28　重定位运动

2.4.2　重定位运动

1. 重定位运动概述

机器人的重定位运动是指机器人第 6 轴法兰盘上的工具中心点（TCP）在基坐标系中的坐标值不改变的情况下，工具在空间中绕着工具坐标系旋转的运动，也可理解为机器人绕着工具中心点做姿态调整的运动，如图 2-180 所示。

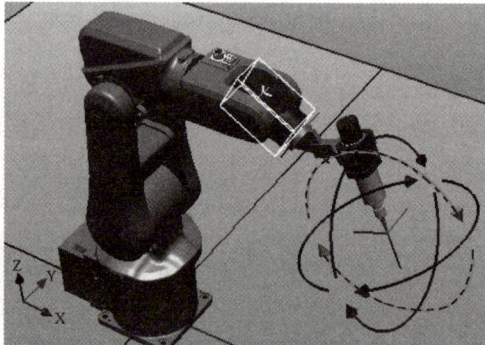

图 2-180　重定位运动

重定位运动的特点如下。

1）以 TCP 为参照。

2）TCP 位置不变。

3）工具坐标系的X、Y、Z轴方向以基坐标系的 X、Y、Z 轴方向进行旋转偏移。

2. 重定位运动控制

1）在手动控制模式下，单击示教器主菜单中的"手动操纵"，单击"动作模式"，选择

"重定位",如图 2-181 所示。

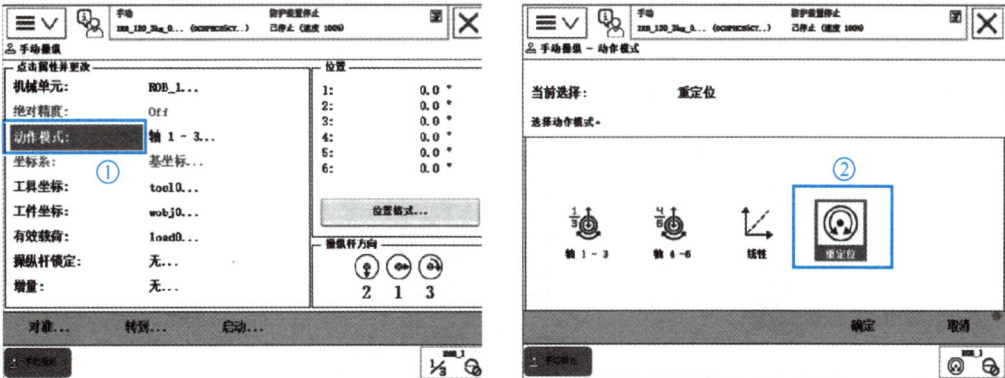

图 2-181　选择动作模式

2)单击"坐标系",选择"工具"后,单击"确定"按钮,如图 2-182 所示。

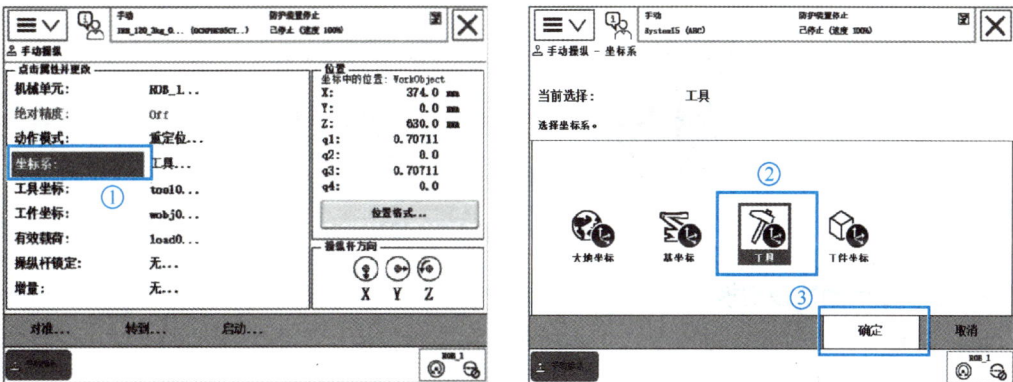

图 2-182　选择坐标系

3)单击"工具坐标",选择要使用的工具坐标(一般为已将 TCP 移动至机器人工具末端的工具坐标)后,单击"确定",如图 2-183 所示。

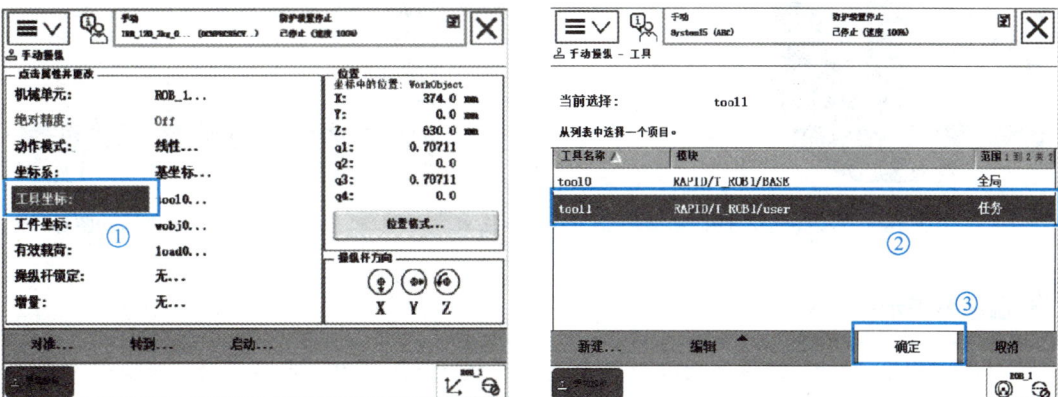

图 2-183　选择工具坐标

4）按下示教器上的使能按键，确定机器人状态栏中显示"电机开启"，即可进行重定位运动。

5）在示教器界面右方，显示有重定位位置信息和操纵杆方向信息，如图 2-184 所示。方向信息的具体含义如图 2-185 所示。

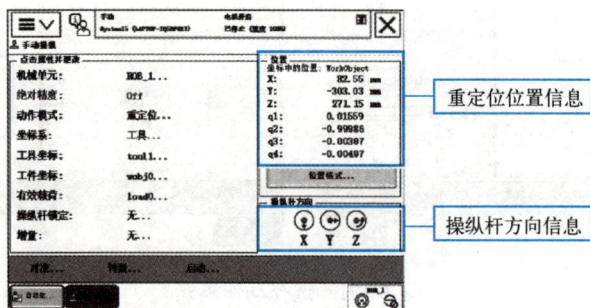

图 2-184　重定位运动信息

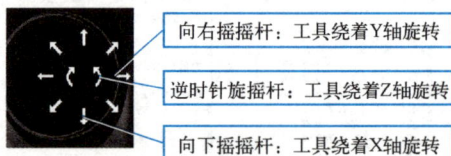

图 2-185　重定位运动摇杆的操作方法

3. 重定位运动快捷切换

重定位运动快捷切换按键如图 2-186 所示。单击该按键，右下方图标如图 2-187 所示，表明进入重定位运动模式。

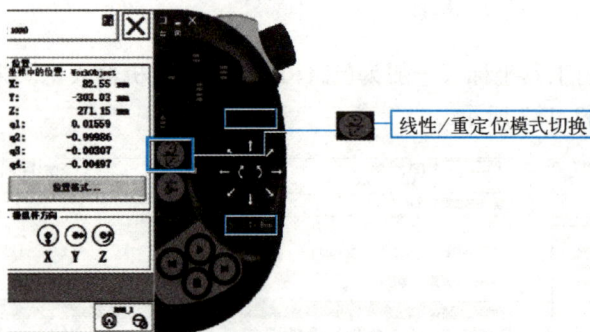

图 2-186　重定位运动快捷切换按键

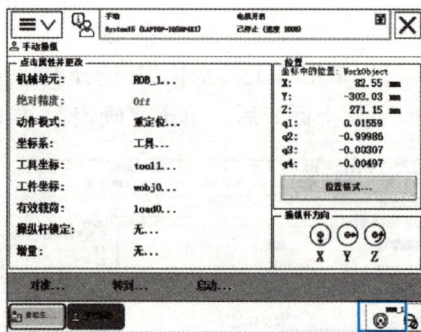

图 2-187　重定位运动图标

📝 温馨小提示：

如图 2-188 所示，工件表面与放料盘表面不平行时，使用重定位运动，能快速地调整工件表面，使其与放料盘表面平行。

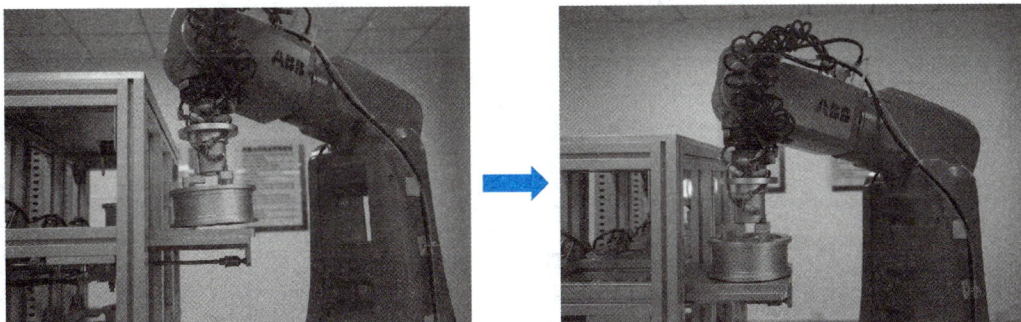

图 2-188 重定位运动应用

2.4.3 切换单周与连续运行

2-29 单周与连续运行切换方法

机器人的程序运行方式有两种：单周运行和连续运行。单周运行是指程序运行时，只运行一次。连续运行是指程序运行完成后，会从程序的第一行开始进行下一次的程序运行，直至按下停止按钮，机器人才会停止运行。

两种运行方式的切换方法如下：

1）单击示教器界面右下角的图标后，选择 图标，如图 2-189 所示。

2）弹出的对话框如图 2-190 所示。 图标表示单周运行， 图标表示连续运行。根据运行需求，选择这两个图标之一。

图 2-189 打开设置对话框

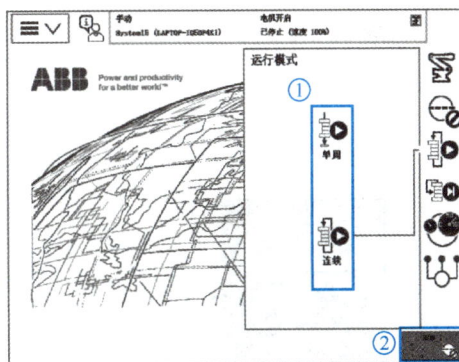

图 2-190 选择单周或连续运行

3）设置完成后，再次单击右下角图标将设置对话框关闭。

2.4.4 运行速度设定

可设定机器人运行时的实际速度为机器人程序中指定速度的百分之多少。设定范围为 0～100%，设定的比值越小，实际运行速度就越慢。具体设置步骤如下：

1）单击示教器界面右下角的图标后，选择 图标，如图 2-191 所示。

2）在弹出的对话框中，出现如图 2-192 所示的 0%、25%、50%、100% 的百分比值，以及增量加减 1%，加减 5%等调节图标，可根据实际需求手动进行百分比设置。

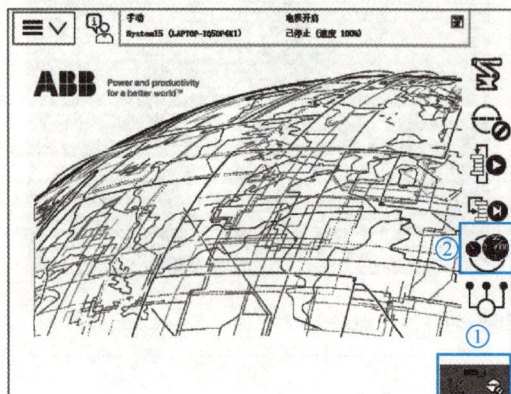

图 2-191　打开设置对话框

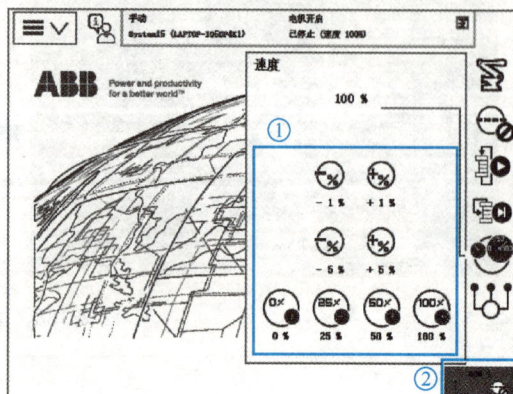

图 2-192　选择运行速度百分比

3）设置完成后，再次单击右下角图标将速度设置对话框关闭。

2.4.5　自动运行机器人

1）在电控柜上将机器人转到自动模式，如图 2-193 所示。

2）此时示教器上会弹出如图 2-194 所示对话框，单击"确定"。

2-30　工业机器人自动运行操作

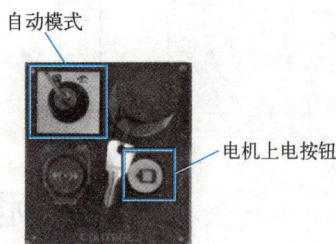

图 2-193　电控柜的模式转换与电机上电按钮

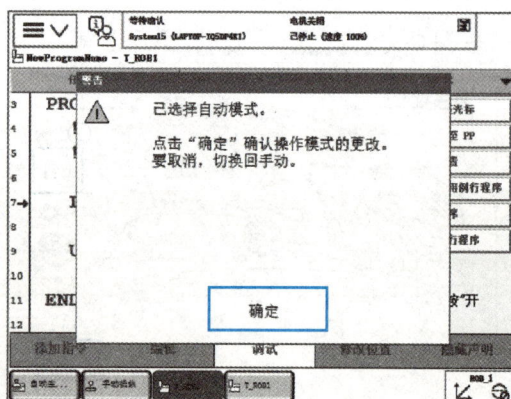

图 2-194　确定转到自动模式

3）按下机器人电控柜上如图 2-193 所示的电机上电按钮，该按钮指示灯亮，电机开启。

4）打开程序编辑器，单击下方的"PP 移至 Main"，如图 2-195 所示。

5）在弹出的提示对话框中单击"是"，如图 2-196 所示。

6）此时自动运行程序将显示在示教器界面中，单击⏵按钮即可实现自动模式下程序的单步运行，即每按此按钮一次，运行一行程序指令。

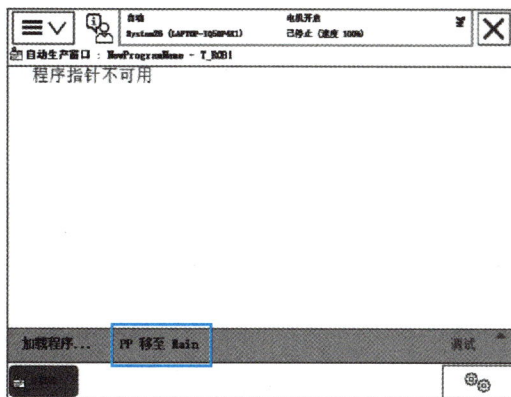

图 2-195   单击"PP 移至 Main"

图 2-196   确定 PP 移至 Main

7）单击●按钮即可实现自动模式下程序的连续运行，即只需按此按钮一次，整个程序逐条完成运行。

8）程序运行过程中出现问题需要立即停止时，按下如图 2-197 所示的紧急停止按钮。若程序需要停止运行，按下如图 2-197 所示的停止按钮。

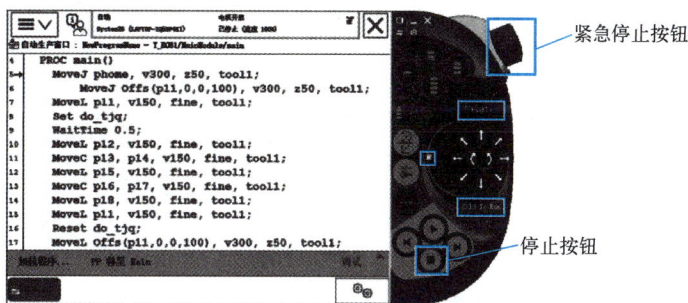

图 2-197   停止运行与急停

📝 温馨小提示：

> 自动运行过程中，对即将发生的情况要有一定的预判能力。一旦预判到可能会出现干涉、碰撞等问题，立刻按下紧急停止按钮终止机器人运行。追求工作过程零失误。
>
> 但要注意，故障排除后，要使机器人恢复正常工作，需要按下列步骤进行机器人恢复：
>
> 1）先将紧急停止按钮顺时针方向旋转旋 90°，使紧急停止按钮弹起。
>
> 2）待紧急停止按钮弹起后，进行机器人系统重启。

2-31 涂胶机器人程序调试

🐦 **实施引导**

2.4.6 工具坐标与点位调试

前期编写的机器人参考程序，用到了 tool_glue 工具数据和 13 个点位数据，分别是安全原点 p_home、涂胶轨迹②点位 p1~p8、涂胶轨迹③点位 p9~p12。在运行程序前，必须先验证 tool_glue 工具数据的 TCP 是否位于涂胶枪末端，并将 13 个点位修改到目标位置。

1. 工具数据调试

第一步，在手动操纵界面，动作模式选择"重定位…"，坐标系选择"基坐标…"，工具坐标选择创建的"tool_glue"，如图 2-198 所示。第二步，如图 2-199 所示，将涂胶枪末端移动到与辅助尖角接触后，按下使能键，在确定状态栏显示"电机开启"的状态下，使机器人做重定位运动。

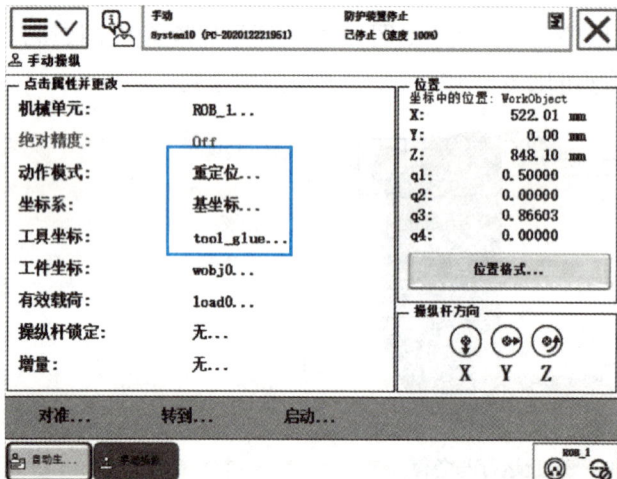

图 2-198 手动操纵参数选择

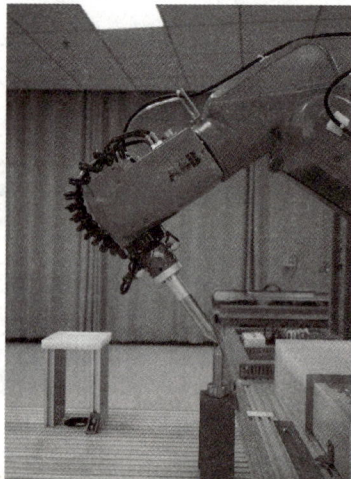

图 2-199 涂胶枪末端与辅助尖角接触

重定位运动过程中，观察涂胶枪末端与辅助尖角之间是否产生移位。若移位太大，说明 tool_glue 定义不够准确，需要重新定义。

2. 点位调试

安全原点 p_home 调试方法与学习情境 1 相同。涂胶轨迹②点位 p1~p8 与涂胶轨迹③点位 p9~p12 调试如图 2-200 所示，注意以下几点：

1）点位精准，机器人姿态尽量保持统一。

2）各个涂胶点与涂胶平面高度保持一致，按工艺要求，高度保持在 6mm。

3）尽量采用线性运动进行调试，当接近目标位置后，使用增量进行调试。

4）点位修改时，确保工具数据已选择为"tool_glue"。

图 2-200　涂胶点位调试

2.4.7　程序调试与检查

为保证设备与人身安全，建议先在虚拟仿真系统中进行操作，待操作熟练并确认程序调试无误后，再到实际设备上调试。

无论在虚拟系统还是在实际设备上，调试与检查都应遵循以下操作步骤：

1）手动单步调试运行。在机器人手动模式下，逐一单击"前进一步"按钮，以单步运行的方式运行机器人程序，检查点位、程序指令、程序逻辑是否有错。若运行中有错，应立刻松开使能按键停止运行，进行查错、修改与错误情况记录。

2）手动单步调试运行两遍及以上均无误后，手动连续运行机器人程序，并按"实施情况检查表"中的检查项目逐项自查并记录，看是否合格。若运行中有错，应立刻松开使能按键停止运行，进行查错、修改与错误情况记录。

3）请其他小组按"实施情况检查表"中的检查项目逐项检查并记录，若不合格则重新实施任务直至检查合格为止，并勾选"整体效果是否达到工作要求"中的"是"选项。

2.4.8　工作学习评价

1）个人评价。学习者自主探学后，按"个人自评表"中的评价项目进行逐项打分。客观反思总结，为后续改进奠定基础，明确改进方向。

2）组内评价。以小组为单位，选出验收小组组长，推荐 2～3 名同学作为验收组成员，组成验收小组，按"小组内互评表"中的评价项目，对本组各位同学完成任务情况进行评价。要秉着客观公正的原则进行互评打分。

3）双师评价。各小组展示任务成果，指导教师、企业导师及其他小组认真听取汇报。各小组总结自己小组和其他小组的优缺点，按"实施成果评价表"中的评价项目，客观公正地对任务实施成果进行自评互评。指导教师根据任务实施情况进行相应评价。

任务 2.5　拓展任务

2-32　学习情境 2 拓展任务要求

与机器人涂胶相似，在机器人进行雕刻、切割、零件边口打磨等工作时，对机器人轨迹要求也比较高，其编程调试方法与涂

胶编程调试方法类似。机器人完成自动切割加工，精度高、重复性好、切口美观，不仅省去了打磨边口环节，还不会对工件表面造成划伤。这种技术常用于幅面很大的整板切割，无须开模具，经济省时。

拓展任务对如图 2-201 所示的钣金自动切割工作案例进行改造，搭建出如图 2-202 所示的机器人自动切割教学实践场景。要求按工艺要求，完成机器人自动切割的现场编程与调试工作。请绘制出机器人自动切割工作流程图，创建机器人工作所需的各类数据与通信信号，编写并调试机器人程序，满足如下机器人自动切割工艺要求。

图 2-201　钣金自动切割工作案例

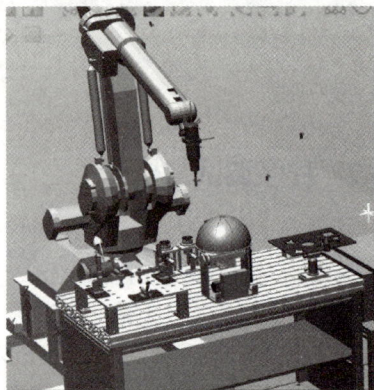

图 2-202　机器人自动切割教学实践场景

1）切割速度均匀，转弯及接口的切割轨迹控制要好。

2）整个切割过程保持工具与切割表面垂直，位置精度控制在±1mm 以内。

3）切割前后，机器人处于安全位置。到达切割起始点正上方后，打开切割工具并延时；切割完成回到切割点正上方后，关闭切割工具并延时后，返回安全原点。

4）切割完成，要给 PLC 发送 1s 的切割完成信号。

5）PLC 通过组信号控制机器人切割轨迹。如图 2-203 所示切割轨迹，当组信号数值为 1 时，机器人按轨迹①切割；组信号为 3 时，机器人按轨迹③切割；组信号为 5 时，机器人按轨迹⑤切割。记录机器人从开始切割到完成切割所用时间，在示教器中显示出来。

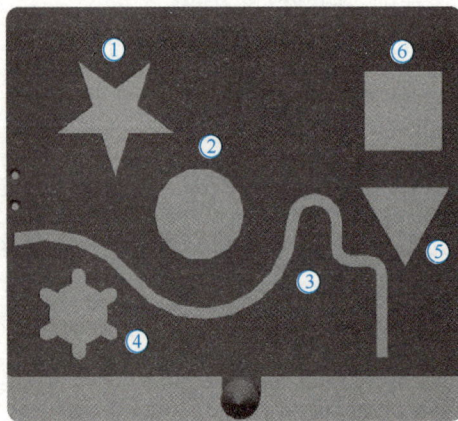

图 2-203　机器人切割轨迹

学习情境 3　码垛机器人编程与调试

码垛机器人是机电一体化高新技术产品，可按照要求的编组方式和层数，用最优化的设计，实现码垛垛形的紧密与整齐。它适用于袋装、桶装、箱装、罐装、盒装、瓶装等各种产品的码垛（见图3-1），并广泛运用于食品饮料、建材、汽车、机械等行业产品物料的自动码垛。

图 3-1　工业机器人各类产品码垛

本学习情境对如图 3-2 所示的汽车零件码垛案例进行改造，搭建出如图 3-3 所示的码垛教学实践场景。按码垛工艺要求，完成机器人码垛的现场编程与调试工作，实现汽车零件自动码垛：码垛机器人启动后，在斜料槽中抓取工件，采用正反交错的方式，依次将工件码放为 2 层，每层 3 个工件，摆放规则如图 3-4 所示。

图 3-2　汽车零件码垛案例

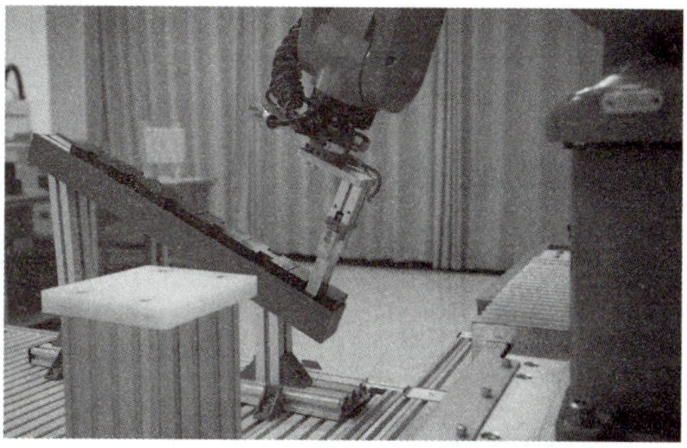

图 3-3　码垛教学实践场景

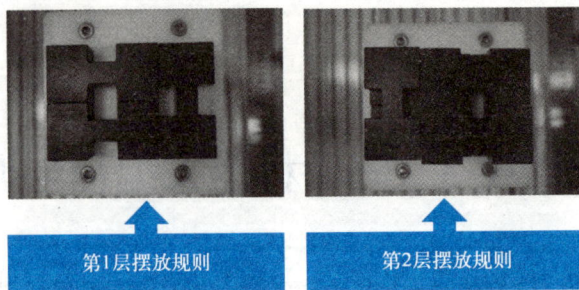

图 3-4　码垛摆放规则

码垛工艺有如下几点要求：

1）码垛前机器人处于安全位置，当工业机器人收到启动信号后开始码垛工作。

2）待垛盘和工件到位后，机器人调整适合的手爪姿态，开始进行抓取工件操作。

3）在垛盘已到位且未码满 2 层的前提下，将工件搬运到码垛区域码垛。

4）码满 2 层后，通知外部更换垛盘。等待新垛盘到位，重新进行下一轮码垛。

3-1　码垛任务要求

职业素养——三线精神打造国之利器

自动码垛工作对机器人的灵活性和精确性都有较高的要求，这种要求更多取决于现场对工业机器人的编程和调试技术技能。这就要求学习者不能浅尝辄止，不能满足于"大概会了"，要刻苦训练，精益求精，熟练掌握，才能达到机器人码垛的要求，适应未来职业需要。

3-2　三线精神打造国之利器

20 世纪 60 年代初，为应对复杂多变的国际国内形势，中共中央根据我国各地区战略位置的不同，制定了一、二、三线的战略布局，加强三线建设。从此，持续 14 年的三线建设轰轰烈烈地拉开了序幕。

那时，几百万工人、干部、知识分子、解放军官兵和无数的建设者，在"备战备荒为人民、好人好马上三线"的时代号召下，从北京、上海等大城市来到深山峡谷、大漠荒野，带来了先进的技术和文化，在那些寒风呼啸的火红岁月里，投身到三线建设中。他们日夜奋战，战晴天，抢阴天，刮风下雨当好天，将贫瘠的大地一步步带入工业文明。

三线精神，是民族精神、奋斗精神在我们这片土地上的集中体现。现如今的我们，虽不用像前辈们一样，在条件艰苦、环境恶劣的情况下工作，但应继承三线精神的内涵，保持艰苦创业、团结协作、勇于创新的精神，干一行爱一行，为祖国智能制造产业的发展贡献一份力量。

素质目标

● 树立正确价值观，执着、守正、创新，提高工作质量。

● 具有家国情怀、责任担当，树立强国信念。

● 具有职业规划意识，强化工匠精神。

知识目标

● 掌握工业机器人工件坐标系及有效载荷创建方法。

- 掌握一维数组、二维数组的使用方法。
- 掌握工业机器人虚拟信号、模拟信号和以太网通信设置方法。
- 掌握工业机器人循环控制指令格式。
- 掌握工业机器人中断程序编制方法。
- 掌握工业机器人功能程序编制方法。
- 掌握工业机器人的运行监控指令、软伺服开关指令等。
- 掌握工业机器人日常维护方法。

能力目标

- 能按需创建与定义工业机器人工件坐标系和有效载荷数据。
- 能应用数组完成机器人程序编写。
- 能按需设置工业机器人各类通信信号。
- 能熟练使用循环控制指令进行机器人逻辑控制。
- 能熟练运用中断程序。
- 能熟练运用功能程序。
- 能熟练运用程序监控指令、软伺服开关指令等。
- 能按时间节点完成工业机器人的日常维护。

任务 3.1 创建机器人数据

任务描述

按如图 3-5 所示的码垛工作站及码垛摆放规则，规划码垛机器人运动路径，绘制码垛机器人工作流程图，并在虚拟仿真系统和实践设备中创建码垛机器人所需的各类程序数据。

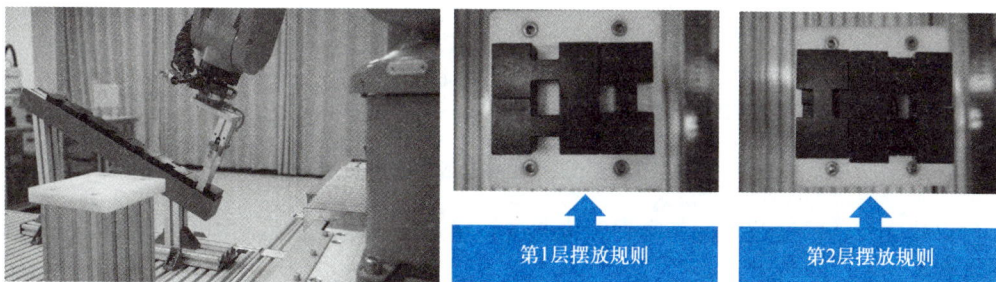

图 3-5　码垛工作站及码垛摆放规则

新知探究

3.1.1 创建工件数据

1. 认识工件坐标系

工件坐标系是工件相对于大地坐标系或其他坐标系建立的位置。工业机器人可以拥有若干个工件坐标系，或者表示不同工件，或者表示同一工件在不同位置的若干副本。

机器人的默认工件坐标系 wobj0 的原点及方向与基坐标系的一致，如图 3-6 所示。在某些场合下新建工件坐标系，会使程序变得更加简单方便。对于如图 3-7 所示机器人的工作位置，A 坐标系是机器人的大地坐标系，直接在此坐标原点的基础上编程或调试均不方便。若建立一个新的坐标系 B，并以坐标系 B 为基准进行工件轨迹编程和点位调试，可大大降低编程调试的难度。

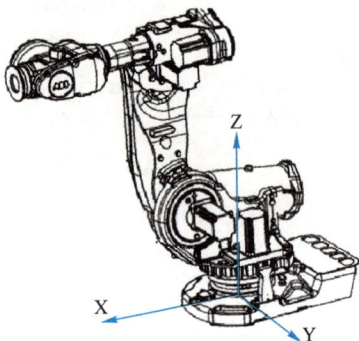

图 3-6　默认工件坐标系

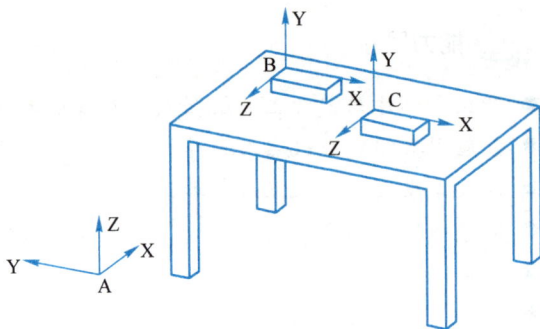

图 3-7　工件坐标系应用实例 1

再如图 3-8 所示，机器人需要先后走出两个大小相等、形状相同但位置不同的轨迹。若采用常规方法，需要编写两个轨迹程序，并调试各个轨迹的点位，工作量较大。若编写第一个轨迹时，以坐标系 B 为基准进行程序编写，那么运行另一个轨迹时，只要将坐标基准由 B 更改为 C，就可实现第二个轨迹的运行，无须重新编程。

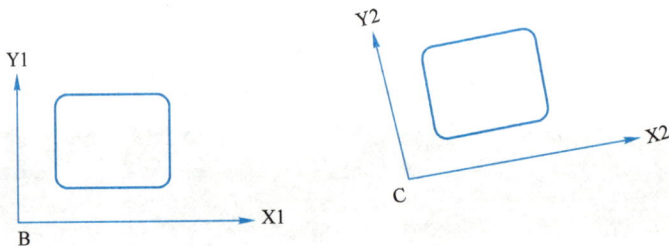

图 3-8　工件坐标系应用实例 2

如何建立和选择这些坐标基准呢？可通过新建工件数据，然后在程序中选择不同的工件数据来实现。

2. 创建工件坐标系

1）进入 ABB 主菜单，单击"手动操纵"，如图 3-9 所示。

2）在手动操纵界面选择"wobj0…"选项，如图 3-10 所示。

3）选择"新建…"选项，如图 3-11 所示。

4）设定新建的工件数据名称后单击"确定"，本例直接采用默认名称"wobj1"，单击"确定"，如图 3-12 所示。

3-3　工件坐标系创建与定义

图 3-9　单击"手动操纵"

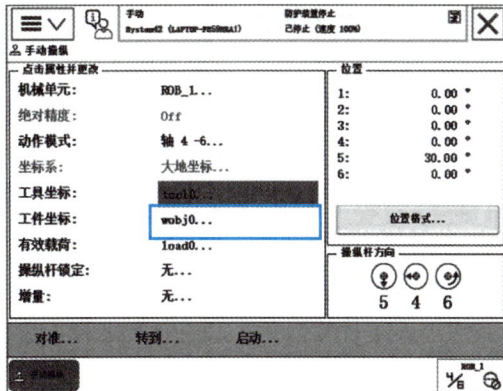

图 3-10　选择"wobj0..."

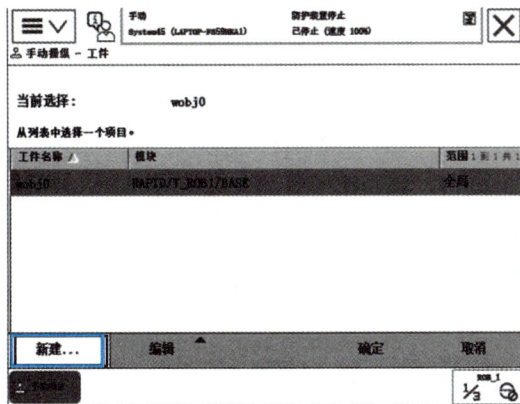

图 3-11　新建工件数据

图 3-12　设定工件数据名称

5）工件数据新建完成，显示如图 3-13 所示。

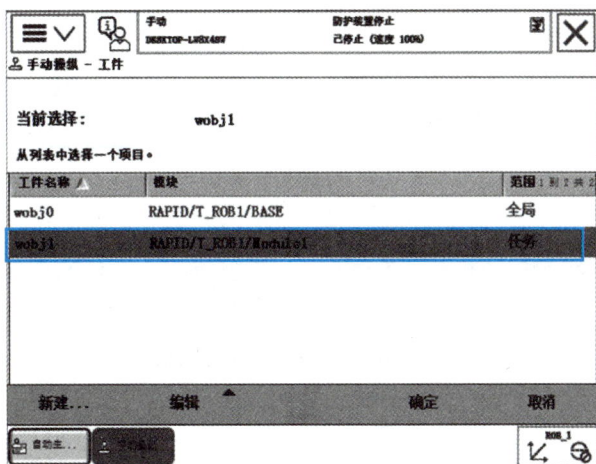

图 3-13　新建的工件数据

3. 定义工件数据

工件坐标系的定义通常采用 3 点法，即在对象平面上，定义 X1、X2、Y1 共 3 个点，如图 3-14 所示。X1 是所定义的工件坐标系的原点，X2 与 X1 的连线定义工件坐标系 X 轴方向，Y1 与 X1 的连线定义工件坐标系的 Y 轴方向。X、Y 轴方向确定以后，Z 轴方向即可通过右手笛卡儿坐标系进行判断。

3-4 工件数据创建与定义

下面以定义如图 3-15 所示工件坐标系数据为例，讲解定义的具体操作步骤。

1）在工件数据列表中选中新建的"wobj1"，单击"编辑"，然后单击"定义…"，在定义方法中选择"3 点"，如图 3-16 所示。

图 3-14 "3 点"位置

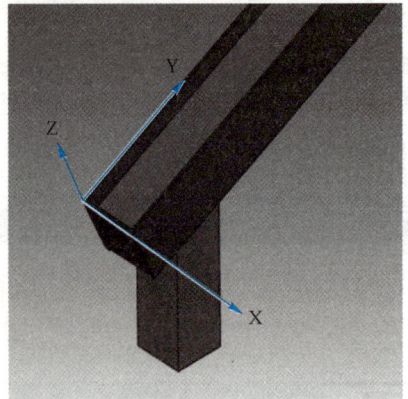

图 3-15 需新建的工件坐标系

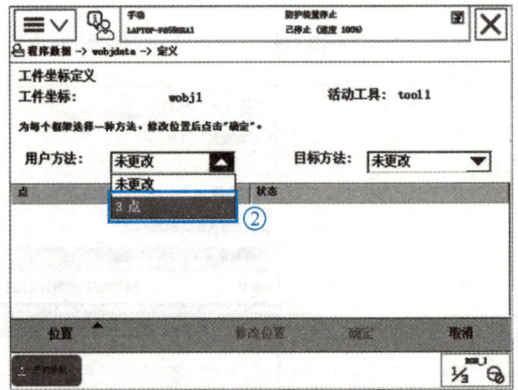

图 3-16 3 点法定义工件数据

2）按下示教器上的使能按键，通过关节运动、线性运动及增量状态配合，操控机器人靠近并接触如图 3-17 所示 X1 点位置。然后在示教器中选择"用户点 X1"，单击下方的"修改位置"，把当前位置作为原点，如图 3-17 所示。

图 3-17　修改 X1 点位置

3）操控机器人靠近并接触如图 3-18 所示左侧 X2 点位置。然后在示教器中选中"用户点 X2"，单击下方的"修改位置"，如图 3-18 所示。

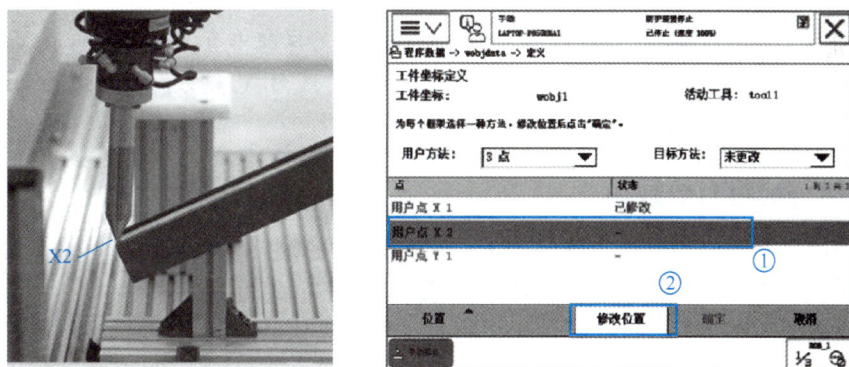

图 3-18　修改 X2 点位置

4）操控机器人靠近并接触如图 3-19 所示左侧 Y1 点位置。然后在示教器中选中"用户点 Y1"，单击下方的"修改位置"，如图 3-19 所示。

图 3-19　修改 Y1 点位置

5）3 个点位修改完成后，单击"确定"，弹出如图 3-20 所示计算结果，单击"确定"，系统会自动将参数值填入工件数据中，工件数据定义完成。

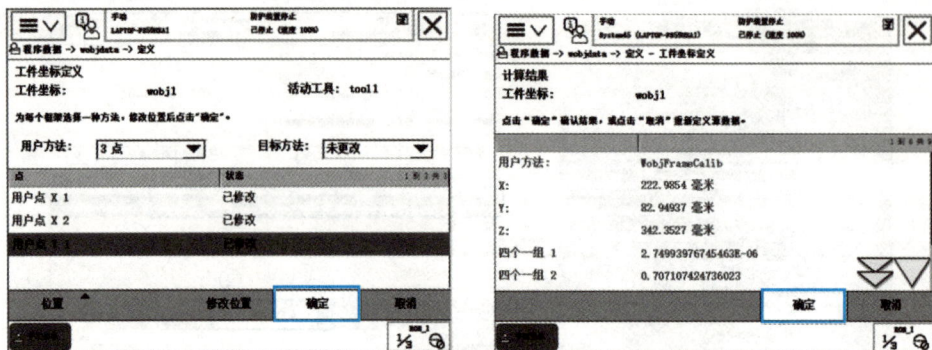

图 3-20 工件数据确定

📝 **温馨小提示：**

1）定义坐标数据时，3 个点的机器人姿态最好保持一致，有利于工件坐标的准确度。

2）Y1 点、X1 点连线，与 X1 点、X2 点连线最好保持垂直。如果不垂直，机器人系统会以 Y1 点为基准作 X1 点、X2 点连线的垂线，垂线为 Y 轴方向，垂足为新的坐标原点，代替原来 X1 点位置。

3.1.2 创建与编辑有效载荷

对于码垛机器人，当手爪上夹持的工件较重时，必须告知机器人工件质量和重心等，这就需要使用有效载荷数据 loaddata。这样，工业机器人在运行过程中，就可以根据工件的具体情况进行实时调整。

3-5 有效载荷创建与应用

1. 有效载荷的创建与编辑

有效载荷数据的创建与编辑步骤如下。

1）在"手动操纵"界面中选择"有效载荷"，并单击左下角的"新建..."，如图 3-21 所示。

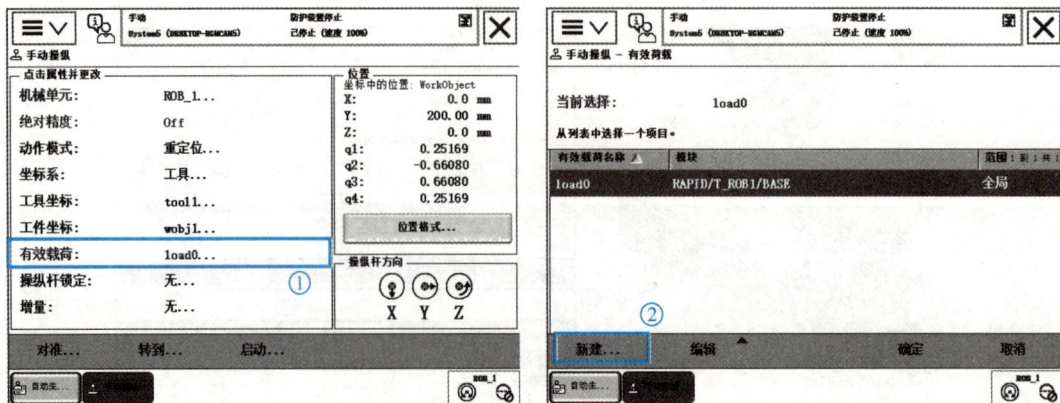

图 3-21 新建有效载荷数据

2）设置有效载荷数据名称后，单击"确定"，如图 3-22 所示。

3）选中新建的有效载荷数据名称，单击"编辑"→"更改值..."，根据实际情况对有效载荷数据进行设定，如图 3-23 所示。

图 3-22 设置有效载荷数据名称

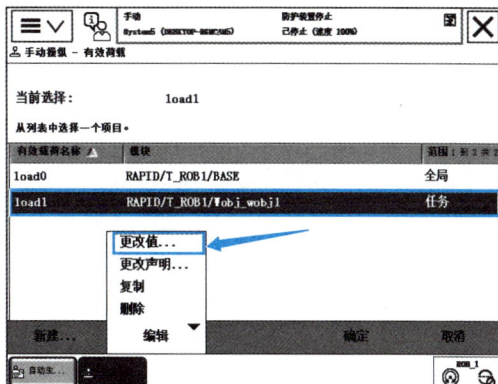

图 3-23 编辑有效载荷参数

需要修改的参数组主要是 mass、cog 两组，含义见表 3-1。（也可以通过例行程序进行 mass、cog 两组参数的测量，测量方法可参考学习情境 2 中工具质量与重心的测量方法。）

表 3-1 有效载荷参数表

名　　称	参　　数	备　　注
有效载荷质量	Load.mass	即工件质量，单位为 kg
有效载荷重心偏移量	Load.cog.x	工件重心相对 TCP 在 X 方向的偏移量
	Load.cog.y	工件重心相对 TCP 在 Y 方向的偏移量
	Load.cog.z	工件重心相对 TCP 在 Z 方向的偏移量

2. 有效载荷应用

创建完成的有效载荷（如上一步创建的有效载荷 load1），需要在机器人抓取到工件后添加，在工件放下后取消。设定添加和取消均采用指令 GripLoad，具体应用方式如下。

```
PROC r_pick
    ……
    Set do_tool;            //机器人手爪夹紧工件
    GripLoad    load1;      //添加有效载荷 load1
    ……
    ReSet do_tool;          //机器人手爪松开工件
    GripLoad    load0;      //取消有效载荷 load1
    ……
ENDPROC
```

🐚 实施引导

3.1.3　数组

在程序设计中，为了处理方便，把具有相同类型的若干数据项按有序的形式组织起来。

这些按序排列的同类型数据元素的集合称为数组。组成数组的各个数据项称为数组元素。数组分为一维、二维、三维和多维数组等，常用的是一维、二维数组。

1. 一维数组

当数组中的元素都只带一个下标时，称之为一维数组。可将一维数组视为一个一行多列的表格，可以存放多个变量数值。

3-6 一维数组

【格式】如：VAR num num1{5}:=[5,7,9,4,6];

VAR 表示该数组的存储类型为变量；num 表示该数组的存放数据类型；num1 为该数组的名称；num1 后面用 "{ }" 括起来的 5 表明该一维数组元素个数为 5，即可将该数组视为 1 行 5 列的表格，存放 5 个 num 型的数据，名称分别为 num1{1}、num1{2}、num1{3}、num1{4}、num1{5}。赋值符号 ":=" 后用 "[ ]" 括起来，写明每个数组元素赋予的初始值，两个元素之间用 ","隔开。该一维数组信息详情如图 3-24 所示。

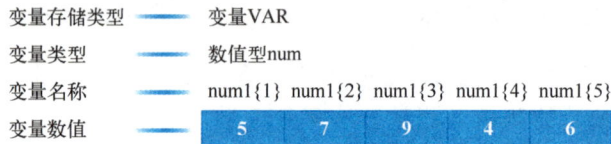

变量存储类型 ——	变量VAR				
变量类型 ——	数值型num				
变量名称 ——	num1{1}	num1{2}	num1{3}	num1{4}	num1{5}
变量数值 ——	5	7	9	4	6

图 3-24　一维数组详细信息

【实例】

```
VAR num num1{3}:=[5,7,9];    //定义数值型一维数组，有 3 个元素，初始值分别是 5、7 和 9
reg1:=num1{2};               //调用该一维数组第 2 个元素的值赋给 reg1，执行后 reg1 的值为 7
```

【应用】如图 3-25 所示机器人工具架，放置有 7 个机器人末端工具。编写机器人程序，实现不同作业内容可灵活抓取不同的工具。

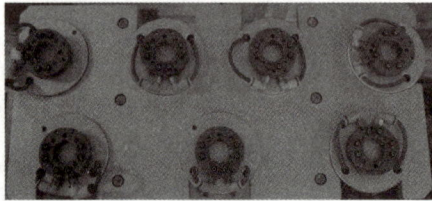

图 3-25　机器人工具架

分析：如果按照普通的编程方法，每个工具的抓取都编制一个例行程序，需要编写 7 个程序。可以利用数组进行程序的优化。如图 3-26 所示新建 robtarget 类型的一维数组 ptool，用于存放工具抓取点位。1 号工具抓取点位存放在 ptool{1}里，2 号工具抓取点位存放在 ptool{2}里，以此类推。

编写工具抓取程序 r_tool（左方线框所示）和调用指令（右方线框所示）。调用工具抓取程序时，在被调用程序 r_tool 后写上实际参数值 2，即将 2 传递给 r_tool 的 T 参数。r_tool 程序中，利用 MoveL 指令运行到抓取点 ptool{T}，即会运行到 ptool{2}，完成 2 号工具的抓取。

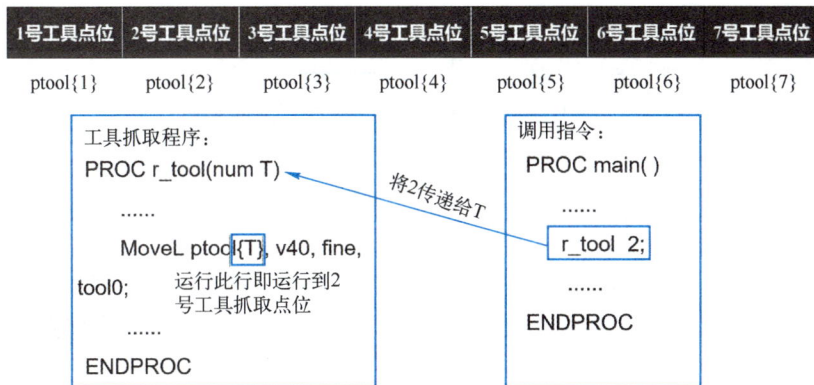

图 3-26　一维数组应用实例程序

📝 **温馨小提示：**

与 C 语言不同，在 ABB 机器人中，数组第一个元素的编号为 1 而不是 0，即第一个为 num1{1}而非 num1{0}。所以上述实例中，num1{1}的值为 5，而非 7。

【操作步骤】以定义一维数组"VAR num num1{3}:=[5,7,9];"为例，讲解在 ABB 机器人中定义一维数组操作步骤。

1）单击主菜单中的"程序数据"，如图 3-27 所示。

2）在数据类型界面，双击"num"（若界面中未显示"num"，则打开"全部数据类型"找到并双击"num"），如图 3-28 所示。

图 3-27　选择"程序数据"

图 3-28　选择"num"

3）单击"添加"，进入如图 3-29 所示数据添加界面，单击名称后的 [...] 图标，更改一维数组名称为"num1"，单击"确定"。

4）单击维数后的 ▼ 图标选择所要创建的数组维数"1"，如图 3-30 所示。

5）再单击维数后的 [...] 图标，输入需要创建的数组元素个数"3"，如图 3-31 所示。

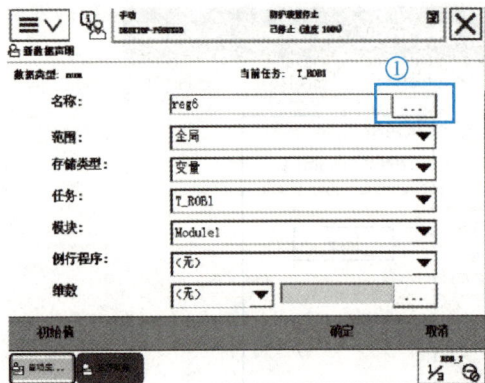

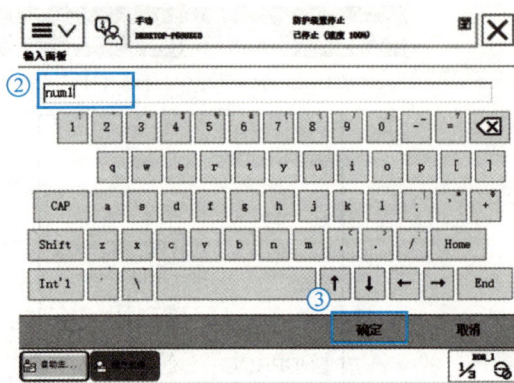

图 3-29 修改名称

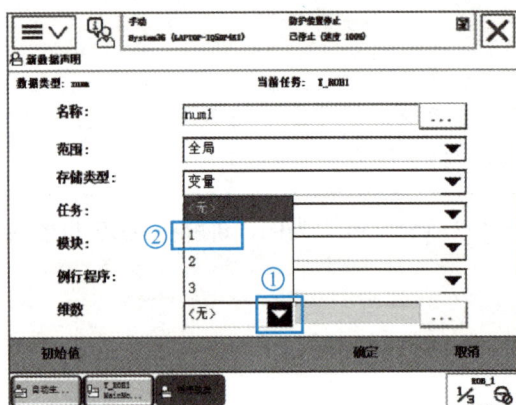

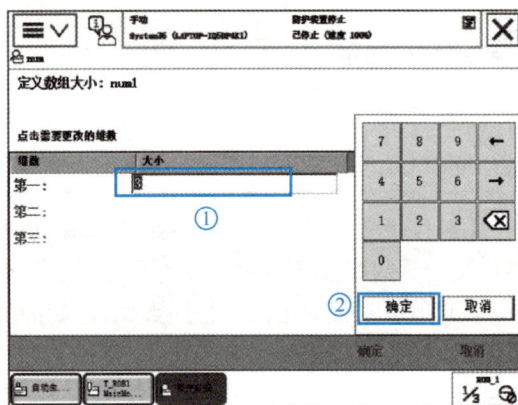

图 3-30 选择维数

图 3-31 设定元素个数

6）单击"确定"，数组创建完成，如图 3-32 所示。单击所创建的数组，修改各元素中的初始数值。

7）选择第一个元素，单击后修改数值为"5"，如图 3-33 所示。

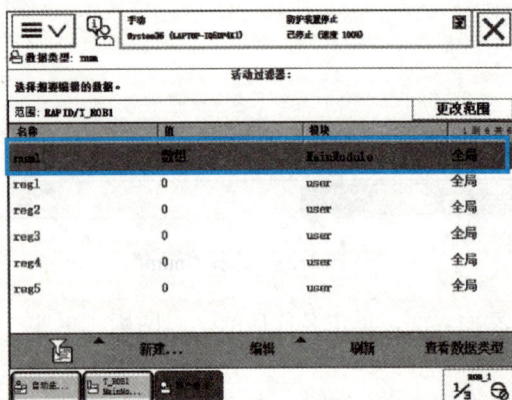

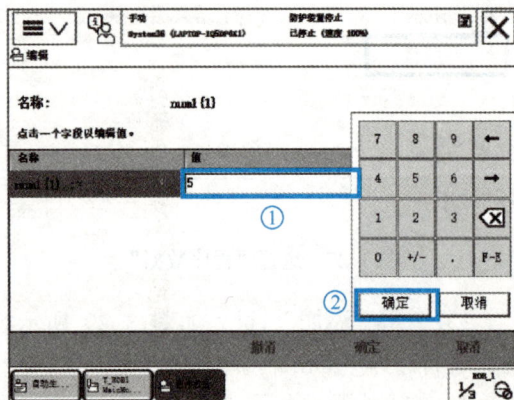

图 3-32 单击数组

图 3-33 设定初始值

8）依次单击第二、三个元素，修改数值分别为"7"和"9"，结果如图 3-34 所示。

9）单击"关闭"，如图 3-35 所示。该一维数组初始值更改完成。

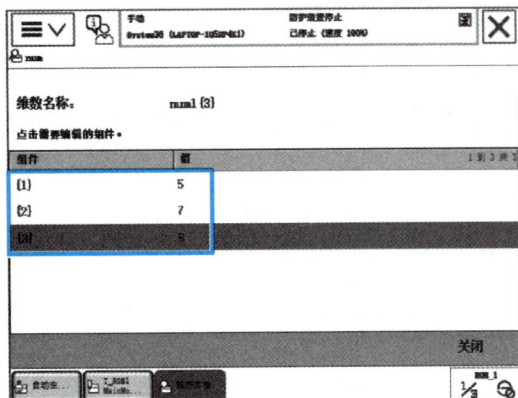

图 3-34　设定初始值结果　　　　　　图 3-35　退出初始值设定

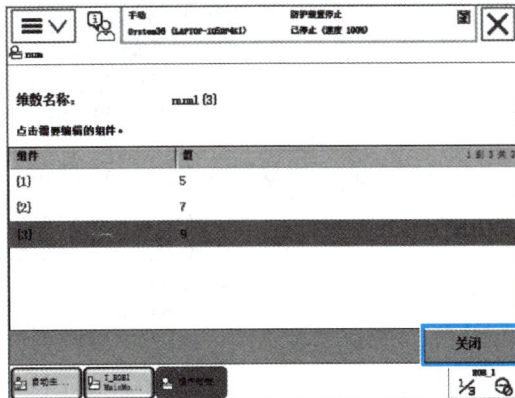

2. 二维数组

二维数组通常也被称为矩阵，可以把它视为一个多行多列的表格，比一维数组能存放更多的变量数值。

3-7　二维数组

【格式】如：VAR num num2{3,4}:=[[1,2,3,4], [5,6,7,8], [9,10,11,12]];

二维数组 num2 花括号里第一个数为 3，第二个数为 4，可以将其视为一个 3 行 4 列的表格，共存放 12 个数。与一维数组相同，VAR 表示该数组的存储类型为变量，num 表示该数组的类型，num2 为数组的名称。

第 1 行第 1 列存放的变量名称为 num2{1,1}，第 3 行第 4 列存放的变量名称为 num2{3,4}。赋值符号"：="右边，在赋值的"[ ]"里，每行的变量数值再用一对"[ ]"括起来。第一对"[ ]"里的值，就是第 1 行 1～4 列变量的值。

【实例】

```
VAR num num2{3,4}:=[[1,2,3,4], [5,6,7,8], [9,10,11,12]];   //定义一个 3 行 4 列的二维数组 num2
reg1:=num2{2,3};       //调用二维数组第 2 行第 3 列的元素值赋给 reg1，执行后 reg1 的值为 7
```

【应用】如图 3-36 所示的放料盘，有 4 个放置位置，用于放置 4 个工件（每个工件长和宽都是 200mm）。以第 1 个放置点位为基准（点位名称为 p10），其他 3 个放置点位可以在此基础上利用偏移得出。

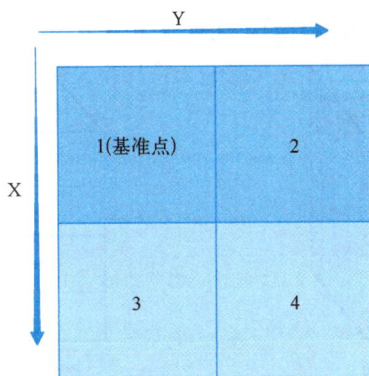

图 3-36　4 个工件放置位置

在程序中定义以下二维数组：

PERS num num2{4,3}:=[[0,0,0],	//存放第 1 个位置偏移数据：X=0,Y=0,Z=0	
[0,200,0],	//存放第 2 个位置偏移数据：X=0,Y=200,Z=0	
[200,0,0],	//存放第 3 个位置偏移数据：X=200,Y=0,Z=0	
[200,200,0]] ;	//存放第 4 个位置偏移数据：X=200,Y=200,Z=0	

则 4 个放置点位数据值如图 3-37 所示。

第1个位置：pick:=Offs(p10,num2{1,1},num2{1,2},num2{1,3})
第2个位置：pick:=Offs(p10,num2{2,1},num2{2,2},num2{2,3})
第3个位置：pick:=Offs(p10,num2{3,1},num2{3,2},num2{3,3})
第4个位置：pick:=Offs(p10,num2{4,1},num2{4,2},num2{4,3})

基准点
X方向偏移量
Y方向偏移量
Z方向偏移量

图 3-37　4 个放置点位数据值

3.1.4　码垛工作原理

3-8　码垛方式

1. 码垛方式

码垛有各种不同的垛形，垛形是指物料有规律、整齐、平稳地码放在托盘上的码放样式。通常的垛形有 4 种，分别是重叠式码放、正反交错式码放、纵横交错式码放、旋转交错式码放。

（1）重叠式码放

即各层码放方式相同，上下对应。这种方式的优点是工人操作速度快，包装货物的四个角和边重叠垂直，承载能力大。缺点是各层之间缺少咬合作用，容易发生塌垛。在货物底面积较大的情况下，采用这种方式具有足够的稳定性，如果再配上相应的紧固方式，则不但能保持稳定，还可以发挥装卸操作省力的优点，如图 3-38 所示。

（2）正反交错式码放

同一层不同列之间以 90°垂直码放，相邻层的码放形式是上一层旋转 180°后的形式。这种方式类似于建筑上的砌砖方式，不同层间咬合强度较高，相邻层之间不重缝，因而码放后稳定性较高，但操作较为麻烦，且包装体之间不是垂直面相互承受载荷，如图 3-39 所示。

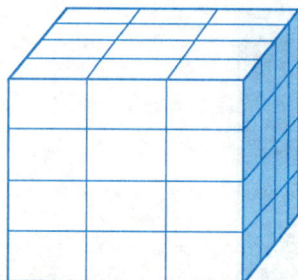

图 3-38　重叠式码放

图 3-39　正反交错式码放

（3）纵横交错式码放

相邻两层摆放旋转 90°，一层横向放置，另一层纵向放置。每层间有一定的咬合效果，但咬合强度不高，如图 3-40 所示。

（4）旋转交错式码放

第一层相邻的两个包装体互为 90°，两层间码放又相差 180°，这样相邻两层之间互相咬合交叉，货体的稳定性较高，不易塌垛。其缺点是，码放的难度较大，且中间形成空穴，降低托盘的利用效率，如图 3-41 所示。

图 3-40　纵横交错式码放

图 3-41　旋转交错式码放

在本任务中，选择正反交错式码垛方式，每一层的码垛数量是 3 个。这种码垛方式奇数层的码垛方式相同，工件放置如图 3-42 所示；偶数层的码垛方式相同，工件放置如图 3-43 所示。

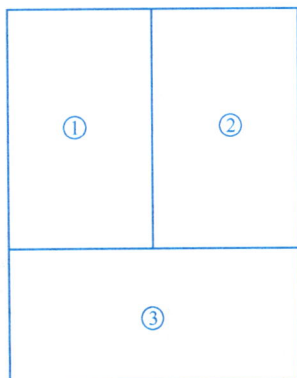

图 3-42　奇数层放置方式

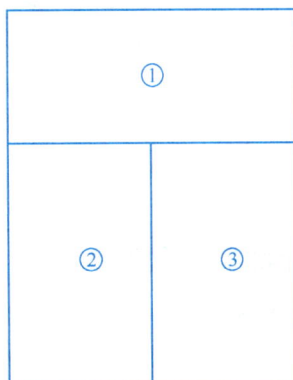

图 3-43　偶数层放置方式

2. 码垛层数和所在层位置计算

当码垛层数较多，或每层码放工件数量较多时，可以通过求商、求余指令来确定本次码垛工件所在的层数和在本层应码放的位置。

（1）层数计算

使用求商指令 DIV 进行计算。

【实例】现每层应码放的工件数量为 7。如果 num 型程序数据 n_count 记录的是现在应码垛的工件数量（如应码放第 18 个工件则 n_count 等于 18），则工件层数 n1 计算指令如下：

```
n1:=(n_count-1)  DIV  7;
Incr n1;
```

（2）所在层位置计算

使用求余指令 MOD 进行计算。

【实例】同上一实例，现每层应码放的工件数量为 7。如果 num 型程序数据 n_count 记录的是现在应码垛的工件数量，则工件所在层位置计算指令如下：

```
n2:=(n_count-1)  MOD  7;
Incr n2;
```

3.1.5 码垛机器人工作流程

针对本次码垛工作要求，工作流程如图 3-44 所示，但要根据实际设备及工作情况进行相应调整。

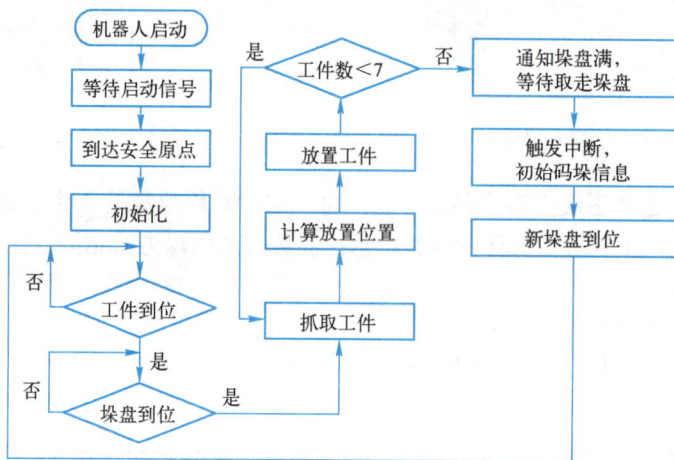

图 3-44　码垛机器人工作流程

3.1.6 码垛机器人数据创建

1. 点位数据

3-9　码垛机器人数据创建

为实现码垛工作流程，首先要规划和创建所需点位数据。

（1）安全原点

码垛前，机器人需要从安全原点出发，以此位置作为运行的开始。创建安全原点 p_home，数据类型为 robtarget，存储类型为常量。

（2）抓取工件的点位

抓取准备点：由于取料槽是斜的，如果直接由安全原点运行到抓取点正上方，容易与外部设备发生碰撞。可在取料路径中间设置一个抓取准备点，使机器人运行轨迹变得更安全可靠。该点位取名为 p_ready1，数据类型为 robtarget，存储类型为常量。

抓取点：取名为 p_pick，数据类型为 robtarget。

（3）码垛点位

码垛准备点：与抓取相同，为了使机器人运行轨迹安全可靠，姿态平稳，在机器人到达放置点之前设置码垛准备点，取名为 p_ready2，数据类型为 robtarget，存储类型为常量。

放置点：由于该点位置要随着码垛工件数量的变化而变化，存储类型选择变量。取名为 p_place，数据类型为 robtarget。

码垛基准点：工件为正反交错式码放。横向、竖向两种摆放方式各需要设置 1 个码垛基准点。横向码垛基准点取名为 p_place_0，纵向码垛基准点取名为 p_place_90，如图 3-45 所示。这两个点位调试后不会发生变化，存储类型为常量。

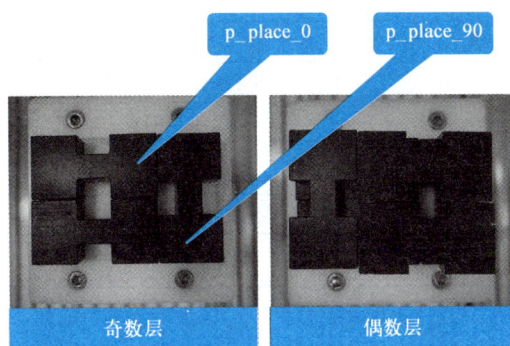

图 3-45　码垛基准点位

根据以上分析，规划码垛机器人点位见表 3-2。

表 3-2　点位数据列表（参考用）

序　号	数 据 名 称	数 据 类 型	存 储 类 型	备　注
1	p_home	robtarget	常量	安全原点
2	p_ready1	robtarget	常量	抓取准备点
3	p_pick	robtarget	常量	抓取点
4	p_ready2	robtarget	变量	放置点
5	p_place_0	robtarget	常量	横向码垛基准点
6	p_place_90	robtarget	常量	纵向码垛基准点

2. 工件数据

由于机器人需要从斜槽中抓取工件。为了调试抓取点位方便，需要新建工件数据 wobj1，其原点和各轴方向如图 3-46 所示，保证 Z 轴垂直于斜槽表面，并指向上方。

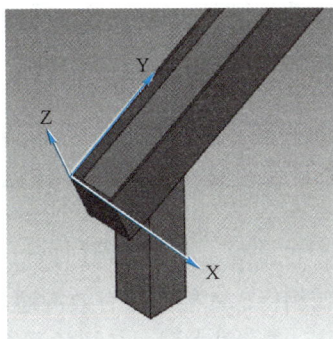

图 3-46　新建工件坐标参考

3. 其他数据

为了码垛程序逻辑控制方便，须创建表 3-3 中序号 1、2 两个逻辑控制变量。当码垛层数较多，或每层码放工件数量较多时，若采用求商、求余指令来确定码垛工件所在层数和所在层应码放的位置，则还需要新建序号 3、4 的两个逻辑控制变量。另外，编程时若使用数组来实现各个点位相对基准点位的偏移，还应新建序号 5 的二维数组。

表 3-3　其他数据列表（参考用）

序　号	数据名称	数据类型	存储类型	初　始　值	功　　能
1	n_count	num	可变量	1	记录应码放第几个工件
2	b_full	num	可变量	FALSE	垛盘是否已满
3	no_place	num	变量	0	码垛工件所在层应码放的位置
4	no_tier	num	变量	0	码垛工件所在层数
5	offset{2,3}	num 二维数组	常量	根据实际尺寸设置	每个工件位置的偏移量

温馨小提示：

1）码垛逻辑控制方式有很多，不同工作流程应创建的数据差别较大。以上论述只是提供一个参考，可根据自己的思考开拓创新。

2）现场调试时，各个码垛位置应根据工件实际情况进行调整。编程时可使用数组对各个点位进行偏移。

任务 3.2　创建机器人信号

任务描述

针对本情境描述的码垛任务，根据任务 3.1 确定的码垛工作流程，依据码垛工艺要求，确定该码垛机器人所需通信信号并列在信号参数列表中，绘制码垛机器人板卡 I/O 信号接线图，在虚拟仿真系统或实践设备中对相关通信信号进行正确设置，并调试机器人信号确保能正确通信。

新知探究

3.2.1　创建以太网通信

在当前工业信息化快速发展的背景下，以太网通信被广泛应用于机器人系统集成。ABB 机器人除了通过标准 I/O 板与外部设备通信，还可以使用机器人本体上的 WAN 口和 LAN 口与外部设备进行以太网通信。

机器人需要对接口的参数进行正确配置，才能实现稳定正确的数据通信。如同人与人之间交流，相互间要彼此信任、坦诚相待，才能建立有效沟通，保持良好的人际关系。

如图 3-47 所示的工业机器人，通过以太网，与视觉系统和 PLC 进行了网络连接。不仅可以进行变量数据的传输，也可进行输入输出信号的交互。数据与信号的传输，不是仅仅靠程序就能实现的，需要先对通信接口的参数进行配置。

1. 以太网通信接口

如图 3-48 所示，机器人以太网通信接口有 LAN 口和 WAN 口两种。

图 3-47　工业机器人与视觉系统、PLC 的以太网通信

图 3-48　工业机器人以太网通信接口

LAN 口为自由端口：既可作服务器，也可作客户端。通常，ABB 机器人有 LAN1、LAN2、LAN3 三个自由端口。

WAN 口为内部端口：只能作客户端用。通常，ABB 机器人有一个 WAN 口。

在使用过程中，可根据需求使用这些端口。但需要注意，端口设置时所选择的端口名称要与网线实际连接的端口名称一致。

2. 机器人通过变量与设备通信的配置

3-10　机器人以太网 IP 设置

【实例】如图 3-49 所示，机器人同时与 PLC 和视觉系统通信。两个设备必须各自设定一个 IP 地址，两设备的 IP 地址必须是同一网段号，但地址不能相同，这样才能正常通信。本实例中，设定机器人使用 100 网段的 IP 地址与视觉系统通信，机器人 IP 地址设定为：192.168.100.1，视觉系统 IP 地址设定为：192.168.100.2。

在与视觉系统通信的同时，机器人还能使用 LAN3 口与 PLC 进行网络连接，使用 0 网段的 IP 地址。机器人 IP 地址设定为：192.168.0.10，PLC 的 IP 地址设定为：192.168.0.11。

图 3-49　工业机器人以太网通信配置

以太网通信参数配置方法如下：

1）进入"控制面板"的"配置"界面，单击"主题"上拉菜单中的"Communication"，如图 3-50 所示。

2）选择"IP Setting"，如图 3-51 所示。

图 3-50　单击"Communication"

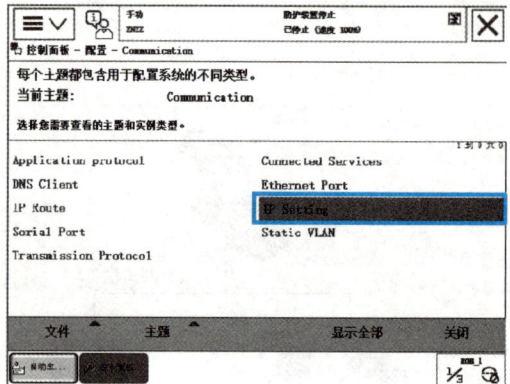

图 3-51　选择"IP Setting"

3）设置与 PLC 通信的机器人 IP 地址、网关和使用的网口，单击"确定"，如图 3-52 所示。注意 IP 网段号、网关与 PLC 的设置保持一致。

4）用相同方法设置与视觉系统通信的机器人 IP 地址、网关和使用的网口，单击"确定"。

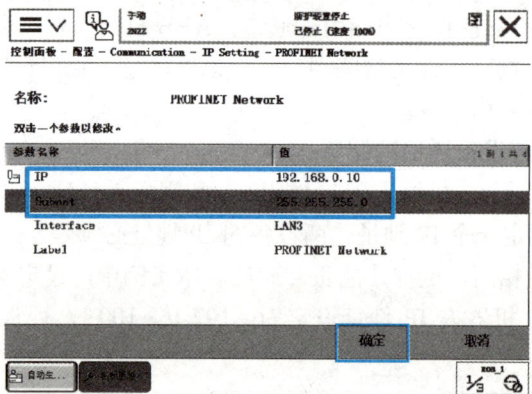

图 3-52　设置 IP 地址、网关和使用的网口

3. 机器人通过信号与设备通信的配置

机器人除了可以通过变量与其他设备进行以太网通信，还可以通过以太网进行信号通信。此时，除要设置通信端口外，还需要设置设备信息和以太网通信信号。

3-11　机器人以太网通信信号设置

【实例】如图 3-53 所示的机器人，通过以太网与 PLC 进行信号通信。机器人传递给 PLC 的信号包括 3 个组输出信号和 2 个数字输出信号。

交互字节长度：从 PLC 对应的输入信号地址可以看出，共需要传递 5Bytes。

机器人信号的地址：从 0 开始，go_1 传递 1Byte（8bits），地址为 0~7；go_2 地址为 8~15；go_3 地址为 16~23；do_1 为数字信号，占一位，地址为 24；do_2 地址为 32。

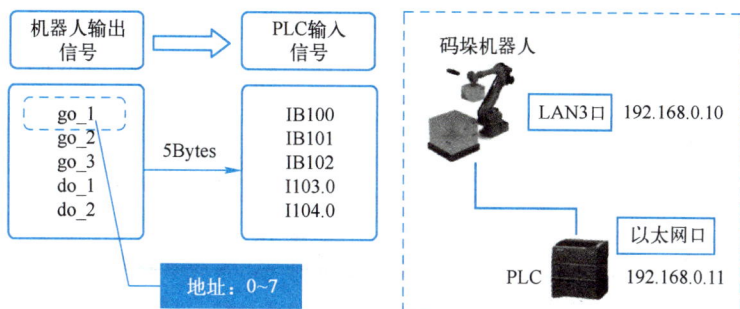

图 3-53 机器人通过以太网与 PLC 进行信号通信

针对以上实例，设备信息和以太网通信信号设置如下：

1）进入"控制面板"的"配置"界面，单击"主题"上拉菜单中的"I/O System"，如图 3-54 所示。

2）选择"DeviceNet Internal Device"，如图 3-55 所示。

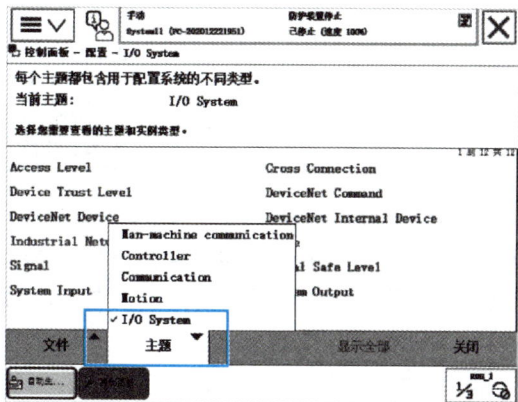

图 3-54 单击"I/O System"

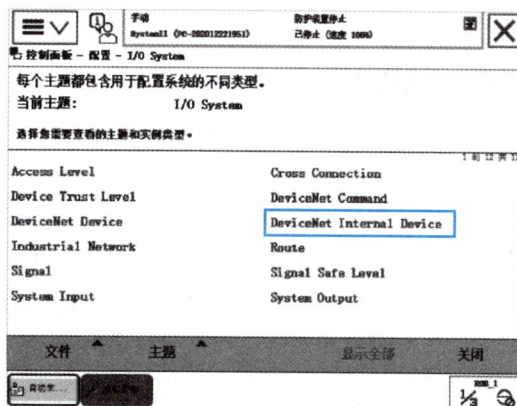

图 3-55 选择"DeviceNet Internal Device"

3）双击"PN_Internal_Device"，如图 3-56 所示。

4）在"Input Size"参数中设置需要传递的输入字节数量，如图 3-57 所示，在"Output Size"参数中设置需要传递的输出字节数量。

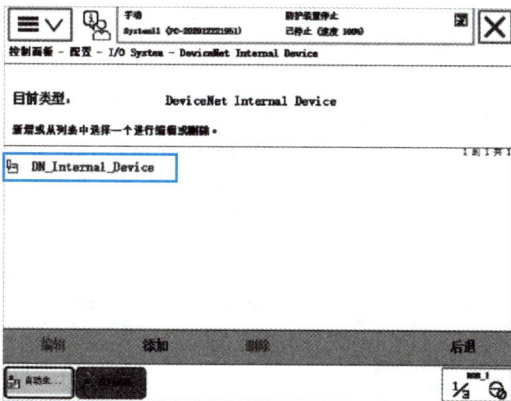

图 3-56 双击"PN_Internal_Device"

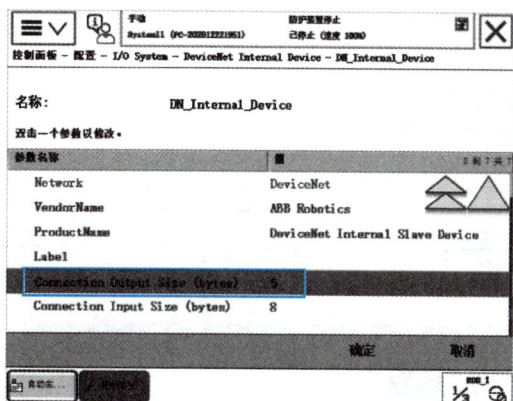

图 3-57 设置需要传递的输入字节数量

5）回到"配置"界面，选择"Signal"，如图 3-58 所示。

6）根据需求设置信号名称、信号类型、地址及所属设备，如图 3-59 所示。

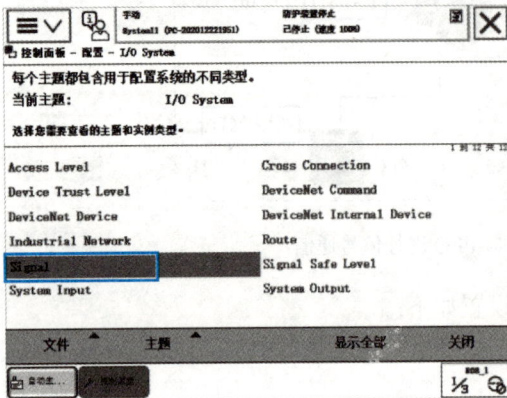

图 3-58　选择"Signal"

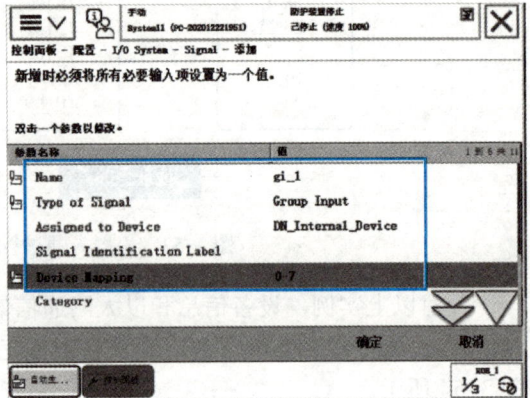

图 3-59　设置信号参数

3.2.2　创建虚拟信号

3-12　虚拟信号创建

ABB 机器人除了可以创建真实的信号，还可以创建虚拟的 I/O 信号。虚拟信号和真实信号创建方式一致，只是不占用实际通信接口，也不用指定所属板卡和地址。因此，机器人系统可以设置无数多个虚拟信号。

虚拟信号类似于 PLC 的中间继电器 M，可以起到信号之间关联、过渡和保存信号状态的作用。另外，在某些编程位置只能使用信号类型数据时，使用虚拟信号编写，可以在不占用标准 I/O 板通信接口的条件下，完成程序编写。

创建系统信号时，信号可以以"vi/vo+注序号或信号功能描述"格式进行命名，信号类型选择 Digital Input（虚拟输入信号选择此选项）或 Digital Output（虚拟输出信号选择此选项）。注意不要选择板卡名称和设置地址。下面以创建虚拟输出信号 vo1 为例，具体创建步骤如下：

1）进入"控制面板"→"配置"→"I/O System"界面，选择"Signal"，如图 3-60 所示。

2）选择"添加"，如图 3-61 所示。

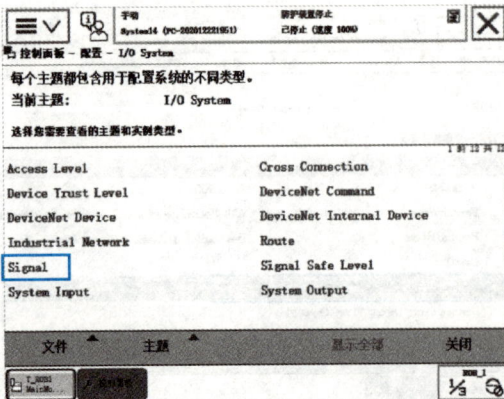

图 3-60　选择"Signal"

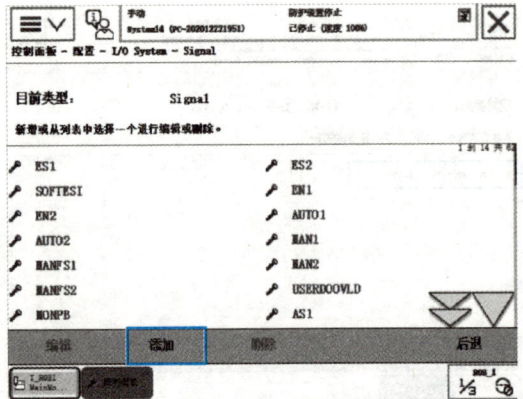

图 3-61　选择"添加"

3）信号名称修改为"vo1"，信号类型选择"Digital Output"，其他保持默认设置，单击"确定"，如图 3-62 所示。

4）待系统重启后，即可在输入输出中查看到该虚拟信号，如图 3-63 所示。

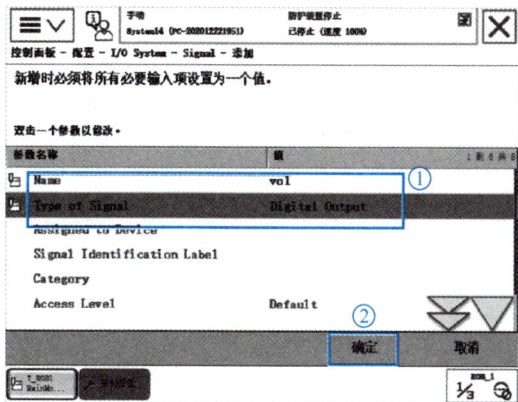

图 3-62　虚拟信号设置

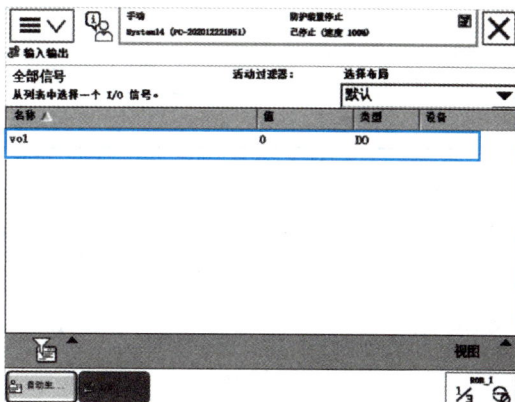

图 3-63　虚拟信号查看

3.2.3　创建模拟信号

3-13　模拟信号创建

模拟信号是指用连续变化的物理量表示的信号，如温度、电流、电压、压力等。其信号的幅度、频率或相位随时间连续变化，或在一段连续的时间间隔内，其代表信息的特征量可以在任意瞬间呈现任意数值。模拟信号传输过程中，先把信号值转换成波动的电信号，再通过有线或无线的方式传输出去。电信号被接收后，再通过接收设备还原成信号值。

机器人工作过程中，遇到的待处理信号，有相当一部分是模拟信号，如焊接机器人的焊接电流、焊接电压，码垛机器人外部传感器传递的转矩等。

1. 模拟信号分类

模拟信号分为两类。一类是检测到的实际参数值信号，如外部传感器传递给机器人的转矩。此类信号对于机器人来说属于输入，称为模拟输入信号（Analog Input），简称 AI 信号。另一类是用来改变参数值的信号，如机器人告知外部设备焊接电流大小。此类信号对于机器人来说属于输出，称为模拟输出信号（Analog Output），简称 AO 信号。

2. 模拟信号设置

ABB 机器人的标准 I/O 板并非都具有模拟量接口。常用的 DSQC651 板卡具有 2 个模拟输出信号接口，DSQC355A 具有 4 个模拟输入信号接口和 4 个模拟输出信号接口。

以 DSQC651 标准 I/O 板为例，其 X6 端口即为模拟输出信号接口，共提供了 2 个模拟输出信号。每个模拟信号占 16bits，地址从 0 开始，即第一个模拟信号地址为 0～15，第二个模拟信号地址为 16～31。以 DSQC651 标准 I/O 板（board11）第一个模拟输出信号为例，主要配置参数见表 3-4。

表 3-4　模拟输出信号参数

参 数 名 称	设 定 值	说　明
Name	ao1	设定模拟输出信号，可以以 "ao+序号或信号功能" 进行命名
Type of Signal	Analog Output	设定信号类型为模拟输出信号，信号为 Analog Output
Assigned to Device	board11	设定信号所在的 I/O 板名称
Device Mapping	0～15	设定信号所占用的地址。每个模拟信号占16bits，如 0～15 或 16～31

具体设置步骤如下：

1）在手动模式下，进入 ABB 主菜单，单击 "控制面板" 后选择 "配置" 选项，如图 3-64 所示。

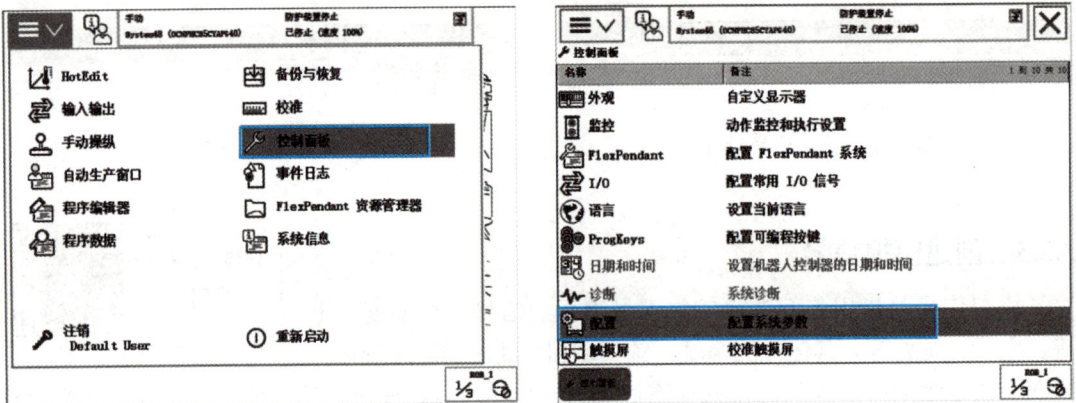

图 3-64　选择 "配置" 选项

2）双击 "Signal"，单击下方 "添加" 按钮，如图 3-65 所示。

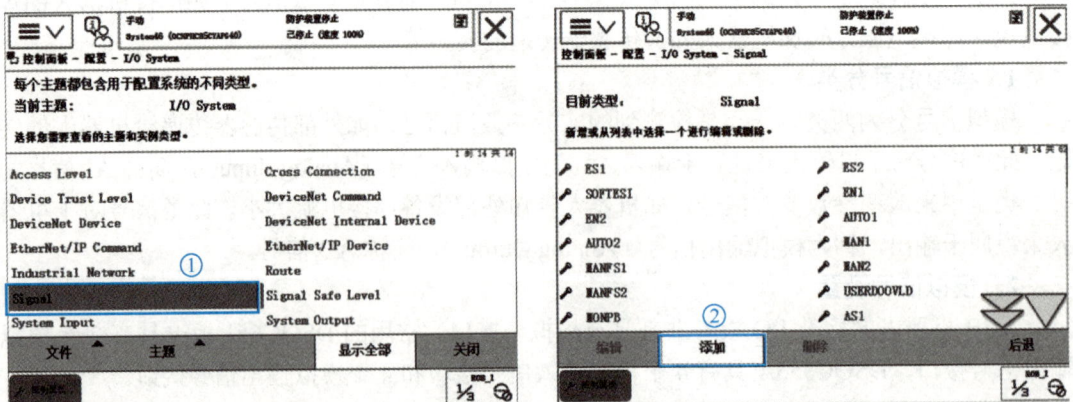

图 3-65　添加信号

3）进入信号配置界面后，单击 "Name" 参数进入信号名称设置界面，修改信号名称为 "ao1" 并单击下面的 "确定" 按钮，如图 3-66 所示。

4）单击 "Type of Signal" 参数设定信号类型，在下拉列表中选择类型为 "Analog Output"，如图 3-67 所示。

图 3-66 信号名称设置

5）单击"Assigned to Device"参数设定信号所在的 I/O 板名称，在下拉列表中选择"board11"，如图 3-68 所示。

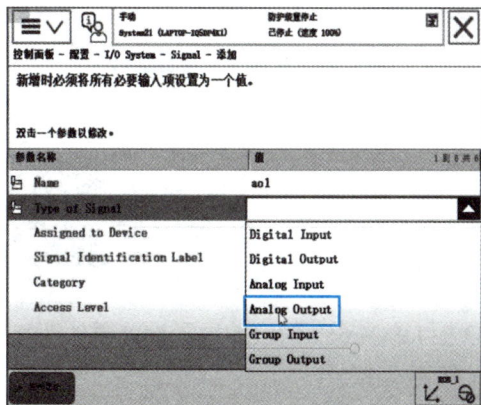

图 3-67 信号类型设置

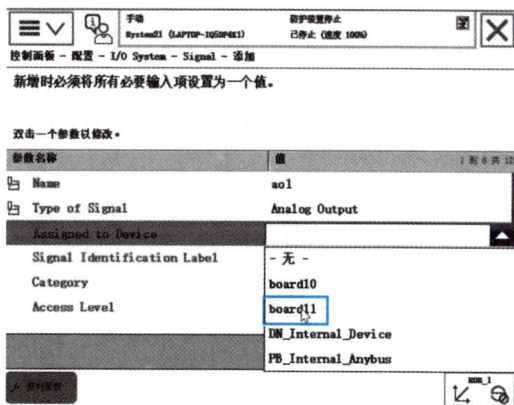

图 3-68 信号所在的 I/O 板

6）单击"Device Mapping"参数进入信号地址设置界面，修改信号地址为"0-15"并单击下面的"确定"按钮，如图 3-69 所示。

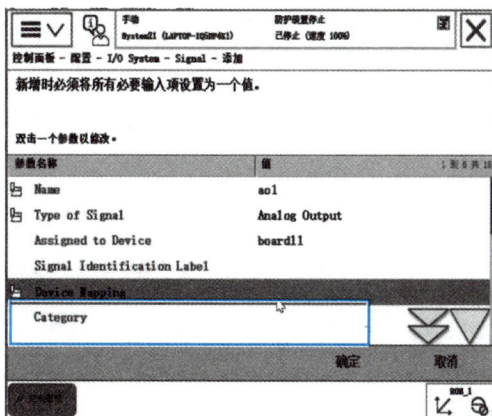

图 3-69 信号地址设置

7）单击"确定"确认配置的信号参数，如图 3-70 所示。

8）信号配置必须在系统重新启动后才能生效，因此会弹出提示是否重启的对话框。如果不再配置信号，单击"是"，重新启动系统，如图 3-71 所示；如果还要进行信号配置，可以在信号配置完成后再重新启动，单击"否"，表示暂时不重启。

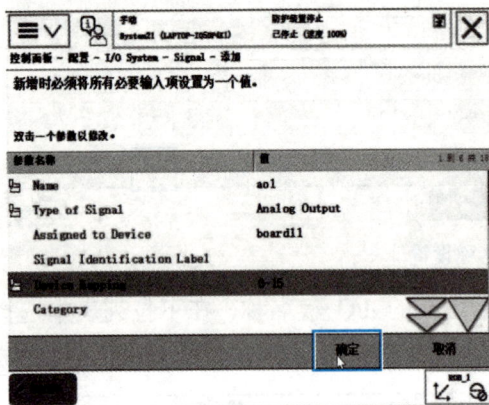

图 3-70　信号确认

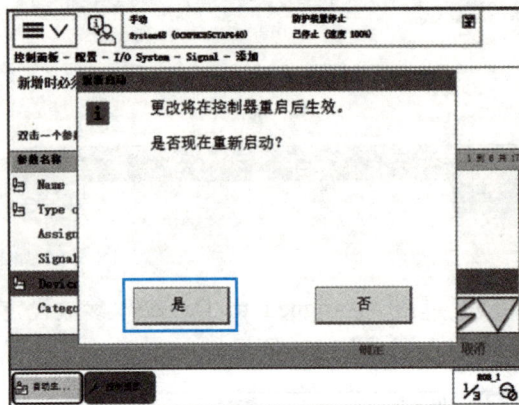

图 3-71　选择信号是否重启

实施引导

3-14　码垛机器人信号创建

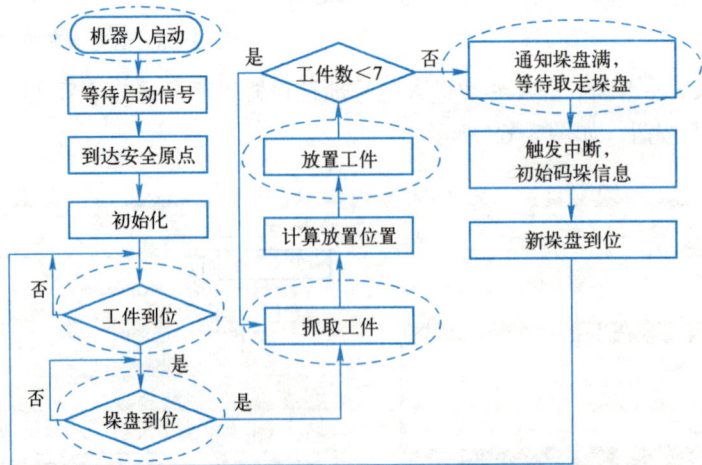

3.2.4　码垛机器人信号创建

1. 码垛机器人信号分析

本情境采用 ABB IRB1200 机器人，其标准 I/O 板 DSQC652 的 X5 端子设置硬件地址为 10。若码垛机器人工作流程如图 3-72 所示，需要的信号包括：

图 3-72　码垛机器人流程需要信号的环节

（1）数字输入信号

① 启动运行信号：外部启动按钮按下后，机器人接收到的信号。可将该信号与"Start at Main"动作关联起来建立为系统输入信号。

② 工件到位信号：在工件抓取点安装光电开关，检测抓取点是否有工件。该光电开关信号连接于机器人数字输入接口，信号为1时才会执行抓取动作。

③ 垛盘到位信号：在垛盘下方安装光电开关，检测是否有垛盘存在。该光电开关信号连接于机器人数字输入接口，信号为1时才会执行码垛动作。

④ 手爪夹紧检测信号：为保证机器人手爪完全夹紧工件后才开始移动。可以在手爪气缸上安装检测气缸运行是否到位的传感器，给机器人发送手爪夹紧检测信号。手爪夹紧到位，信号值为1；没有到位，信号值为0。

（2）数字输出信号

① 手爪控制信号：无论是抓取工件，还是放置工件，需要一个数字输出信号对手爪气缸进行控制。信号为1，夹紧手爪；信号为0，张开手爪。

② 通知垛盘满信号：依据码垛要求，机器人完成6个工件的码垛后，需要通知外部设备垛盘已满。即在6个工件码放完成后，置位为1。

（3）以太网通信信号

若要实现工件准确抓取，可在抓取位上方安装视觉系统，检测工件的实际抓取位置。将实际抓取位置与抓取基准点之间的 X、Y、Z 偏移量通过以太网通信传递给机器人，实现机器人抓取位置的实时调整。

对于本学习情境任务，由于要抓取的工件固定在取料槽内，位置相对固定无需视觉定位，所以参考信号列表中未列出这类信号。

2. 码垛机器人信号接线图绘制

依据以上分析，绘制出机器人输入信号接线图如图 3-73 所示，机器人输出信号接线图如图 3-74 所示。

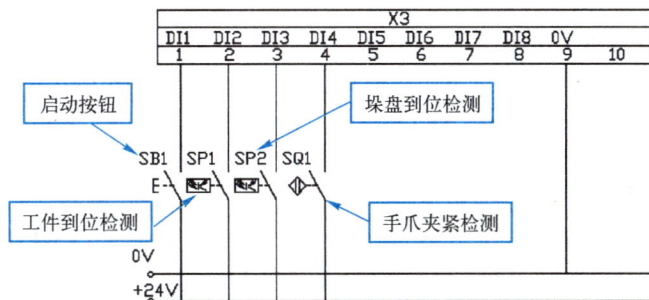

图 3-73 码垛机器人输入信号接线图

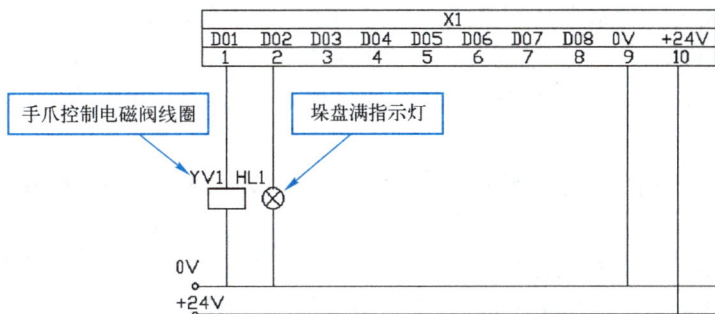

图 3-74 码垛机器人输出信号接线图

3. 码垛机器人信号配置

板卡配置列表见表 3-5，信号配置列表见表 3-6。根据配置表，即可按配置步骤完成 I/O 板与信号的配置，并利用信号仿真操作检查信号是否能正常运行。为后期调试方便，可将手爪控制信号配置为可编程快捷按键。

表 3-5　板卡配置列表实例

序　号	板卡类型	板卡名称	地　址	板卡所提供信号个数			
				数 字 输 入	数 字 输 出	模 拟 输 入	模 拟 输 出
1	DSQC652	board10	10	16	16	0	0

表 3-6　信号配置列表实例

序　号	信 号 名 称	信 号 类 型	所属板卡	地　址	备　注
1	di_star	数字输入信号	board10	0	启动运行信号
2	di_box	数字输入信号	board10	1	工件到位信号
3	di_pall	数字输入信号	board10	2	垛盘到位信号
4	di_tool	数字输入信号	board10	3	手爪夹紧检测信号
5	do_clamp	数字输出信号	board10	0	手爪控制信号
6	do_full	数字输出信号	board10	1	通知垛盘满信号

任务 3.3　编写机器人程序

任务描述

根据码垛机器人工作流程图和创建的数据、信号，综合运用机器人运动指令、循环控制指令、通信指令、程序调用指令、数组、中断程序等，编写出逻辑合理、控制思路清晰、调试便捷的码垛机器人程序。

新知探究

3-15　WHILE 循环指令

3.3.1　循环指令

1. WHILE 循环

【作用】常用的一种基本循环模式。当 WHILE 后的条件表达值为真（即 True）时，执行 DO 和 ENDWHILE 之间的语句，并在执行完成后重新判断 WHILE 后的条件表达值是否为真。当 WHILE 后的条件表达值不为真（即 False）时，开始执行 ENDWHILE 之后的语句。

【格式】WHILE 指令格式示例如图 3-75 所示。执行 WHILE 时，先判断 reg1 是否小于 10。如果当前 reg1 值小于 10，则条件为真（即 True），执行"reg2:=reg2+reg1;"和"reg1:=reg1+1;"这两条语句，并在执行后重新判断当前 reg1 值是否小于 10。如果还小于 10，再次执行"reg2:=reg2+reg1;"和"reg1:=reg1+1;"这两条语句，再次判断当前 reg1 值是否小于 10。直到 reg1 值大于或等于 10 后，才开始执行 ENDWHILE 之后的语句。具体流程如图 3-76 所示。

图 3-75 WHILE 程序示例

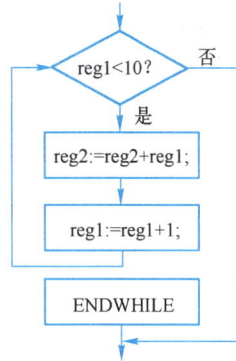

图 3-76 WHILE 程序流程

【实例】如图 3-77 所示，仓储单元有多个仓位，用于存放工件。一维数组 matel{6}存储了该仓储单元 1～6 号仓位是否有料的信息（如 2 号仓位有料，matel{2}为 1，否则为 0）。编程计算仓位中工件的数量。

图 3-77 仓储单元结构

分析该实例要求，可新建 num 型变量 n1 用于存储工件数量，新建 num 型变量 i 用于记录现在判断第几号仓位是否有工件。仓位号码由小到大，采用循环判断的方式依次判断仓位是否有工件，有工件则将 n1 加 1 处理。编写程序见表 3-7（方法不唯一，仅供参考）。

表 3-7 WHILE 编程应用实例

程　序	注　释
VAR num n1:=0;	新建 num 型变量 n1 用于存储工件数量，初始赋值为 0
VAR num i:=1;	新建 num 型变量 i 用于记录现在判断第几号仓位，初始赋值为 1
WHILE i<=6 DO	使用 WHILE 循环语句，当仓位号小于或等于 6 时执行循环语句

IF matel{i}=1 THEN
　　n1:=n1+1;
ENDIF
	当 i 仓位有工件时，工件数量 n1 加 1 处理

i:=i+1;	将判断仓位号加 1（如上一行 IF 判断的是 1 号仓位，i 更改为 2，下次循环即对 2 号仓位进行判断）
ENDWHILE	WHILE 循环结束

2. FOR 循环

【作用】根据指定的次数，重复执行对应程序。适用于一条或多条语句需要重复执行数次的情况。

【格式】FOR 指令程序示例如图 3-78 所示。

3-16 FOR 循环指令

```
任务与程序 ▼        模块 ▼
1  MODULE MainModule
2    PROC main()
3      FOR reg1 FROM 1 TO 10 DO
4        reg2 := reg2 + reg1;
5      ENDFOR
6    ENDPROC
7  ENDMODULE
```

图 3-78   FOR 指令程序示例

本例中，FOR 之后的变量 reg1 的起始值为 FROM 后的 1，终止值为 TO 后的 10。程序指针执行 FOR 指令，第一次运行时，变量 reg1 的值等于起始值 1，然后执行 FOR 和 ENDFOR 之间的语句 "reg2:=reg2+reg1;"。执行完后，变量 reg1 的值自动加上步长（默认为 1，即 reg1 的值变为 2），再执行 FOR 和 ENDFOR 之间的语句 "reg2:=reg2+reg1;"。第二次执行完后，reg1 的值变为 3，开始第三次执行。以此反复，直至 reg1 的值变为 11，已大于终止值 10，就不再执行 FOR 和 ENDFOR 之间的语句，直接跳转执行 ENDFOR 之后的语句。具体流程如图 3-79 所示。

温馨小提示：

FOR 指令后面的步长默认为 1，即未写明步长时变量值每次加 1。当步长不为 1 时，可在指令后面添加 STEP 来指明步长。如图 3-80 所示示例，每次执行完后，变量 reg1 的值加 2。

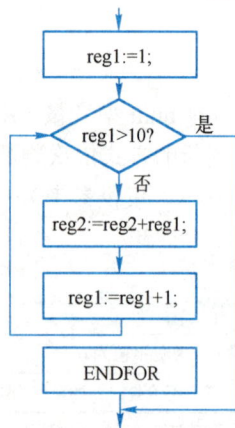

图 3-79   FOR 程序流程

```
任务与程序 ▼        模块 ▼
1  MODULE MainModule
2    PROC main()
3      FOR reg1 FROM 1 TO 10 STEP 2 DO
4        reg2 := reg2 + reg1;
5      ENDFOR
6    ENDPROC
7  ENDMODULE
```

图 3-80   STEP 使用示例

【实例】如图 3-77 所示，仓储单元有多个仓位，随机存放有工件。一维数组 matel{6} 存储了仓储单元 1~6 号仓位是否有料的信息（如 2 号仓位有料，matel{2} 为 1，否则为 0）。请依据仓位号由大到小判断仓位是否有工件，将仓位号最大的工件取出。

分析该实例要求，编写程序见表3-8（方法不唯一，仅供参考）。

表 3-8　FOR 编程应用实例

程　　序	注　　释
FOR i FROM 6 TO 1 STEP -1 DO	仓位号 i 由大到小（由 6 至 1）依次进行下面的循环判断
IF matel{i}=1 THEN	当 i 号仓位有工件时
r_pick;	调用抓取程序取出 i 号仓位工件
GOTO AAA;	使用 GOTO 语句跳出 FOR 循环，到达 AAA 行（即抓取到工件后不再进行循环判断）
ENDIF	结束 IF 判断
ENDFOR	结束 FOR 循环
AAA:	AAA 行
…	后续代码段

3.3.2　中断程序

在程序执行过程中，如果发生需要紧急处理的情况，就要中断当前程序的执行，马上跳转到专门的程序中对紧急情况进行相应处理，处理结束后返回至中断的地方继续往下执行程序。专门用来处理紧急情况的程序称作中断程序（Trap Routines，简称 TRAP）。中断功能开启后，只要满足中断条件，系统可立即终止现行程序的执行，直接转入中断程序。

3-17　中断程序

【格式】全局中断程序直接以程序类型 TRAP 起始，以 ENDTRAP 结束，程序结构与格式如下。

```
TRAP 程序名称
程序指令
…
ENDTRAP
```

中断程序的起始行为程序声明，不能定义参数，只需要在 TRAP 后定义程序名称。ENDTRAP 代表中断程序结束。

【指令】中断监控指令包括实现中断连接、使能、禁止、删除、启用、停用中断功能的控制指令，以及读入中断数据、出错信息的监视指令两类。中断控制指令是实现中断的前提条件，对任何形式的中断均有效，它们通常在主程序或初始化程序中编写，具体指令名称见表 3-9。

表 3-9　常用中断指令

指　　令	说　　明
IDelete	取消中断
CONNECT	连接一个中断到中断程序
ISignalDI	使用一个数字输入信号触发中断
ISignalDO	使用一个数字输出信号触发中断
ISignalGI	使用一个组输入信号触发中断

（续）

指　　令	说　　明
ISignalGO	使用一个组输出信号触发中断
ISleep	使中断监控失效
IWatch	激活一个中断监控
IDisable	关闭所有中断
IEnable	激活所有中断

【实例】

1）主程序内编写中断指令如下：

```
VAR intnum intno1;              //定义中断数据 intno1
   IDelete intno1;              //取消当前中断符 intno1 的连接，预防误触发
   CONNECT intno1 WITH tTrap;   //将中断数据 intno1 与中断程序 tTrap 连接
   ISignalDI di1,1, intno1;     //定义触发条件，即当数字输入信号 di1 为 1 时，触发该中断程序
```

2）中断程序编写如下：

```
TRAP tTrap
     reg1:=reg1+1;
ENDTRAP
```

用户不需要在程序中对中断程序进行调用。当机器人运行完定义触发条件的指令后，系统进入中断监控，当数字输入信号 di1 为 1 时，机器人立即执行 tTrap 中断程序。运行完成之后，指针返回至中断程序运行前位置并继续往下执行。

【中断说明】

1）ISleep 指令可使中断监控失效。在失效期间，该中断程序不会被触发。

如：ISleep intno1;

与之对应的指令为 IWatch，用于激活中断监控。

如：IWatch intno1;

注意，系统启动后默认为激活状态，只要中断条件满足，即会触发中断。

2）ISignalDI \Single, di1,1,intno1;

若在 ISignalDI 后面加上可选参变量\Single，则该中断只会在 di1 信号第一次置位为 1 时触发相应的中断程序，后续不再继续触发。

【中断应用】现以记录传感器信号由 0 转为 1 的次数为例，讲解中断应用的具体方法。

1. 创建中断程序

具体操作如下：

1）单击"程序编辑器"，进入程序编辑界面后，再单击"例行程序"，如图 3-81 所示。

3-18　中断程序实例

2）单击"文件"上拉菜单中的"新建例行程序"，如图 3-82 所示。

3）修改例行程序名称为"rTrap"，程序类型选择"中断"，如图 3-83 所示。

4）双击程序"rTrap"，进入该中断程序的编辑界面，添加如图 3-84 所示的指令。

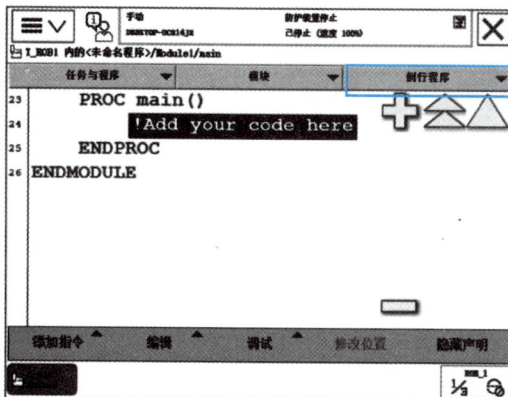

图 3-81 单击"例行程序"

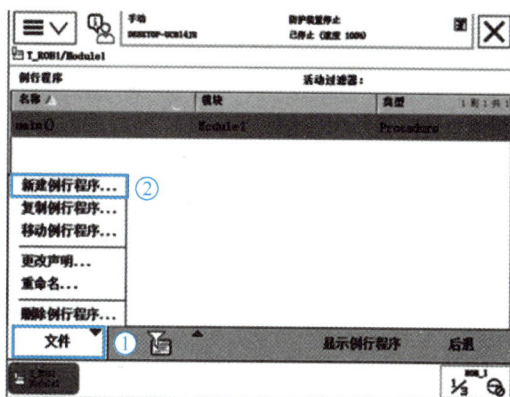

图 3-82 新建例行程序

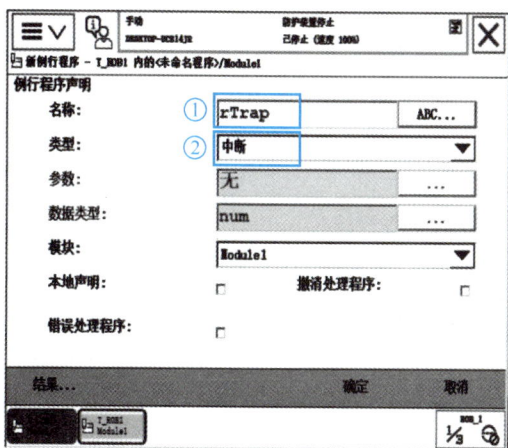

图 3-83 设置中断程序

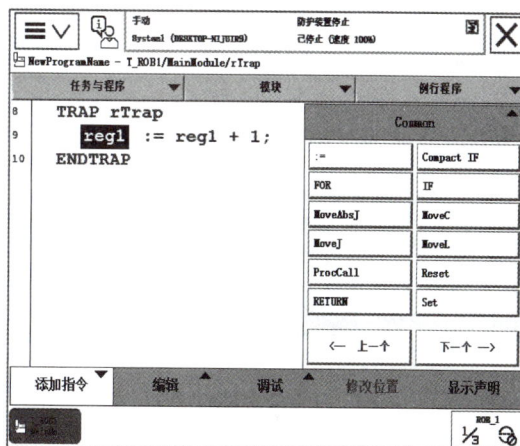

图 3-84 编写中断程序

2. 创建初始化程序并建立中断连接

新建一个中断数据 intnol 后，进行以下操作。

1）新建一个用于初始化的程序"rInitAll（）"，程序类型为"Procedure"，如图 3-85 所示。

2）双击打开程序"rInitAll（）"，单击"添加指令"，在列表中选择"IDelete"，如图 3-86 所示。

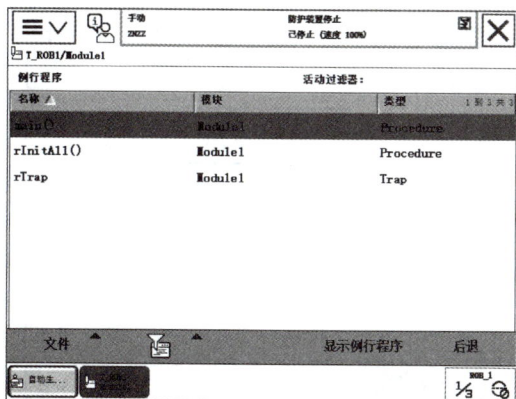

图 3-85 新建初始化程序

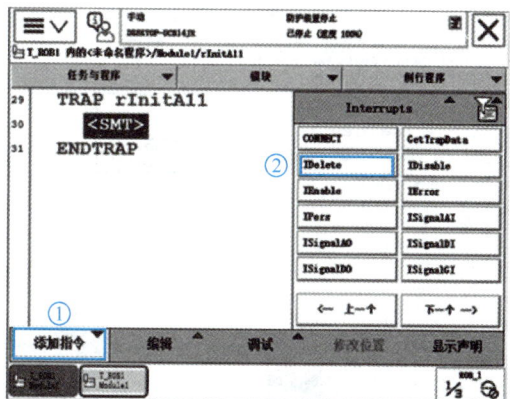

图 3-86 添加 IDelete 指令

3）选择"intnol"，然后单击"确定"，如图3-87所示。

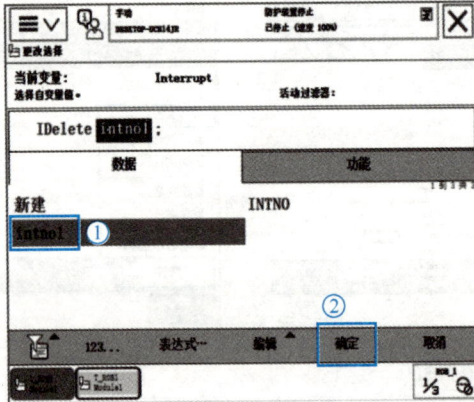

图3-87 设置IDelete指令参数

4）再在下方插入"CONNECT"指令，双击指令行中的"<VAR>"参数后选择"intnol"，如图3-88所示。

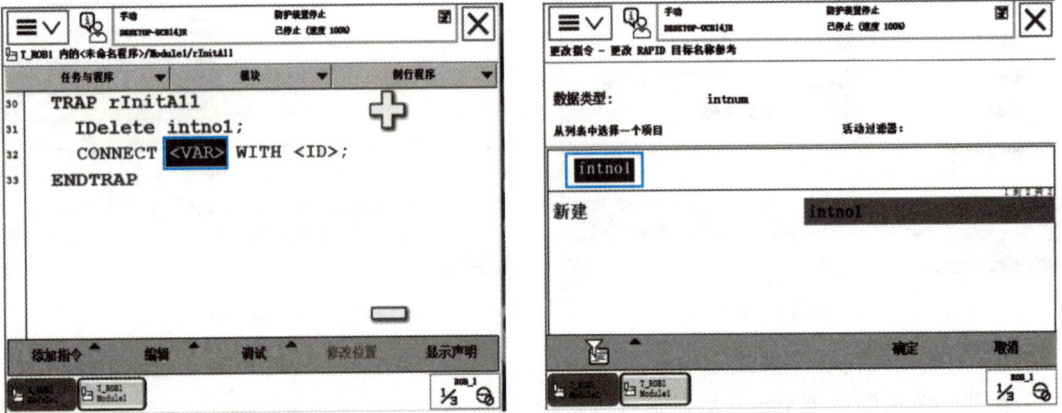

图3-88 添加CONNECT指令并修改 <VAR> 参数

5）再双击指令行中的"<ID>"参数进行设定，选择所需连接的中断程序"rTrap"，如图3-89所示。

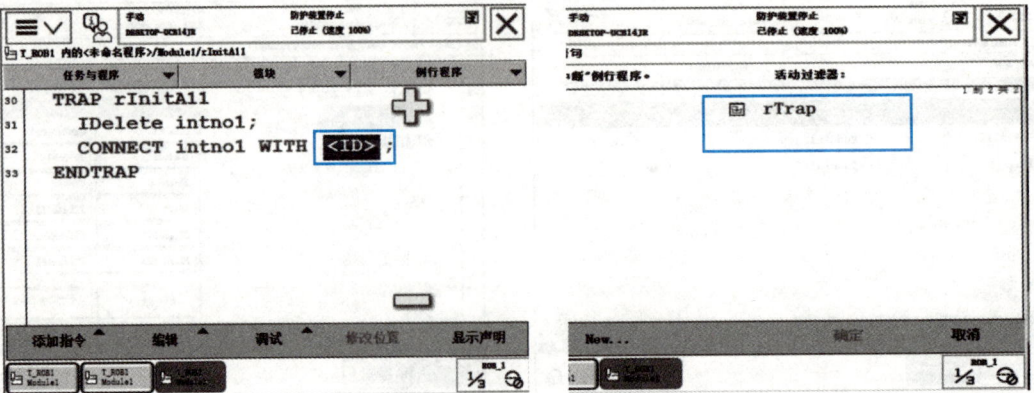

图3-89 修改 <ID> 参数

6）添加指令"ISignalDI"，并选择中断触发信号"d652_in_signal_01"，如图3-90所示。

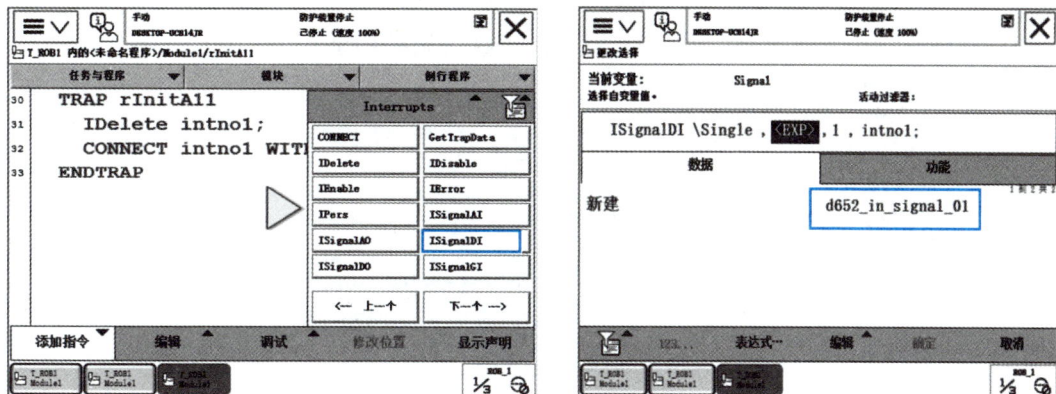

图3-90 添加并修改 ISignalDI 指令

3-19 功能程序

3.3.3 功能程序

功能程序（Functions，简称 FUNC）又称有返回值程序，是一种具有运算、比较等功能，能向调用该程序的模块和程序返回执行结果的参数化编程模块。调用功能程序时，不仅需要指定程序名称，而且必须有程序参数。

【格式】全局功能程序直接以程序类型 FUNC 起始，以 ENDFUNC 结束，程序结构与格式如下。

```
FUNC 返回数据类型 功能程序名称（传递的程序数据定义）
    程序指令
    …
    RETURN 返回数据名称
ENDFUNC
```

功能程序的起始行作为程序声明。全局功能程序直接以程序类型 FUNC 起始，后面依次接返回结果的数据类型和功能程序的名称，名称后的括号内注明了与调用程序之间进行传递的程序数据的类型及名称。

在功能程序中，可通过各程序指令编写控制程序，其中必须包含返回执行结果的指令 RETURN，以指明结果通过哪个程序将数据进行返回。功能程序最后以 ENDFUNC 指令结束。

【实例】

（1）主程序中调用功能程序的指令

```
PROC main()
    …
    p0:=pStart(Count1);    //调用 pStart 功能程序，将本程序中 Count1 的值传递给功能程序，并
                           将返回结果（功能程序中 pTarget 的值）赋值给 p0
    …
ENDPROC
```

（2）调用的功能程序

```
FUNC robtarget pStart(num nCount)    //功能程序 pStart 声明，返回值类型为 robtarget，主程序传
                                       递给功能程序的 Count 值，由 num 类型变量 nCount 接收
    VAR robtarget pTarget;           //定义点位程序数据 pTarget
    TEST nCount                      //利用 TEST 指令判断 pTarget 值
        CASE1:
          pTarget:=Offs(p0，200，200，500);
        CASE2:
          pTarget:=Offs(p0，400，200，500);
          …
    ENDTEST
    RETURN pTarget;                  //将 pTarget 的值返回给主程序
    ENDFUNC
```

温馨小提示：

1）调用程序时，传递的实际参数类型要与功能程序中接收的形式参数类型一致。
2）功能程序声明类型、功能程序返回值类型必须一致。
3）功能程序返回值类型、调用程序中接收返回值的变量类型必须一致。

3.3.4 以太网通信指令

ABB 机器人要建立与外部设备的以太网通信连接，实现与外部设备的以太网数据通信，需要使用相应的通信指令编写通信程序。ABB 机器人常用的通信指令如下：

1）SocketClose：关闭机器人通信数据。
2）SocketCreate：创建机器人通信数据。
3）SocketConnect：建立机器人通信连接。
4）SocketSend：机器人数据发送。
5）SocketReceive：机器人数据接收。

1. SocketClose 指令

【功能】用于关闭机器人通信数据，也可以起到通信数据清空的作用。

【格式】指令格式如图 3-91 所示，SocketClose 指令后面给定需要被关闭的通信数据名称，且该通信数据类型必须为 socketdev。

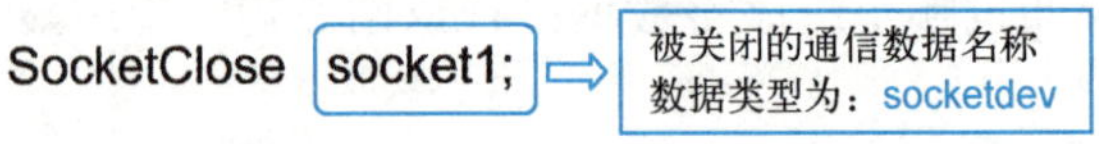

图 3-91　SocketClose 指令格式

2. SocketCreate 指令

【功能】用于创建机器人通信数据，只有创建后的通信数据后期才能使用。

【格式】指令格式如图 3-92 所示，SocketCreate 指令后面给定需要创建的通信数据名称，且该通信数据类型必须为 socketdev。

图 3-92 SocketCreate 指令格式

3．SocketConnect 指令

【功能】用于机器人与外部设备建立通信连接。

【格式】指令格式如图 3-93 所示，指令后需要设定三个参数。

第一个参数，选择需要连接通信的数据名称，数据类型为 socketdev。

第二个参数，设置与机器人通信的外部设备 IP 地址，可以用 string 类型程序数据变量指定，也可以直接用常量写出。如果用常量直接写出 IP 地址，必须使用 " "。

第三个参数，添加机器人与外部设备通信的端口号。

图 3-93 SocketConnect 指令格式

图 3-93 所示的指令表示机器人使用 socket1 通信数据与外部设备建立通信连接，外部设备 IP 地址为 192.168.100.101，通信端口号为 1400。

4．SocketSend 指令

【功能】数据发送指令，用于进行字符串或数值的发送。

【格式】SocketSend 指令要发送的数据类型不同，指令格式有所不同。

（1）发送字符串指令格式

指令格式如图 3-94 所示，指令后需要设定两个参数。

第一个参数，选择前期已建立通信连接的通信数据。

第二个参数，使用\Str 可选变元，指定要发送的字符串。该参数既可给定 string 型变量，也可直接用 " " 指定要发送的字符串常量数值。

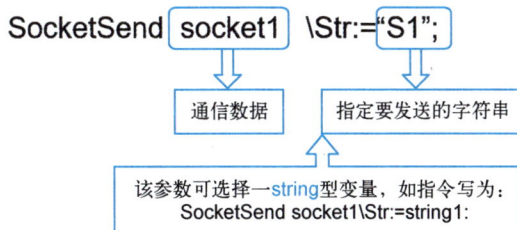

图 3-94 SocketSend 发送字符串指令格式

图 3-94 所示指令表示通过 socket1 通信数据向外部发送 "S1" 字符串常量。下方线框中列举的指令表示通过 socket1 通信数据向外部发送 string1 变量内存储的字符串。

（2）发送数值指令格式

指令格式如图 3-95 所示，可选变元由\Str 更换为\Date，指定要发送的 byte 型数据。

SocketSend socket1 \Date:=bytes;

指定要发送的byte型数据

图 3-95 SocketSend 发送数值指令格式

当需要发送的数据不止一个时，可将要发送的 byte 型数据创建为数组，一次发送多个数据。

如图 3-95 所示要发送的 byte 型数据 bytes，将其定义为"PERS byte bytes{5}:=[1,3,5,7,9];"，可一次性发送 5 个数据给外部设备。

温馨小提示：

当使用数组一次发送多个数据时，外部设备也必须使用相同类型的数据进行接收，且接收数据的个数不能少于机器人发送数据的个数。

5．SocketReceive 指令

【功能】数据接收指令，常进行字符串或数值的接收。

【格式】SocketReceive 指令要接收的数据类型不同，指令格式有所不同。

（1）接收字符串指令格式

指令格式如图 3-96 所示，指令后需要设定两个参数。

第一个参数，选择前期已建立通信连接的通信数据。

第二个参数，使用\Str 可选变元，指定要接收字符串的 string 型变量名称。

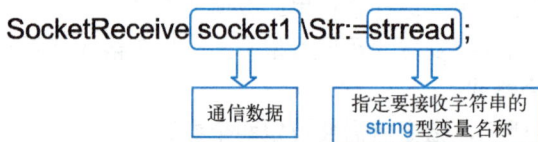

SocketReceive socket1 \Str:=strread;

通信数据　　指定要接收字符串的 string 型变量名称

图 3-96 SocketReceive 接收字符串指令格式

图 3-96 所示指令表示将外部设备发送的字符串存储到 string 类型变量 strread 中。

温馨小提示：

要接收字符串的 string 型变量（如图 3-96 所示的 strread），存储类型只能为变量，不能为常量和可变量，否则程序调试时会报错。

（2）接收数值指令格式

指令格式如图 3-97 所示，可选变元由\Str 更换为\Date，指定要接收的 byte 型数据名称。

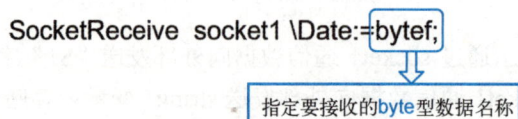

SocketReceive socket1 \Date:=bytef;

指定要接收的byte型数据名称

图 3-97 SocketReceive 接收数值指令格式

当需要接收的数据不止一个时，可将接收数据的 byte 型数据创建为数组，一次接收多个数据。

如图 3-97 所示要接收的 byte 型数据 bytef，将其定义为 "PERS byte bytef{5}:=[0,0,0,0,0];"，可一次性接收 5 个外部设备传递给机器人的数据。

📝 **温馨小提示：**

> 当使用数组一次接收多个数据时，外部设备也必须使用相同类型的数据进行发送。机器人接收数据的个数，不能少于外部设备发送数据的个数。

6. 通信指令综合应用

利用机器人通信指令，编写机器人通信程序的步骤如下：

1）使用 SocketClose 指令关闭和清空即将要使用的通信数据。

2）使用 SocketCreate 指令创建已经清空的通信数据。

3）使用 SocketConnect 指令建立通信连接，指定外部通信设备的 IP 地址及通信端口号。

4）使用延时指令延时一段时间，等待机器人与其他设备连接成功。

5）使用 SocketSend 和 SocketReceive 指令进行数据发送和接收。注意发送或接收后，均需要延时等待一段时间，再执行下一动作。

以机器人与视觉系统进行以太网通信，由机器人通知视觉系统拍照和接收视觉处理结果为例，编写机器人程序见表 3-10。

3-20 机器人与视觉系统通信编程

表 3-10 机器人与视觉系统通信程序

程　　序	注　　释
SocketClose socket1;	关闭通信，清空 socket1 数值以避免前期数据余留
SocketCreate socket1;	重新创建 socket1 通信数据
SocketConnect socket1，"192.168.100.101"，1400;	与视觉系统建立通信连接。视觉系统 IP 地址为 192.168.100.101，通信端口号为 1400
WaitTime 1;	延时 1s，等待连接响应
SocketSend socket1\Str:= "SG 0";	给视觉系统发送字符串 SG 0，通知视觉系统使用 0 号场景组
WaitTime 1;	延时 1s，等待视觉系统响应
SocketSend socket1\Str:= "S 1";	给视觉系统发送字符串 S 1，通知视觉系统使用 1 号场景
WaitTime 1;	延时 1s，等待视觉系统响应
SocketSend socket1\Str:= "M";	给视觉系统发送字符 M，通知视觉系统拍照
WaitTime 1;	延时 1s，等待视觉系统响应
SocketReceive socket1\Str:=strread;	接收拍照结果，保存到 string 型变量 strread 中
ccd1 := StrPart(strread,18,2);	截取拍照结果第 18 个字符开始的 2 个字符，保存到 string 型变量 ccd1 中

👤 **实施引导**

3-21 码垛机器人程序编写

3.3.5 码垛机器人程序编写

为了使码垛程序逻辑清晰，便于调试运行，采用主程序调用例行程序的方法进行编写。主程序负责码垛工作流程的逻辑控制，各例行程序负责完成各项工作任务，具体功能分配如下：

1）主程序 main：负责码垛工作流程的逻辑控制。

2）初始化程序 r_initial：负责设定机器人运行前初始化和中断连接。

3）中断程序 t_pallet：负责垛盘更换后，码垛数据的复位处理。

4）位置计算程序 r_calposition：负责计算放置点位的位置坐标。

5）抓取工件程序 r_pick：负责控制机器人抓取工件。

6）放置工件程序 r_place：负责控制机器人放置工件。

1. 主程序

主程序主要负责循环控制、条件判断及程序调用等。可使用"WHILE TRUE DO……ENDWHILE"循环语句将码垛相关程序和初始化程序进行隔离。初始化程序只执行 1 次，码垛相关程序循环运行。主程序见表 3-11。

表 3-11 主程序实例

程　　序	注　　释
PROC main()	主程序
r_initial;	调用初始化程序
WaitDI di_star,1;	等待启动信号为 1，开始向下运行
WHILE TRUE DO	进入码垛循环
IF di_box=1 AND di_pall=1 AND b_full=FALSE THEN	判断工件、垛盘是否到位，垛盘是否未码满
r_pick;	调用抓取工件程序
r_calposition;	调用位置计算程序
r_place;	调用放置工件程序
ENDIF	结束判断条件
WaitTime 0.5;	延时 0.5s
ENDWHILE	结束循环
ENDPROC	结束程序

2. 初始化程序

设定机器人运行前的初始化状态和建立中断连接，程序见表 3-12。

表 3-12 初始化程序实例

程　　序	注　　释
PROC r_initial()	初始化程序
MoveJ p_home, v300, fine, tool0;	将机器人移动至安全原点
n_count:=1;	将工件计数变量赋值为 1，即从第 1 个工件开始码放
b_full:=FALSE;	将记录垛盘是否已满的 bool 变量赋值为 FALSE
ReSet do_clamp;	张开手爪
ReSet do_full;	复位垛盘满通知信号
IDelete intno1;	删除中断数据
CONNECT intno1 WITH t_pallet;	将中断数据与 t_pallet 中断程序连接
ISignalDI di_pall,0,intno1;	设置中断触发条件为：垛盘到位信号为 0
ENDPROC	结束程序

3．抓取工件程序

抓取工件程序与学习情境 1 搬运机器人抓取程序结构一致。但由于取料槽倾斜，需要使用任务 3.1 创建的新工件数据 wobj1，程序见表 3-13。

表 3-13　抓取工件程序实例

程　　序	注　　释
PROC r_pick()	抓取工件程序
MoveJ p_ready1,v300,z20,tool0/wobj:=wobj1;	运动至抓取准备点
MoveJ Offs(p_pick,0,0,50),v300,z20,tool0/wobj:=wobj1;	运动至抓取点正上方 50mm 处
MoveL p_pick,v100,fine,tool0/wobj:=wobj1;	运动至抓取点
Set do_clamp;	夹紧手爪
WaitDI di_tool,1;	等待手爪夹紧检测信号为 1
WaitTime 0.5;	延时 0.5s
MoveL Offs(p_pick,0,0,50),v300,z20,tool0/wobj:=wobj1;	线运动至抓取点正上方 50mm 处
MoveJ p_ready1,v300,z20,tool0/wobj:=wobj1;	运动至抓取准备点
ENDPROC	结束程序

4．位置计算程序

根据当前应码放工件数量，在码垛基准点的基础上，计算出实际放置位置。第一层、第二层工件码放位置如图 3-98 所示，任务 3.1 设置了码垛基准点 p_place_0 和 p_place_90。

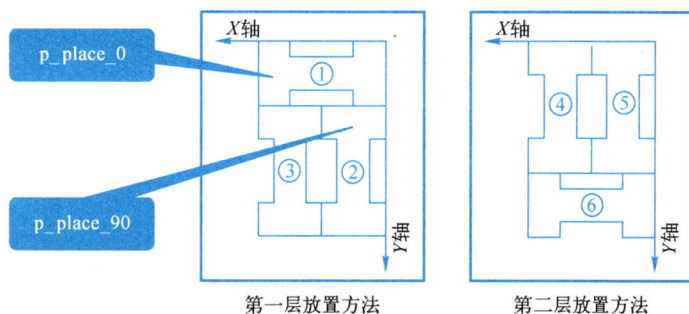

图 3-98　码放位置简图

设定工件长 80mm、宽 40mm、高 30mm，则第 1 个工件放置位置与码垛基准点 p_place_0 重叠，第 2 个工件放置位置与码垛基准点 p_place_90 重叠。第 3～6 个工件放置位置均可在码垛基准点的基础上进行偏移，偏移位置计算如下：

第 1 个工件放置位置：p_place:=p_place_0;

第 2 个工件放置位置：p_place:=p_place_90;

第 3 个工件放置位置：p_place:=Offs(p_place_90,40,0,0);

第 4 个工件放置位置：p_place:=Offs(p_place_90,40,-40,30);

第 5 个工件放置位置：p_place:=Offs(p_place_90,0,-40,30);

第 6 个工件放置位置：p_place:=Offs(p_place_0,0,80,30);

根据以上分析，编写位置计算程序见表 3-14。

表 3-14　位置计算程序实例

程　　序	注　　释
PROC r_calposition()	计算位置程序
TEST n_count	对应码放工件数量 n_count 进行判断
CASE 1: p_place:=p_place_0;	计算码放第 1 个工件时的放置位置
CASE 2: p_place:=p_place_90;	计算码放第 2 个工件时的放置位置
CASE 3: p_place:=Offs(p_place_90,40,0,0);	计算码放第 3 个工件时的放置位置
CASE 4: p_place:=Offs(p_place_90,40,-40,30);	计算码放第 4 个工件时的放置位置
CASE 5: p_place:=Offs(p_place_90,0,-40,30);	计算码放第 5 个工件时的放置位置
CASE 6: p_place:=Offs(p_place_0,0,80,30);	计算码放第 6 个工件时的放置位置
DEFAULT: TPWrite " Palletizing position error!";	若应码放工件数量 n_count 不是 1～6 中的任何一个，示教器屏幕显示错误信息
ENDTEST	结束判断
ENDPROC	结束程序

5. 放置工件程序

码垛的放置步骤与搬运机器人放置步骤相似。只是由于垛盘与机器人基坐标 X、Y 轴保持平行，工件数据使用 wobj0。另外，放完一个工件后，需要对 n_count 进行加 1 处理，并判断 n_count 值是否已大于 6。如果大于 6，说明垛盘已满，需要进行相应处理并对外部设备发送垛盘满输出信号，编写程序见表 3-15。

表 3-15　放置工件程序实例

程　　序	注　　释
PROC r_place()	放置工件程序
MoveJ p_ready2,v300,z20,tool0;	运动至放置准备点
MoveJ Offs(p_place,0,0,50),v300,z20,tool0;	运动至放置点正上方 50mm 处
MoveL p_place,v100,fine,tool0;	线性运动至放置点
ReSet do_clamp;	手爪张开
WaitTime 0.5;	延时 0.5s
MoveJ Offs(p_place,0,0,50),v300,z20,tool0;	返回至放置点正上方 50mm 处
MoveJ p_ready2,v300,z20,tool0;	返回至放置准备点
Incr n_count;	应码放工件计数值+1
IF n_count>6 THEN	判断应码放工件数量是否大于 6
b_full:=TRUE;	如果应码放工件数量大于 6，b_full 赋值为 TRUE
Set do_full;	将垛盘满输出信号置位为 1
MoveJ p_home, v300, fine, tool0;	返回原点等待下一轮码垛
ENDIF	结束判断
ENDPROC	结束程序

6. 中断程序

根据编写的放置工件程序，当垛盘码满后，机器人会输出垛盘码满信号并暂停码垛。此时取走垛盘将触发中断，执行中断程序将码垛数据恢复到新一轮码垛状态。因此，中断程序需要复位垛盘码满信号和所有码垛控制变量，待新垛盘到位，延时一段时间后，跳出中断程序继续新一轮码垛，编写程序见表3-16。

表 3-16 中断程序实例

程 序	注 释
TRAP t_pallet()	中断程序
b_full:=False;	将垛盘是否已满变量赋值为 False
ReSet do_full;	复位通知垛盘满输出信号
n_count:=1;	将应码放工件个数赋值为 1
WaitDI di_pall,1;	等待垛盘到位信号为 1，表示新垛盘到位
WaitTime 5;	延时 5s
ENDTRAP	结束中断

温馨小提示：

1）当码垛工件数量较多时，为简化程序，可运用求商、求余方法计算码垛位置。
2）可运用数组实现每个工件位置的微调。
3）可运用中断程序实现垛盘更换后码垛数据的初始化，实现机器人的循环码垛。

3.3.6 码垛机器人编程进阶训练

1. 进阶任务布置

使用如图 3-99 所示的码垛工作站，模拟食品包装箱自动码垛工作过程。码垛机器人抓取传送带上传递过来的工件后，采用正反交错的方式，依次将工件码放为 4 层，每层 5 个工件。依据表 3-17 创建的数据和表 3-18 创建的信号，编写该码垛机器人程序。码垛工艺要求如下：

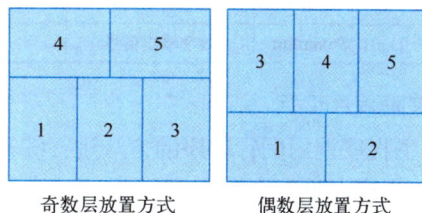

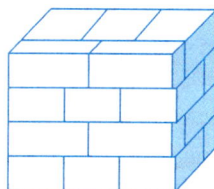

图 3-99 码垛进阶任务

1）码垛前机器人处于安全原点位置。

2）工件经过传送带到达传送带末端。当机器人收到工件到位信号后，抓取工件。

3）抓取完成后，在垛盘已到位且未码满4层的前提下，将工件搬运到码垛区域。

4）计算出当前工件的码垛位置坐标后，放置工件，回到安全原点。

5）若码满4层，通知外部更换垛盘。待新垛盘到位，开始新一轮码垛。

6）码垛位置可使用数组进行微调，保证垛型整齐。

表 3-17　码垛机器人数据列表

序　号	数据名称	数据类型	存储类型	初始值	功　能
1	jHome	jointtarget	常量		安全原点
2	pPick	robtarget	常量		抓取点
3	pPlace	robtarget	变量		放置点
4	pPlace_0	robtarget	常量		放置基准点1
5	pPlace_90	robtarget	常量	0	放置基准点2
6	no_place	num	变量	0	工件在放置层的位置
7	no_tier	num	变量	0	码垛层数
8	nCount	num	变量	1	应码放工件数量
9	bReady	bool	变量	FALSE	允许码垛
10	bPalletFull	bool	变量	FALSE	垛盘满
11	bClampWithPart	bool	变量	FALSE	手爪上有工件
12	offset{20,3}	num	变量	根据实际调试情况设置	每个工件位置的偏移量

表 3-18　信号配置列表实例

序　号	信号名称	信号类型	所属板卡	地　址	备　注
1	Di00_Star	数字输入信号	board10	0	启动运行信号
2	Di01_BoxInPosition	数字输入信号	board10	1	工件到位信号
3	Di02_PalletInPos	数字输入信号	board10	2	垛盘到位信号
4	Di03_ClampF	数字输入信号	board10	3	手爪夹紧检测信号
5	Do00_Clamp	数字输出信号	board10	0	手爪控制信号
6	Do01_Stompfull	数字输出信号	board10	1	通知垛盘满信号

2. 进阶程序编写

采用主程序调用例行程序的方法进行编写。

1）主程序，见表 3-19。

表 3-19　主程序实例

程　序	注　释
PROC main()	主程序
rInitALL;	调用初始化程序
WHILE TRUE DO	使用循环将初始化程序与其他程序分隔
rCycleCheck;	调用允许码垛检查程序

（续）

程　序	注　释
IF bReady THEN	判断码垛的前提条件是否已准备好
rPick;	调用抓取工件程序
rCalPosition;	调用位置计算程序
rPlace;	调用放置工件程序
ENDIF	结束判断条件
WaitTime 0.5;	延时 0.5s
ENDWHILE	结束循环
ENDPROC	结束程序

2）初始化程序，见表 3-20。

表 3-20　初始化程序实例

程　序	注　释
PROC rInitALL()	初始化程序
MoveAbsJ jHome\NoEOffs, v300, z5, tGripper;	运行到安全原点
nCount:=1;	将工件计数变量赋值为 1
no_place:=0;	将每层的位置变量赋值为 0
no_tier:=0;	将层数变量赋值为 0
bPalletFull:=FALSE;	将垛盘满信号赋值为 FALSE
bClampWithPart:=FALSE;	将手爪上是否有工件信号赋值为 FALSE
bReady := FALSE;	将允许码垛信号赋值为 FALSE
ReSet Do00_Clamp;	复位手爪夹紧信号
IDelete intno1;	删除换盘中断
CONNECT intno1 WITH tEjectPallet;	将换盘中断程序和 intno1 中断数据连接
ISignalDI Di02_PalletInPos, 0, intno1;	当垛盘到位信号为 0 时触发中断
ENDPROC	结束程序

3）中断程序，见表 3-21。

表 3-21　中断程序实例

程　序	注　释
TRAP tEjectPallet	中断程序
bPalletFull:=False;	将垛盘满信号置为 FALSE
ReSet Do01_Stompfull;	复位通知垛盘满信号
nCount:=1;	将计数复位为 1
WaitDI Di02_PalletInPos,1;	等待垛盘到位后继续执行程序
WaitTime 5;	延时 5s
ENDTRAP	结束中断

4）位置计算程序，见表 3-22。

表 3-22 位置计算程序实例

程　　序	注　　释
PROC rCalPosition( )	位置计算程序
no_tier:=(nCount−1) DIV 5;	用码垛工件个数和每层个数求商得到层数
no_place:=(nCount−1) MOD 5;	用码垛工件个数和每层个数求余得到每层码垛位置
TEST no_tier	根据层数的值选择不同的位置计算程序
CASE 0,2:	1、3 层的位置计算程序
TPWrite " Current palletizing odd number layer!";	在屏幕上显示当前正在奇数层码垛
TEST no_place	根据奇数层码垛位置的值选择不同的位置计算程序
CASE 0,1,2:	计算奇数层 1、2、3 号位置的坐标
pPlace:=pPlace_0;	将放置基准点 1 位置值赋值给放置点
pPlace.trans.x:=pPlace_0.trans.x+no_place*200;	根据放置位置号数将 X 坐标值进行偏移
CASE 3,4:	计算奇数层 4、5 号位置的坐标
pPlace:=pPlace_90;	将基准点 2 位置值赋值给放置点
pPlace.trans.x:=pPlace_90.trans.x+(no_place−3)*300;	根据放置位置号数将 X 坐标值进行偏移
DEFAULT:	位置值不在 0~4 范围内时
TPWrite " Palletizing position error!";	屏幕输出码垛位置错误提示
ENDTEST	结束奇数层码垛位置计算程序
CASE 1,3:	2、4 层的位置计算程序
TPWrite " Current palletizing even number layer!";	在屏幕上显示当前正在偶数层码垛
TEST no_place	根据偶数层码垛位置的值选择不同的位置计算程序
CASE 0,1:	计算偶数层 1、2 号位置的坐标
pPlace:=pPlace_90;	将基准点 2 位置值赋值给放置点
pPlace.trans.y:=pPlace_90.trans.y+300;	根据放置位置号数将 Y 坐标值进行偏移
pPlace.trans.x:=pPlace_90.trans.x+no_place*300;	根据放置位置号数将 X 坐标值进行偏移
CASE 2,3,4:	计算偶数层 3、4、5 号位置的坐标
pPlace:=pPlace_0;	将基准点 1 位置值赋值给放置点
pPlace.trans.y:=pPlace_0.trans.y−200;	根据放置位置号数将 Y 坐标值进行偏移
pPlace.trans.x:=pPlace_0.trans.x+(no_place−2)*200;	根据放置位置号数将 X 坐标值进行偏移
DEFAULT:	位置值不在 0~4 范围内时
TPWrite " Palletizing position error!";	屏幕输出码垛位置错误提示
ENDTEST	结束偶数层码垛位置计算程序
ENDTEST	结束 X、Y 位置计算程序
pPlace.trans.z:=pPlace.trans.z+150*no_tier;	根据放置层数将 Z 坐标值进行偏移
pPlace:=Offs(pPlace,offset{nCount,1},offset{nCount,2},offset{nCount,3});	将每个工件的微调坐标值偏移给放置位置坐标
ENDPROC	结束位置计算程序

5）码垛抓取工件程序，见表3-23。

表3-23　抓取工件程序实例

程　　序	注　　释
PROC rPick()	抓取工件程序
MoveJ Offs(pPick,0,0,50),v300,z20,tGripper;	关节运动至抓取点正上方50mm处
MoveL pPick,v100,fine,tGripper;	线性运动至抓取点
Set Do00_Clamp;	手爪夹紧
WaitTime 1;	延时 1s
WaitDI Di03_ClampF,1;	等待手爪夹紧
bClampWithPart:=TRUE;	置位手爪上有工件信号
MoveL Offs(pPick,0,0,50),v100,z20,tGripper;	线性运动至抓取点正上方50mm处
MoveAbsJ jHome\NoEOffs, v300, z5, tGripper;	返回安全原点
ENDPROC	结束抓取工件程序

6）码垛放置工件程序，见表3-24。

表3-24　放置工件程序实例

程　　序	注　　释
PROC rPlace ()	放置工件程序
MoveJ Offs(pPlace,0,0,50),v300,z20,tGripper;	关节运动至放置点正上方50mm处
MoveL pPlace,v100,fine,tGripper;	线性运动至放置点
ReSet Do00_Clamp;	手爪张开
WaitTime 0.5;	延时 0.5s
bClampWithPart:=FALSE;	复位手爪上有工件信号
MoveL Offs(pPlace,0,0,50),v100,z20,tGripper;	线性运动至抓取点正上方50mm处
MoveAbsJ jHome\NoEOffs, v300, z5, tGripper;	返回安全原点
Incr nCount;	工件计数器+1
IF nCount>20 THEN	判断工件的个数是否>20
bPalletFull:=TRUE;	如果工件个数>20，垛盘满信号为 TRUE
Set Do01_Stompfull;	置位通知垛盘满信号，提示换垛盘
ENDIF	结束判断语句
ENDPROC	结束放置工件程序

7）允许码垛检查程序，见表3-25。

表3-25　允许码垛检查程序

程　　序	注　　释
PROC rCycleCheck()	允许码垛检查程序
TPErase;	清屏
TPWrite"The Robot is running!";	屏幕输出机器人开始运行
TPWrite"The number of the Boxes in the pallet is:"\num:= nCount-1;	屏幕输出当前完成码垛的工件个数

（续）

程　序	注　释
IF bPalletFull=FALSE AND bClampWithPart=FALSE AND Di02_PalletInPos=1 AND Di01_BoxInPosition=1 THEN	判断垛盘满信号、手爪上是否有工件信号、垛盘到位信号、工件到位信号是否均为1
bReady:=TRUE;	条件成立允许码垛信号为 TRUE
ELSE	否则
bReady:=FALSE;	允许码垛信号为 FALSE
WaitTime 1;	延时 1s
ENDIF	结束判断指令
ENDPROC	结束允许码垛检查程序

任务 3.4　调试机器人程序

任务描述

依据码垛机器人工艺要求，学习机器人调试与运行的方法，调试任务 3.3 编写的机器人程序中所使用的点位和工件坐标。先手动调试机器人程序，检查是否能实现工艺要求。反复检查无误后，再自动运行机器人程序实现最终的自动码垛工作。

新知探究

3.4.1　控制机器人加、减速度

3-22　机器人加减速控制

ABB 机器人的加、减速度及速度变化率等，均可通过 RAPID 程序中的 AccSet 指令进行规定。

AccSet 指令属于模态指令。速比一经设定，对后续的全部移动指令都将有效，直至重新设定或进行恢复系统默认值的操作。如果程序中同时使用了指令加速度设定、TCP 加速度限制、大地坐标系 TCP 加速度限制指令，则实际加速度为三者中的最小值。

【格式】AccSet 指令格式如下：

> AccSet Acc,Ramp;

其中，Acc 为加速度倍率(%)，数据类型为 num。默认值为 100%，允许设定的范围为 20%～100%。若设定值小于 20%，系统将自动取 20%。

Ramp 为加速度变化率倍率(%)，数据类型为 num。默认值为 100%，允许设定的范围为 10%～100%。若设定值小于 10%，系统将自动取 10%。该值可以用来减少机器人的顿挫。

【实例】

> AccSet 50，80;　　//加、减速度为出厂设置的50%，加速度变化率为出厂设置的80%

设定的指令参数不同，最后的运动状态也不相同，具体如图 3-100 所示。

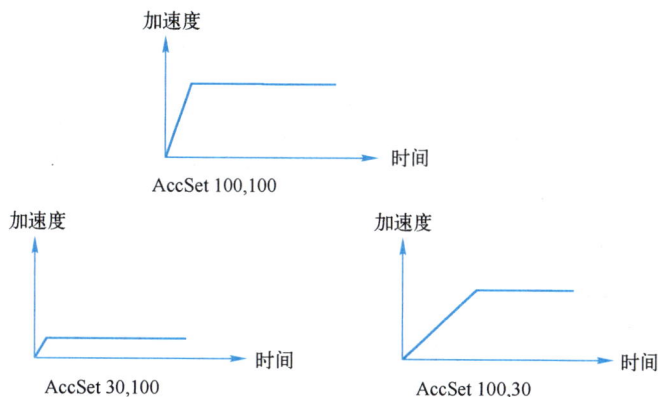

图 3-100　AccSet 对加速度的影响

3-23　机器人运行速度控制

3.4.2　控制机器人运行速度

1. VelSet 指令

RAPID 程序中可以通过速度设定指令 VelSet 来调节速度数据 speeddata 的倍率，从而设定关节、直线、圆弧运动的 TCP 最大移动速度。

【格式】VelSet 指令格式如下：

```
VelSet Override,Max;
```

其中，Override 为速度倍率（%），数据类型为 num。该速度倍率对全部移动指令及所有形式指定的移动速度均有效。但它不能改变机器人作业数据中规定的移动速度，如焊接数据 welddata 规定的焊接速度等。速度倍率经设定后，运动轴的实际移动速度为指令值和倍率的乘积。

Max 为限定的机器人移动最大速度（mm/s），数据类型为 num。它仅对以 TCP 为控制对象的关节、线性和圆弧运动指令有效，且不能改变绝对定位、外部轴绝对定位速度。

【实例】VelSet 的编程实例如下：

```
VelSet 50, 800                    //指定速度倍率 50%，最大运动速度 800mm/s
MoveJ*, v1000, z20, tool1;        //倍率有效，实际速度为 1000mm/s×50%=500mm/s
MoveL*, v2000, z20, tool1;        //速度限制有效，实际运行速度 800mm/s
MoveAbsJ * v2000, fine, grip1;    //倍率有效、速度限制无效，实际速度 1000mm/s
```

2. SpeedRefresh 指令

速度倍率调整指令 SpeedRefresh 可用倍率的形式调整移动指令的速度，倍率允许调整的范围为 0~100%。

【格式】SpeedRefresh 指令格式如下：

```
SpeedRefresh Override;
```

其中，Override 为速度倍率百分比（%），数据类型为 num。

【实例】SpeedRefresh 指令的编程实例如下：

```
VAR num speed_ovl:=50;            //定义速度倍率 speed_ov1 为 50%
```

```
MoveJ *, v1000, z20, tool1;          //移动速度 1000mm/s
MoveL *, v2000, z20, tool1;          //移动速度 2000mm/s
SpeedRefresh speed_ov1;              //速度倍率更新为 speed_ov1（50%）
MoveJ *, v1000, z20, tool1;          //速度倍率 speed_ov1 有效，实际速度 500mm/s
MoveL *, v2000, z20, tool1;          //速度倍率 speed_ov1 有效，实际速度 1000mm/s
```

3.4.3　控制机器人软伺服

3-24　机器人软伺服控制

ABB 机器人所谓的软伺服（Soft Servo），实际上是指伺服驱动系统的转矩控制功能。它通常用于机器人与工件存在刚性接触的作业场合。软伺服（转矩控制）功能一旦生效，伺服电动机的输出转矩将保持不变，因此，运动轴受到的作用力（负载转矩）越大，定位点的位置误差也就越大。

软伺服启用指令 SoftAct 可将指定轴切换到转矩控制模式。而 SoftDeact 指令则用于关闭软伺服。

【格式】SoftAct 指令格式如下：

```
SoftAct [\MechUnit],Axis,Softness [\Ramp];
```

其中，\MechUnit 为可选变元，用来指定机械单元名称。如果省略该参数，则意味着启用当前程序任务中指定机械臂轴的软伺服。

Axis 为控制的关节轴序号，数据类型为 num。

Softness 为柔性度值，数据类型为 num。电机输出的转矩可通过指令的程序数据 Softness（柔性度），以百分率的形式定义。柔性度为 0 代表以额定转矩输出（接触刚度最大），柔性度为100%代表以最低转矩输出（接触刚度最小）。

\Ramp 为电机在转矩控制方式下的启动制动加速度，数据类型为 num。它以百分率的形式设定与调整。

【实例】SoftAct 指令的运用实例如下：

```
SoftAct 4,80;                        //启用软伺服，设定第 4 轴的柔性度为出厂设定的 80%
SoftAct 5,36;                        //启用软伺服，设定第 5 轴的柔性度为出厂设定的 36%
SoftAct 6,80;                        //启用软伺服，设定第 6 轴的柔性度为出厂设定的 80%
WaitTime 2;
MoveL p10, v100, z10,tool1;
SoftDeact;                           //停用软伺服
```

3.4.4　轴配置监控

轴配置监控，指定机器人在线性运动或关节运动过程中，监控机器人要严格遵循程序中已设定的轴配置参数。默认情况下，轴配置监控是打开的，此时若相邻两目标点间轴配置数据相差较大，则机器人运动过程中容易出现报警"轴配置错误"而造成停机。

此情况下，若对轴配置要求较高，一般通过添加中间过渡点的方式来处理；若轴配置要求不高，则可关闭轴配置监控。此时机器人在运动过程中将采取最接近当前轴配置数据的配置到达指定目标点，但不会严格遵循轴配置参数。

【格式】轴配置监控打开、关闭控制指令如下：

ConfL \On;	//线性运动（MoveL）过程中轴配置监控打开
ConfJ \On;	//关节运动（MoveJ）过程中轴配置监控打开
ConfL \Off;	//线性运动（MoveL）过程中轴配置监控关闭
ConfJ \Off;	//关节运动（MoveJ）过程中轴配置监控关闭

【实例】轴配置监控实例如下：

CONST robtarget p10 :=[[*,*,*],[*,*,*,*],[1,0,1,0],[*, *, *, *, *, *]];	//定义的点位数据 p10，//其轴配置参数为[1,0,1,0]
ConfL \Off;	//线性运动（MoveL）轴配置监控关闭
MoveL p10, v1000, fine, tool0;	//机器人线性运动到 p10 点时，轴配置数据不一定为 p10 点指定的轴配置参数[1,0,1,0]，而是自动匹配一组最接近当前各关节轴姿态的轴配置数据移动至目标点 p10

【应用步骤】以关闭线性运动轴配置监控为例，具体操作步骤如下：

1）在程序编辑器中，选中需要关闭线性运动轴配置监控的位置，单击"添加指令"，指令库选择"Settings"，如图 3-101 所示。

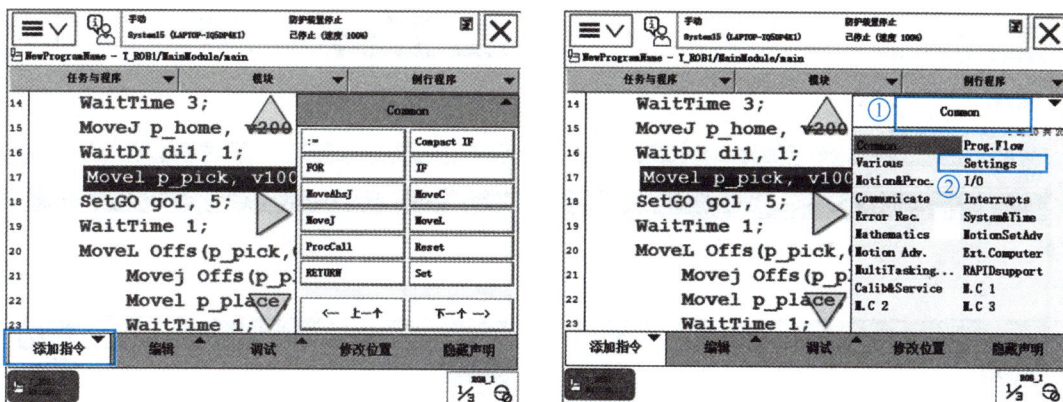

图 3-101　打开 Settings 指令组

2）在 Settings 指令库中，单击"ConfL"进行轴配置监控指令添加。系统会自动添加"ConfL\On；"指令，如图 3-102 所示。

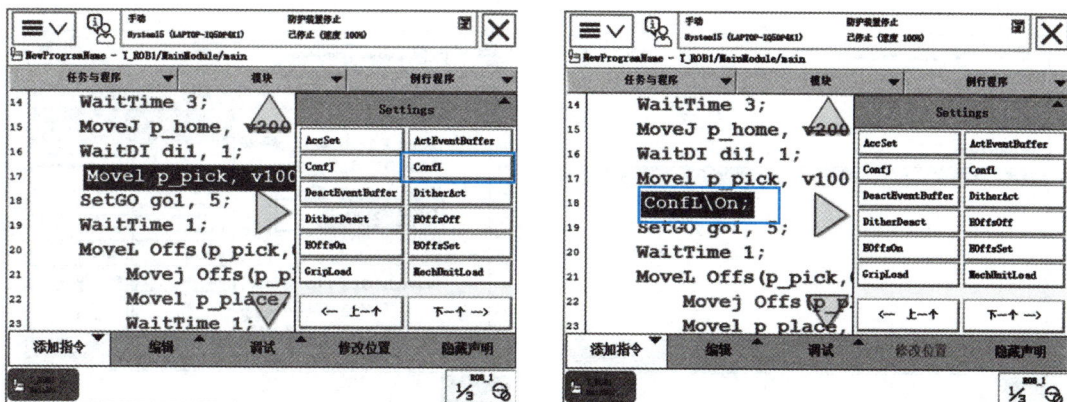

图 3-102　添加轴配置监控指令

193

3）单击"可选变量"，如图 3-103 所示。

4）单击"\On‖[\Off]‖"，如图 3-104 所示。

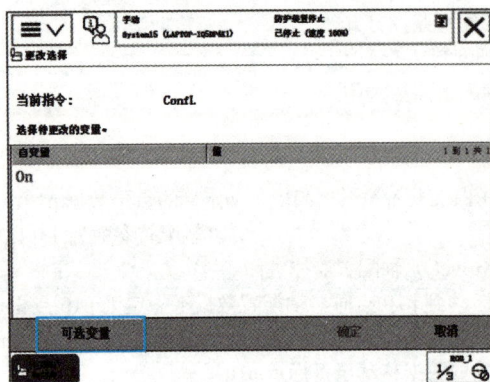

图 3-103　单击"可选变量"

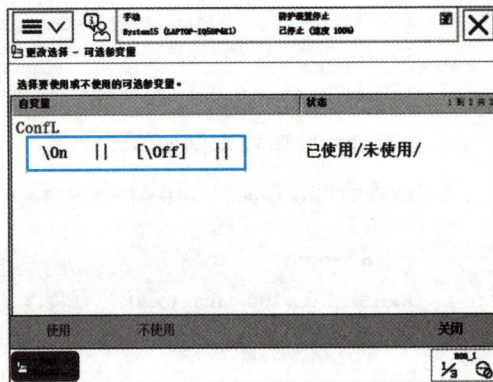

图 3-104　单击"\On‖[\Off]‖"

5）选择"\Off"，单击下方的"使用"，如图 3-105 所示。

6）单击右下角"关闭"，如图 3-106 所示。

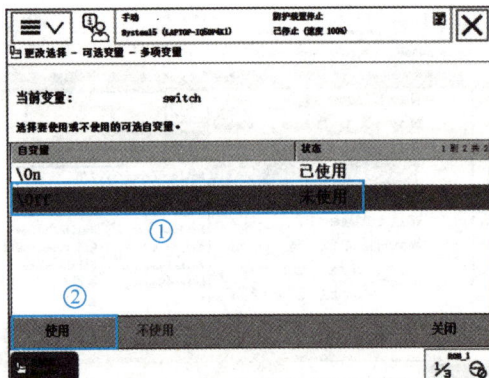

图 3-105　选择"\Off"

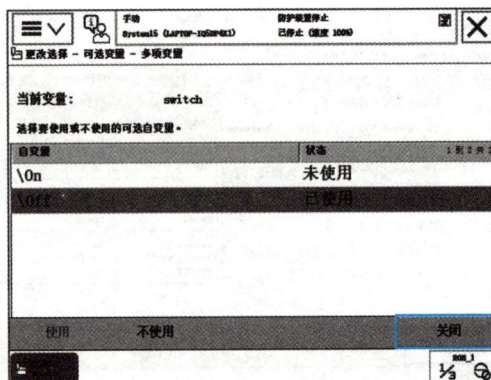

图 3-106　单击"关闭"

7）在弹出的对话框中再单击"关闭"，回到如图 3-107 所示界面，单击"确定"。

8）程序中的轴配置指令更改为如图 3-108 所示的"ConfL\Off"，运行该指令即关闭线性运动轴配置监控。

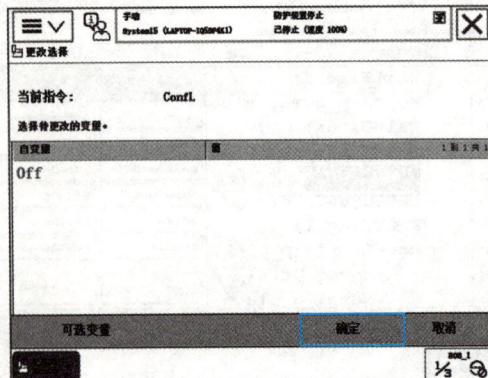

图 3-107　单击"确定"

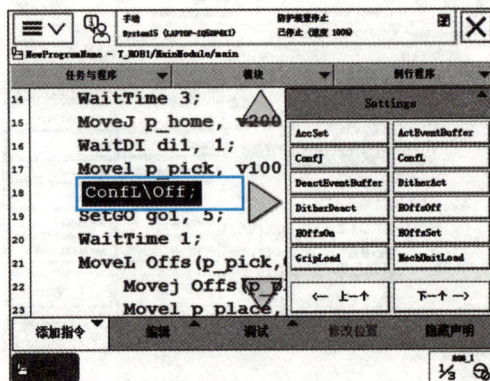

图 3-108　轴配置监控关闭指令

3.4.5　IRB1200 本体维护

必须对机器人进行定期维护才能确保其功能正常。在工业机器人的日常运行过程中也必须及时注意任何异常情况。

设备点检是一种科学的设备管理方法，它是利用人的感官或简单的仪器工具，对设备进行定点、定期的检查，对照标准发现设备的异常现象和隐患，掌握设备故障的初期信息，以便及时采取对策，将故障消灭在萌芽阶段的一种管理方法。

接下来介绍针对工业机器人 IRB1200 制订的日常点检及定期点检。

1. 清洁机器人

关闭机器人的所有电源，再进入机器人的工作空间。

为保证机器人具有较长的正常运行时间，务必定期清洁 IRB1200。清洁的时间间隔取决于机器人工作的环境。根据 IRB1200 的不同防护类型，可采用不同的清洁方法。

【注意】清洁之前务必确认机器人的防护类型。

【切记】务必按照规定使用清洁设备。任何其他清洁设备都可能会缩短机器人的使用寿命。清洁前，务必先检查是否所有保护盖都已安装到机器人上。

务必遵循以下操作要求：

1）切勿将清洗水柱对准连接器、接点、密封件或垫圈。

2）切勿使用压缩空气清洁机器人。

3）切勿使用未获机器人厂家批准的溶剂清洁机器人。

4）喷射清洗液的距离切勿小于 0.4m。

5）清洁机器人之前，切勿卸下任何保护盖或其他保护装置。

【清洁方法】

（1）用布擦拭

食品行业中高清洁等级的食品级润滑机器人在清洁后，确保没有液体流入机器人或滞留在缝隙或表面。

（2）用水和蒸汽清洁

防护类型 IP67（选件）的 IRB1200 可以用水冲洗（水清洗器）的方法进行清洁。需满足以下操作前提：

1）喷嘴处的最大水压：$700 \ kN/m^2$（标准的水龙头水压和水流）。

2）应使用扇形喷嘴，最小散布角度：45°。

3）从喷嘴到封装的最小距离：0.4m。

4）最大流量：20L/min。

2. 检查机器人线缆

为了保证机器人的使用安全，每天开机前应该完成机器人的线缆检查，检查的步骤及注意事项见表 3-26。

表 3-26 检查机器人线缆的步骤及注意事项

图　示	操作步骤及说明
示教器电缆 电机动力电缆 转数计数器电缆	机器人布线包含机器人与控制器机柜之间的线缆，主要是电机动力电缆、转数计数器电缆、示教器电缆等，如左图所示 **检查机器人布线：** 按以下操作步骤检查机器人线缆 1．进入机器人工作区域之前，关闭：1）机器人的电源；2）机器人的液压供应系统；3）机器人的气压供应系统 2．目视检查：机器人与控制器机柜之间的控制线缆是否有磨损、切割或挤压损坏 3．如果检测到磨损或损坏，则更换线缆

3. 检查机械限位

在轴 1～3 的运动极限位置有机械限位，用于限制轴的运动范围以满足应用中的需要。出于安全的原因，要定期点检所有的机械限位是否完好，功能是否正常。机械限位的检查步骤及注意事项见表 3-27。

表 3-27 检查机械限位的检查步骤及注意事项

图　示	操作步骤及说明
轴1机械限位　轴2机械限位　轴3机械限位	左图所示为轴1、轴2和轴3上的机械限位 **检查机械限位：** 按以下操作步骤检查轴1、轴2和轴3上的机械限位 1．进入机器人工作区域之前，关闭：1）机器人的电源；2）机器人的液压供应系统；3）机器人的压缩空气供应系统 2．检查机械限位 3．机械限位出现以下情况时，马上进行更换：1）弯曲变形；2）松动；3）损坏 **注意：** 与机械限位的碰撞会导致齿轮箱的预期使用寿命缩短。在示教与调试工业机器人时要特别小心

4. 检查同步带

工业机器人的前臂通常使用同步带进行传动，检查同步带的步骤及注意事项见表 3-28。

表 3-28 检查同步带的步骤及注意事项

图　示	操作步骤及说明
轴4同步带　轴5同步带	同步带的位置如左图所示 **所需工具和设备：** 2.5mm 内六角圆头扳手，长 110mm **检查同步带：** 按以下操作步骤检查同步带 1．进入机器人工作区域之前，关闭：1）机器人的电源；2）机器人的液压供应系统；3）机器人的压缩空气供应系统 2．卸除盖子即可看到每条同步带 3．检查同步带是否损坏或磨损 4．检查同步带轮是否损坏 5．如果检查到任何损坏或磨损，则必须更换该部件 6．检查每条带的张力。如果带张力不正确，则进行调整（轴 4 的张力为 30N，轴 5 的张力为 26N）

5. 更换电池组

当电池的剩余后备电量（机器人电源关闭）不足 2 个月时，将显示电池低电量警告（38213 电池电量低）。通常，如果机器人电源每周关闭 2 天，则新电池的使用寿命为 36 个月，而如果机器人电源每天关闭 16 小时，则新电池的使用寿命为 18 个月。对于较长的生产中断，通过电池关闭服务例行程序可延长使用寿命（大约延长 3 倍的使用寿命）。更换电池组的步骤及注意事项见表 3-29。

表 3-29 更换电池组的步骤及注意事项

步骤	图 示	操作步骤及说明
1		电池组的位置如左图所示。 卸下电池盖的螺钉并小心地打开盖子。 注意：盖子上连着线缆
2		拔下 EIB 单元的 R1.ME1-3、R1.ME4-6 和 R2.EIB 连接器，拔掉电池线缆插头，割断固定电池的线缆扎带并从 EIB 单元取出电池。安装顺序与拆卸顺序相反。 注意：电池包含保护电路。只能使用规定的备件或 ABB 认可的同等质量的备件进行更换

🔧 实施引导

3-25 码垛机器人程序调试

3.4.6 工件坐标与点位调试

前期编写的机器人参考程序用到了 wobj1 工件数据和 7 个点位数据，分别是安全原点"p_home"、工件抓取准备点"p_ready1"、抓取点"p_pick"、码垛准备点"p_ready2"、码垛横向基准点"p_place_0"、码垛纵向基准点"p_place_90"、放置点"p_place"。在运行程序前，必须先验证 wobj1 工件数据 X、Y、Z 轴是否与斜料槽平行，并将除放置点"p_place"以外的 6 个点位修改至目标位置。

1. 工件数据调试

1）在手动操纵界面，动作模式选择"线性…"，坐标系选择"工件坐标"，工件数据选择创建的"wobj1…"，如图 3-109 所示。

2）如图 3-110 所示，将机器人移动到斜料槽某一端点处，按下使能按键，在确定状态栏显示"电机开启"的状态下，使机器人沿 X、Y 轴做线性运动。

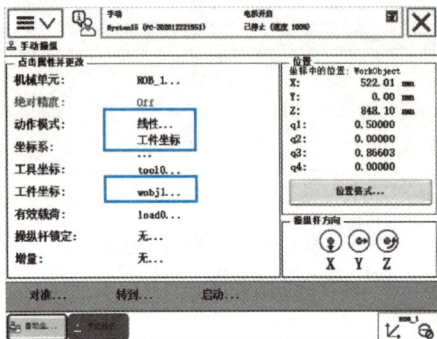

图 3-109 手动操纵参数选择

图 3-110 机器人移动到斜料槽某一端点

3）线性运动过程中，观察机器人的 X、Y 轴移动方向是否与斜料槽两边线平行，如图 3-111 所示；观察机器人 Z 轴移动是否垂直于斜料槽并以向上为正方向。若不符合以上要求，说明 wobj1 定义不够准确，需要重新定义。

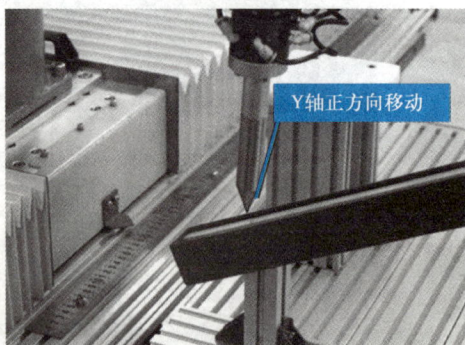

图 3-111 机器人 X、Y 轴正确移动方向

2. 点位调试

安全原点 p_home 调试方法与学习情境 1 相同。

工件抓取准备点"p_ready1"、抓取点"p_pick"调试时，注意以下几点：

1）调试和修改时，工件坐标选择 wobj1。

2）工件抓取准备点"p_ready1"设置在抓取位置上方，远离工件和周边设备，位置如图 3-112 所示。

3）抓取点"p_pick"保证手爪与工件表面垂直，且夹持位置两边间隙一致，Z 轴深度足够。位置如图 3-113 所示。

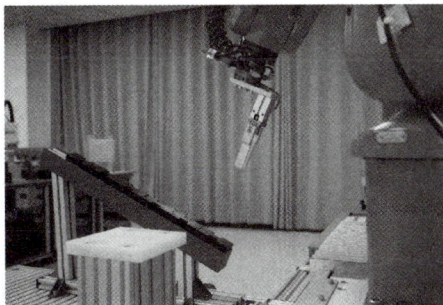

图 3-112　工件抓取准备点

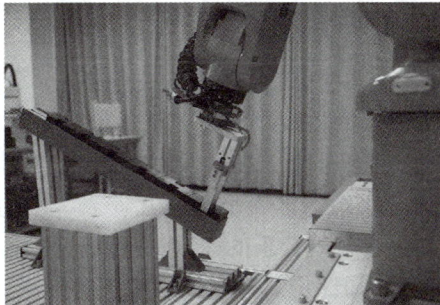

图 3-113　抓取点

码垛准备点"p_ready2"、码垛横向基准点"p_place_0"、码垛纵向基准点"p_place_90"调试时，注意以下几点：

1）由于垛盘在水平面上，调试和修改这 3 个点位时，工件坐标选回 wobj0。

2）码垛准备点"p_ready2"位于垛盘上方，工件表面与垛盘表面平行。位置如图 3-114 所示。

3）码垛横向基准点"p_place_0"、码垛纵向基准点"p_place_90"位置如图 3-115 所示，均要保证工件表面与垛盘表面平行，且存在 2～5mm 间隙。

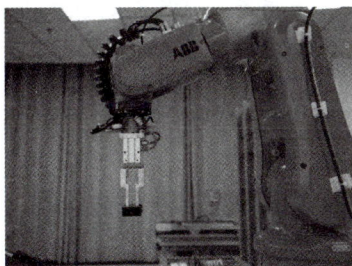

图 3-114　码垛准备点

图 3-115　码垛横向基准点和码垛纵向基准点

3.4.7　程序调试与检查

为保证设备与人身安全，建议先在虚拟仿真系统中进行操作，待操作熟练并确认程序调试无误后，再到实际设备上调试。

无论在虚拟系统还是在实际设备上，调试与检查都应遵循以下操作步骤：

1）手动单步调试运行。在机器人手动模式下，逐一单击"前进一步"按钮，以单步运行的方式运行机器人程序，检查点位、程序指令、程序逻辑是否有错。若运行中有错，应立刻松开使能按键停止运行，进行查错、修改与错误情况记录。

2）手动单步调试运行两遍及以上均无误后，手动连续运行机器人程序，并按"实施情况检查表"中的检查项目逐项互查并记录，看是否合格。若运行中有错，应立刻松开使能按键停止运行，进行查错、修改与错误情况记录。

3）请其他小组按"实施情况检查表"中的检查项目逐项检查并记录，若不合格则重新实施任务直至检查合格为止，并勾选"整体效果是否达到工作要求"中的"是"选项。

3.4.8　工作学习评价

1）个人评价。学习者自主探学后，按"个人自评表"中的评价项目进行逐项打分。客观反思总结，为后续改进奠定基础，明确改进方向。

2）组内评价。以小组为单位，选出验收小组组长，推荐 2～3 名同学作为验收组成员，组成验收小组，按"小组内互评表"中的评价项目，对本组各位同学完成任务情况进行评价。要秉着客观公正的原则进行互评打分。

3）双师评价。各小组展示任务成果，指导教师、企业导师及其他小组认真听取汇报。各小组总结自己小组和其他小组的优缺点，按"实施成果评价表"中的评价项目，客观公正地对任务实施成果进行自评和互评。指导教师根据任务实施情况进行相应评价。

任务 3.5　拓展任务

实际生产线码垛，为提高机器人利用率，往往一台机器人要负责两条生产线或更多生产线同时码垛。如图 3-116 所示双生产线码垛，是对白酒箱码垛工作案例进行了教学改造。采用正反交错方式码放，依次将每条生产线上的工件码放为 4 层，每层 5 个工件，奇数层、偶数层工件位置关系如图 3-117 所示。请按工艺要求，完成机器人双生产线码垛的现场编程与调试工作。绘制出机器人自动码垛工作流程图，创建机器人工作所需的各类数据与通信信号，编写并调试机器人程序，满足如下机器人双生产线码垛要求：

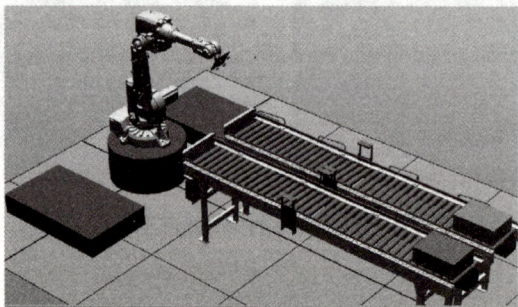

图 3-116　双生产线码垛

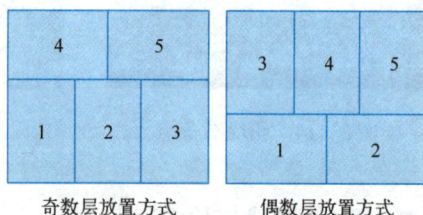

奇数层放置方式　　　偶数层放置方式

图 3-117　工件码放位置

1）码垛前机器人处于安全原点位置，当工业机器人收到启动信号后开始运行。

2）两条生产线上的工件，均是经过传送带到达传送带末端。其中任意一条生产线工件到位、垛盘到位且垛盘未满，机器人开始进行该生产线抓取工件操作。

3）抓取完成后，在垛盘已到位且未码满 4 层的前提下，将工件搬运到码垛区域。

4）计算出当前工件的码垛位置坐标后，将工件进行码垛，然后回到安全原点。若码满 4 层，通知外部更换垛盘。直至新垛盘到位后重新开始这一垛盘的码垛工作。

5）确保运行速度适中，码垛完成后垛堆应该整齐，工件应该码放均匀。

参 考 文 献

[1] 杨金鹏，李勇兵. ABB 工业机器人应用技术[M]. 北京：机械工业出版社，2020.

[2] 梁盈富. ABB 工业机器人操作与编程[M]. 北京：机械工业出版社，2021.

[3] 姚屏. 工业机器人技术基础[M]. 北京：机械工业出版社，2020.

[4] 陈瞭，肖辉. ABB 工业机器人进阶编程与应用[M]. 北京：电子工业出版社，2022.

[5] 许文稼，蒋庆斌. 工业机器人技术基础[M]. 2 版. 北京：高等教育出版社，2023.